油气井可视化检测技术、装备及应用

王尚卫　严正国　编著

石 油 工 业 出 版 社

内 容 提 要

本书系统介绍油气井可视化检测技术及其应用。主要内容包括井下电视测井技术及仪器、井下电视视频采集与编码、井下电视电缆高速传输技术、井下电视视频图像处理技术以及VideoLog可视化测井系统在长庆油田的应用。

本书可为油气田开发、测试、井下作业工程技术人员提供技术参考，或作为测井、油服工程技术人员的新技术培训教材，也可作为石油高等院校师生的教材或参考书。

图书在版编目（CIP）数据

油气井可视化检测技术、装备及应用/王尚卫，严正国编著．—北京：石油工业出版社，2021.12

ISBN 978-7-5183-5093-3

Ⅰ.①油… Ⅱ.①王…②严… Ⅲ.①油气测井-研究 Ⅳ.①TE151

中国版本图书馆CIP数据核字（2021）第255084号

出版发行：石油工业出版社

（北京安定门外安华里2区1号楼 100011）

网 址：www.petropub.com

编辑部：（010）64523594

图书营销中心：（010）64523633

经 销：全国新华书店

印 刷：北京中石油彩色印刷有限责任公司

2021年12月第1版 2021年12月第1次印刷

787×1092毫米 开本：1/16 印张：14

字数：340千字

定价：100.00元

（如出现印装质量问题，我社图书营销中心负责调换）

前　言

在2017年，由西安石油大学和中国石油集团测井有限公司联合主办的“2017可视化测井与套损井诊断修复前沿技术研讨会”上，西安石油大学严正国针对油气井套损检测的难题，首次公开提出了可视化测井的概念，并发布了“VideoLog可视化测井系统”。可视化测井是一种利用井下高温摄像机和测井电缆高速传输系统实时获取井下实时彩色视频图像的测井技术，相比传统套损检测技术，可视化测井的结果“眼见为实”“一目了然”，在套损检测、落鱼检测和井筒故障处理等应用领域有独特优势。

VideoLog油气井可视化测井系统于2018年起在全国各油田开始推广应用，在推广初期，很多接触过“鹰眼井下电视”的测井专家误认为可视化测井就是“鹰眼井下电视”，每秒钟传输1幅黑白照片，在井筒内液体浑浊的情况下几乎什么都看不见，给可视化测井技术的推广带来了一定困难。随着严正国及其团队不懈的努力和成功案例的不断增多，VideoLog油气井可视化测井技术逐步得到行业内的关注和认可。目前，VideoLog油气井可视化检测技术已经发展成为集技术、装备、施工工艺、解释方法等于一体的完整的技术体系，为油气田开发及相关专业技术人员分析研究和评价采油井、注水井、采气井井筒状况提供了一套全新方法和途径。

2018年，中国石油长庆油田油气工艺研究院与西安石油大学合作，首次应用VideoLog油气井可视化测井技术，并在油气田套损井、水平井等复杂井况开始试验应用，先后联合完成了“EMVL套损可视化综合评价技术”“NGLVL氮气气举可视化找漏技术”“CVL爬行器水平井可视化找水技术”等项目的研究与现场试验，并对项目取得的成功经验在长庆油田各采油采气单位以及国内各油田进行全面推广应用。2018—2020年累计完成采油井、注水井、采气井可视化检测超百余口，许多工艺方法和应用成果属国内首创。

本书由中国石油长庆油田油气工艺研究院王尚卫和西安石油大学电子工程

学院严正国合作编著。该书系统地介绍了井筒可视化检测技术的发展历程、关键技术、先进装备和应用案例。

全书共分为六章，第一、二、六章由王尚卫撰写，第三、四、五章由严正国撰写。中国石油长庆油田油气工艺研究院梁万银、罗有刚、巨亚锋、李大建、李向平，中国石油集团测井有限公司牛步能、李冰、王志兴、杜旭，西安正源井像电子科技公司严正娟、吕源等在技术研究和现场试验中给予了很大帮助，西安石油大学电子工程学院吴银川、苏娟，研究生郭亮、张志威、刘娜、黄金涛、惠文博参与了部分文档和插图的编辑整理，在此一并表示感谢。

本书中的可视化应用图片除备注说明以外，全部由西安正源井像电子科技有限公司提供。

本书是国内首次系统介绍油气井可视化检测技术的专业著作，希望本书的出版能为石油天然气行业工程技术人员和石油高等院校师生全面、系统了解可视化检测技术提供参考，也希望更多石油测井、井下作业、油气开发、技术管理人员借助于此书对油气井可视化检测技术有更多了解，促进油气井可视化测井技术的发展与应用。

由于编著知识和水平所限，书中难免有错误或不当之处，敬请读者批评指正！

目　　录

第一章　井下电视测井技术概述

井下电视（Down Hole Television）是一种利用井下摄像机直接获取井下视频图像的油气井检测技术，通过获取井下视频图像直接呈现井下的真实状况。相较于其他工程测井仪器间接测量，解释成像的测井方法，井下电视的测井结果直观、真实、可靠，可谓“眼见为实，一目了然”，在油套管完整性检测、鱼顶检测、井下事故处理等应用领域具有其他工程测井所不具备的独特优势（图 1-1、图 1-2）。

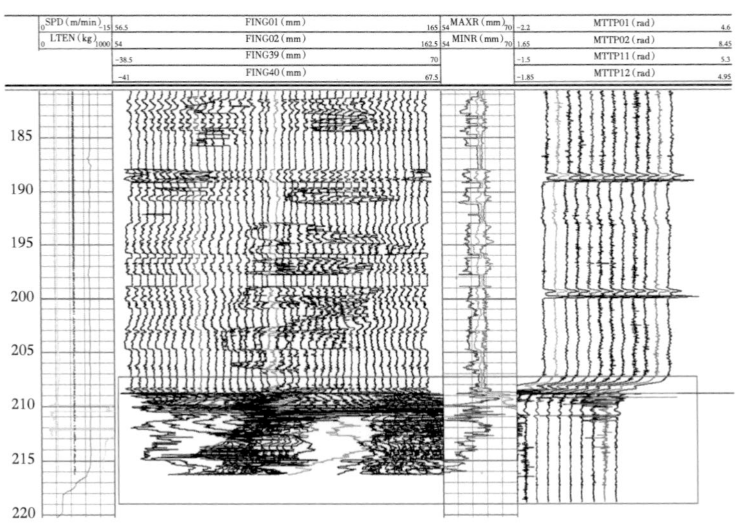

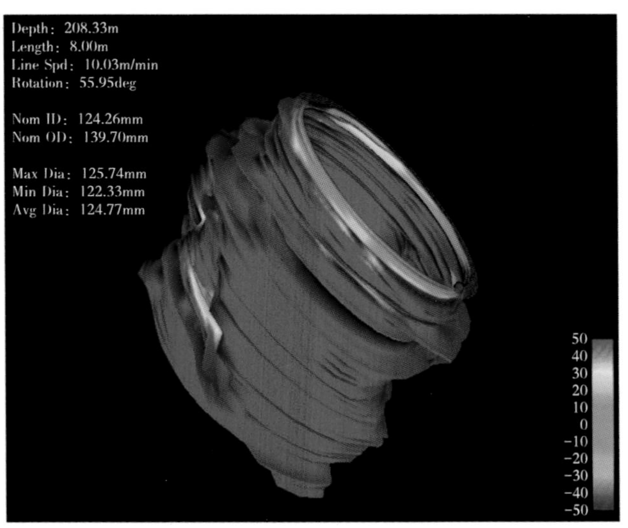

图 1-1　MIT+MTT 组合套损测井曲线和解释图像

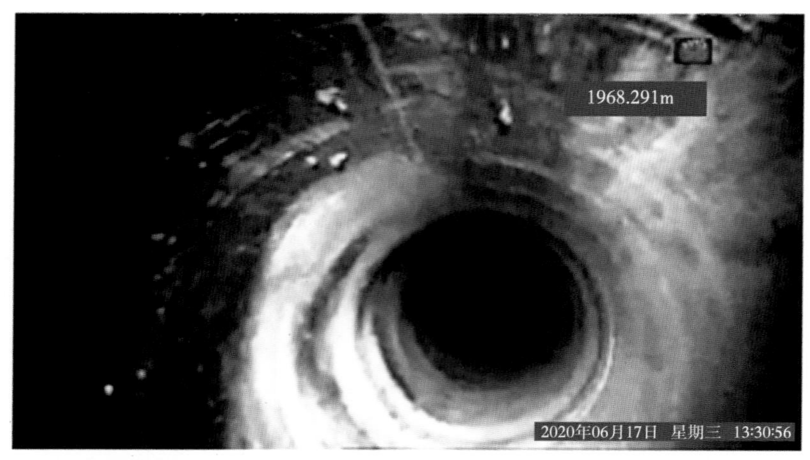

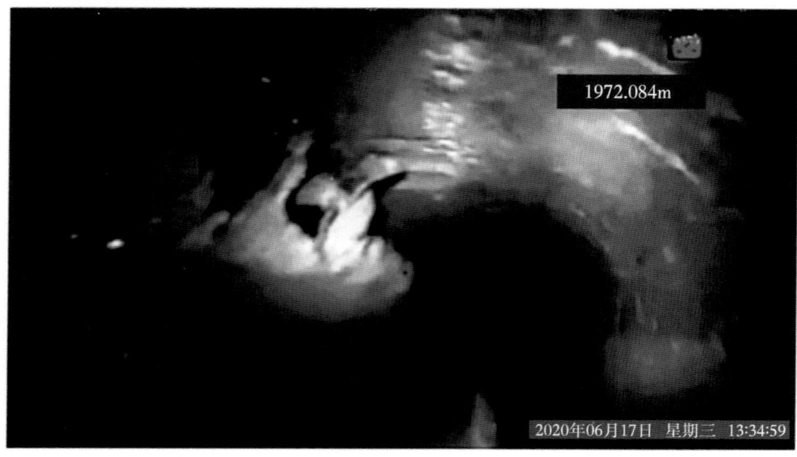

图 1-2 井下电视获取的套损图像

早期的井下电视直接传输模拟电视信号，由于测井电缆不满足电视信号传输所需的带宽要求，通常井下电视测井需要使用特制的电缆和滚筒。由于摄像头耐温耐压以及电缆的限制，通常适用环境比较受限。

鹰眼井下电视第一次将数字图像传输技术应用到普通测井电缆上，使得井下电视的环境适应性和工程适应性有了很大的进步，促进了井下电视测井技术在 20 世纪 90 年代得到第一次大范围的应用，在全球油气行业内有了较大的影响。然而由于鹰眼井下电视帧率较低，对井液透光要求比较苛刻，在很多实际工况下使用效果并不理想，使得鹰眼井下电视在油气井测试市场上昙花一现，在接下来近 20 年时间里，井下电视测井技术在油气井测试领域几乎淡出了人们的视线。

近年来，伴随着测井电缆高速传输技术、数字图像压缩和处理技术以及高温成像材料和器件的发展，全新一代彩色全帧率井下电视在装备水平和测试工艺上达到了新的高度，应用效果得到用户的广泛认可，应用领域不断拓展，又一次引起了行业内的广泛关注，井下电视技术迎来了全新的发展机遇。

第一节　井下电视测井技术及其发展

一、概述

视觉信息是人类认识外部世界重要的方式。有关研究与统计表明，人类80%以上的知识来源于视觉。对于油气田生产企业、技术服务企业以及工程技术人员而言，通过获取井下图像直观了解和掌握井下的真实状况一直是他们迫切的愿望。自20世纪60年代起，人们就开始尝试将电视技术应用于井下监测。

从技术发展来看，井下电视可以大致分为三代。第一代井下电视的主要特点是采用专用的电缆传输模拟视频信号，包括同轴电缆井下电视和第一代光纤井下电视。第二代井下电视的主要特点是采用普通铠装测井电缆传输数字视频信号，典型的代表就是DHV公司的鹰眼电视。第二代井下电视主要的技术进步有两点：一是采用普通单芯铠装测井电缆作为图像传输介质，不再需要特制电缆，极大地提高了井下电视的工程适用性；二是采用数字图像传输技术，将视频图像在电缆上的传输距离提高到7000m以上。但是由于电缆传输速率的限制，第二代井下电视传输的是黑白图像，且视频帧率较低，通常传输1幅分辨率为480×480像素的黑白图像需要用时1秒以上。第三代井下电视以电缆高速传输技术为基础，极大地提升了井下电视的视频传输性能，可以实时获取流畅的彩色视频信号。而且，随着图像处理技术的发展，第三代井下电视已经不仅是单纯的井下视频获取，而且在多传感器数据融合、提供综合解释服务方面有了很大的进步。典型的应用包括和多臂井径测井仪组合，提供井筒的三维数字图像。

二、模拟井下电视

基于油气田企业想要了解井下真实状况的朴素愿望，人们很早就开始利用照相机和摄像机获取井下图像。

据资料记载，第一次尝试在井筒中使用摄像技术是在20世纪40年代，当时人们尝试用照相机来捕捉井下黑白照片。这些早期照相机的直径非常大，只能拍摄到1000ft深的地方（J. R. Tague等，2000）。20世纪50年代出现了应用井下视频摄像机的专利（R. A. Rademaker等，1992）。20世纪60年代，随着同轴电缆的发展，井下视频技术得到了进一步发展，同轴电缆能够传输运动视频所需的高频信号（J. R. Tague等，2000）。

1. 同轴电缆井下电视

1963年Shell Development Company的T. R. Reinhart在《Down-hole Television》一文中介绍了一种井下电视，该系统是按照常规油田测井设备设计的，其井下仪器直径为4¾in，使用长度为5000ft、直径9/16in的一种特殊双层铠装同轴电缆传输井下模拟黑白图像。该井下电视系统能够在深度4600ft、压力5000psi的井况下工作，连续作业的最高井温为120℉，但是在更高的井温下也可进行短期作业（T. R. Reinhart，1963）。该井下电视系统由地面监视器和控制面板、测井电缆和相关设备，以及井下仪器组成，如图1-3所示。

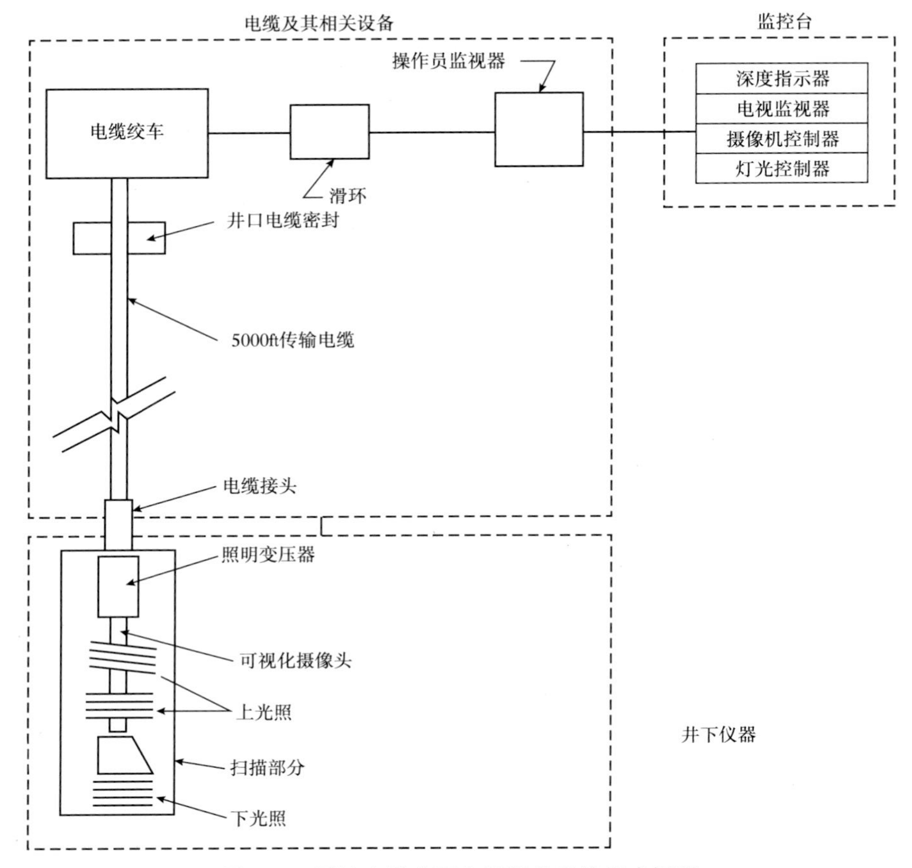

图 1-3　同轴电缆井下电视测井系统组成框图

1）监视器和控制面板

如图 1-4 所示，监视器和控制面板集成在一个机柜中。该装置包含一个显示井下仪器下入深度的计数器，作为监视器的 14in 电视，以及摄像机控制面板和电源面板。机械计数器接收电缆绞车同步电动机的信号并进行深度计数和显示。图像监视器具有宽电源工作范围，可以采用市电供电或者发电机供电。电源面板具有照明开关和井下照明电压调节旋钮，可控制井下照明灯光的开关和亮度。深度计数器具有荧光夜视功能。

图 1-4　监视器和控制面板

2）电缆及相关设备

双层铠装测井电缆包含一个由 11 根辅助导体环绕的中心同轴导体。同轴导体返回视频信号，辅助导体作为电源和控制电路。同轴导体传输电视摄像机扫描动作产生高频电信号。直径 9/16in 的测井电缆卷绕在一辆标准的油田测井绞车滚筒上，并使用一个特殊的滑环组件，其中包括一个旋转同轴连接器。绞车操作员通过观察监视器的视频画面，依据指令控制井下仪器的平稳移动和精确定位。

该测井电缆在底端接标准 9 针油田电缆头，用于连接井下仪器。

3）井下仪器

如图 1-5 所示，井下仪器有三种功能：井下照明、光学视场切换、视频获取。井下照明是由螺旋形的“霓虹灯”（更准确地说，是氩—汞蒸汽冷阴极灯）完成的。驱动这些灯的高电压来自位于电视摄像机正上方的井下仪器中的两个封装限流变压器。这些变压器由井下照明电源和控制面板提供 60Hz 交流电。调节电压的变化可控制光的亮度。通过观察不同照明条件下场景中产生的阴影和高光的位置，利用上下两组光照强度的独立变化来判断被观察对象的相对位置，如图 1-6 所示。

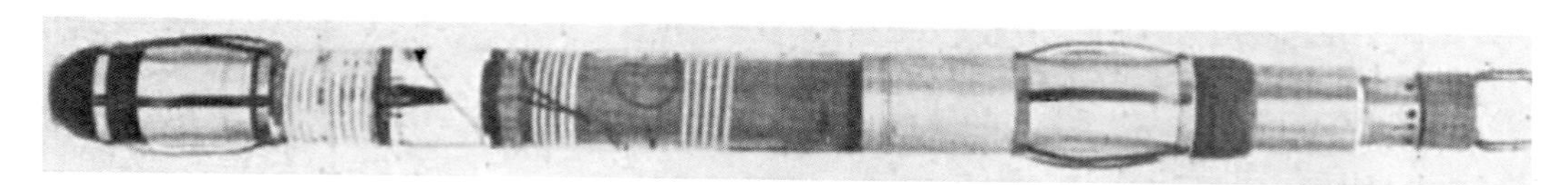

图 1-5　井下仪器

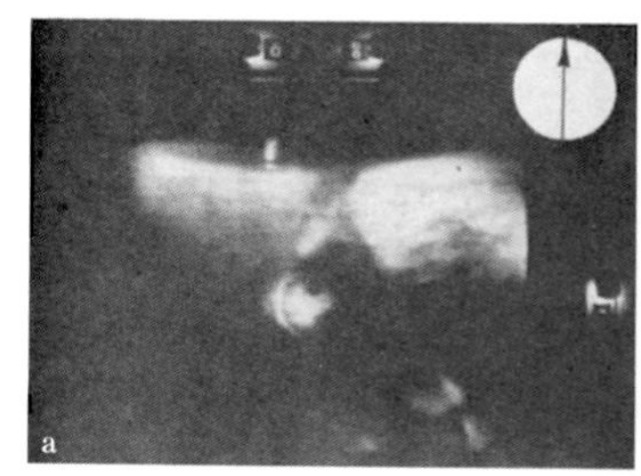

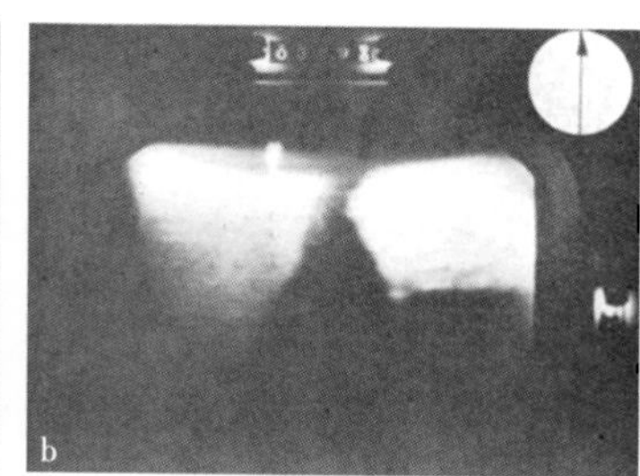

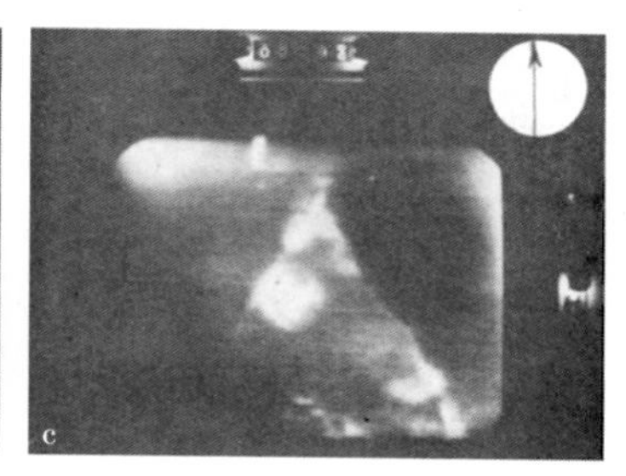

图 1-6　可变照明效果

a—上灯和下灯都亮；b—上灯亮；c—下灯亮

该井下仪器使用一个倾斜 45°的旋转镜来提供井壁一小段的详细视图（在一个 $8\frac{3}{4}$in 井筒中画面大小为 $3\frac{5}{8}$in×$4\frac{7}{8}$in）。由于反射镜固定在电视摄像机下方旋转，地面监视器屏幕上看到的井眼垂直方向与井下反射镜同步旋转。显示器右边的转鼓计数器提供井下垂直方向的读数。显示器左边的转鼓计数器通过最初设置该计数器以与位于井下镜中心的凹进的小型磁罗盘所指示的方向一致来指示观察方向。

电视摄像机为压力外壳中的一个独立的电子设备，当以 12V 的标称值提供直流电源时，产生电视信号输出。光学聚焦是通过监视器和控制面板控制的内部马达来实现的，内部目标电压控制电路提供了一个“电子虹膜”，它可以自动调节相机以适应不同的光线水平。摄像机中包含的升压放大器放大视频合成信号的高频部分，以补偿这些频率在电缆中遇到的衰减。

井下仪器安装在保护筒内，保护筒内包含透明的塑料部分，用于观察和照明井眼。在充满流体的孔中，壳体内填充透明流体，压力平衡活塞防止在壳体壁上形成任何压差。尽管井下仪器看起来很脆弱，但现场的实际经验表明，它在裸眼井中使用时非常坚固。

4）功能

井下电视仪器的外径为4¾in。在5000ft长的电缆上，可以下降到4600ft的深度。电视摄像机可在125℉的环境下工作，但由于仪器热容积比较大，传热性能差，可在较高的温度下短时间工作。由于电视摄像机的功耗很低（3.6W），仪器内升温较慢，因此在高温条件下的工作时间得以延长。井下仪器的最大压力额定值为5000psi。设备可提供电缆密封，可在井口压力高达1000psi条件下带压作业。带压作业时，为了平衡井口压力和电缆密封的摩阻，必须使用加重杆。该设备如图1-7所示。

图1-7　带压作业现场

20世纪70年代以来，早期的井下电视主要用于一些浅水井的目视检测和记录。随着井下电视在越来越深的井下环境中使用，遥测、高温、高压、光学材料、照明和冷凝等一系列问题都需要解决（R. A. Rademaker等，2000）。

随着可见光成像技术、油田设备不断进步，井下电视也在不断发展。在20世纪80年代早期，设计并制造了一个专门用于油气井检测的井下电视系统。该井下电视系统井下仪器最大直径2¼in，小到可以通过2⅞in的油管，目标深度10000ft，最大工作压力

5000psi。其遥测系统是当时最先进的，能够使用10000ft，直径7/16in同轴测井电缆传输高质量的视频信号（C. C. Cobb等，1992）。

20世纪80年代中期，该系统取得了很大进展。当时的技术可以提供更高的耐压值，更小的摄像机，更好的照明、热屏蔽以及改进的光学系统，但是，遥测系统限制了该系统的适应性（C. C. Cobb等，1992）。由于在同轴电缆上远距离传输视频信号，电缆越长视频信号受到的电磁干扰衰减越严重，电缆长度超过10000ft需要大直径（7/16~9/16in）电缆和特殊调制技术，以保持视频带宽和质量。然而运行大直径同轴电缆费用是昂贵的，需要足够长的高密度钨配重棒来克服井口压力，需要足够长的防喷管和足够大的起重机来操作，这就给现场应用带来一系列的问题。

同轴电缆井下电视能够传输流畅的黑白模拟视频图像，但是在超过10000ft的深井中使用时，一方面由于信号衰减，电缆的电气特性限制了电缆的使用长度；另一方面由于电缆外径较大，需要较大的配重，对作业设备的载荷能力要求较高，井口带压作业时，施工难度较大，费用昂贵。

2. 模拟光纤井下电视

20世纪90年代，出现了在光纤测井电缆上传输井下视频的可见光井下电视（图1-8、图1-9）。光纤电缆具有传输视频所需的带宽，在长距离传输时，没有同轴电缆的振幅衰减和频散特性，因此能够在没有任何电磁干扰的情况下传输高清、无失真的图像（J. L. Whittaker等，1999）。光纤电缆直径相比同轴电缆减少了55%，一种9/16in的同轴电缆的重量约为0.4lb/ft，而铠装光纤电缆的重量约为0.085lb/ft，这一差异使相关设备所需的负载处理能力减少了6000lb（R. A. Rademaker等，2000）。光纤电缆由于其直径较小可减小其自身的承重要求，减小了配重和工具串长度，简化了井控设备，解决了高压井带压作业施工难度大的问题（J. L. Whittaker等，1999），使井下电视系统在高压和高产井中得以应用。

1992年，C. C. Cobb等在《A Real-Time Fiber Optic Downhole Video System》一文中提到，1989年8月，一个电池驱动的光纤井下电视原型系统设计完成，经过4000ft试井后，该系统在阿拉斯加北坡上测了一些油井，系统记录了射孔和油管的良好图像，最深下到12000ft。经过原型系统确认，设计制作了光纤测井电缆，该电缆采用传统测井电缆的双层铠装设计，电缆直径7/32in，断裂强度为4700 lbf。与直径7/16in的同轴电缆相比，该电缆信号衰减降低了约50%，因此将井下电视的传输距离扩展到20000ft（C. C. Cobbb等，1992）。

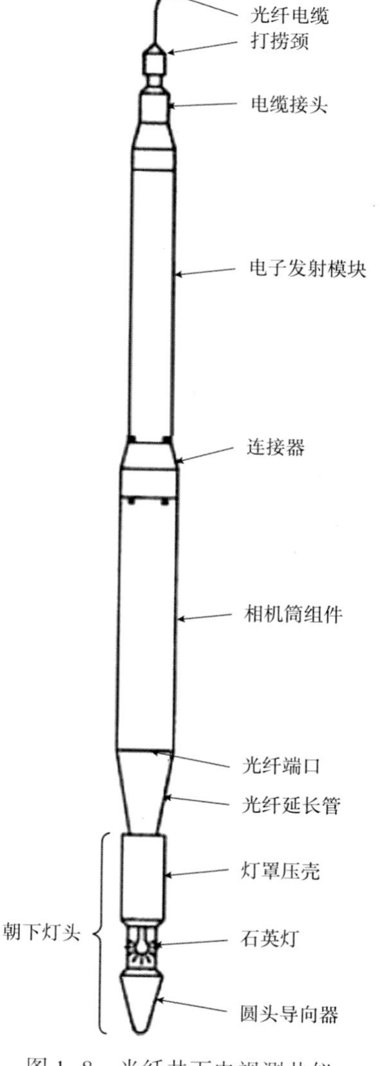

图1-8　光纤井下电视测井仪

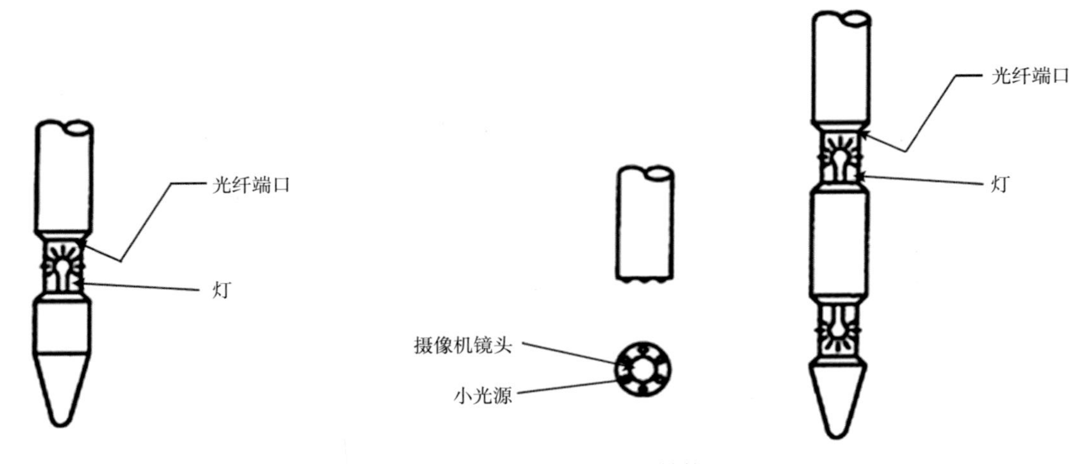

图 1-9　光纤电视的光源结构

与同轴电缆井下电视相比，光纤电缆井下电视能在更深一些的油气井中提供清晰的全运动视频图像，但是光纤电缆是专用设备，生产周期长，价格昂贵，而且在耐温、抗硫化氢、抗拉性等方面仍然有一定的局限性。

3. 连续油管光纤井下电视

使用同轴电缆或光纤电缆传送的井下电视有广泛的应用，但是现场应用的经验揭示出电缆传送的方法有一定的局限性。电缆传送系统只能应用于井斜小于60°的直井，而且电缆传送系统无法置换透明井液或冷却相机。井下电视现场作业常常是在井内充满不透明液体的情况下进行的，为了能获取检查区域内清晰的视频图像，必须用透明的液体置换不透明液体（R. A. Rademaker 等，1992）。用电缆传送井下电视时，考虑到液体循环路径、压力控制、地层的稳定性等问题，置换不透明液体往往是不可行的。另外，井下电视系统内部电子设备的运行会受到井下高温环境的限制，目前采用隔热材料使电子设备与高温环境隔离。如果能提供液体循环冷却井下仪器，系统就能运行更长时间。

用连续油管传送微型固态视频摄像机的出现，开辟了井下电视的新纪元。1992 年 R. A. Rademaker 等在《A Coiled-Tubing-Deployed Downhole Video System》一文中提到了一种使用连续油管作业的井下电视（图 1-10），该系统基于标准的 1¼in 连续油管装置，连续油管总长 17000ft，内含直径为 7/32in 的光纤电缆。整个系统由改装后的连续油管装置、视频控制台、电缆头总成、摄像机总成组成。连续油管的结构可以根据油管或套管的直径选择安装 $1\frac{11}{16}$in 或 2¼in 的井下摄像机（R. A. Rademaker 等，1992）。

连续油管传送井下电视系统克服了前述对应用井下电视技术的限制，扩大了井下电视的应用范围，提供了将井下电视推入大斜度井和水平井的手段。用机械方法将连续油管压入井内，要比用加重杆来克服高压井的井口压力和摩阻下井更为容易。在不透明液体中工作时，连续油管能提供向摄像机区域循环透明液体或者氮气的通道，从而使检测区域清晰可见。在深井高温环境下作业时，循环液还能用于给摄像机降温。

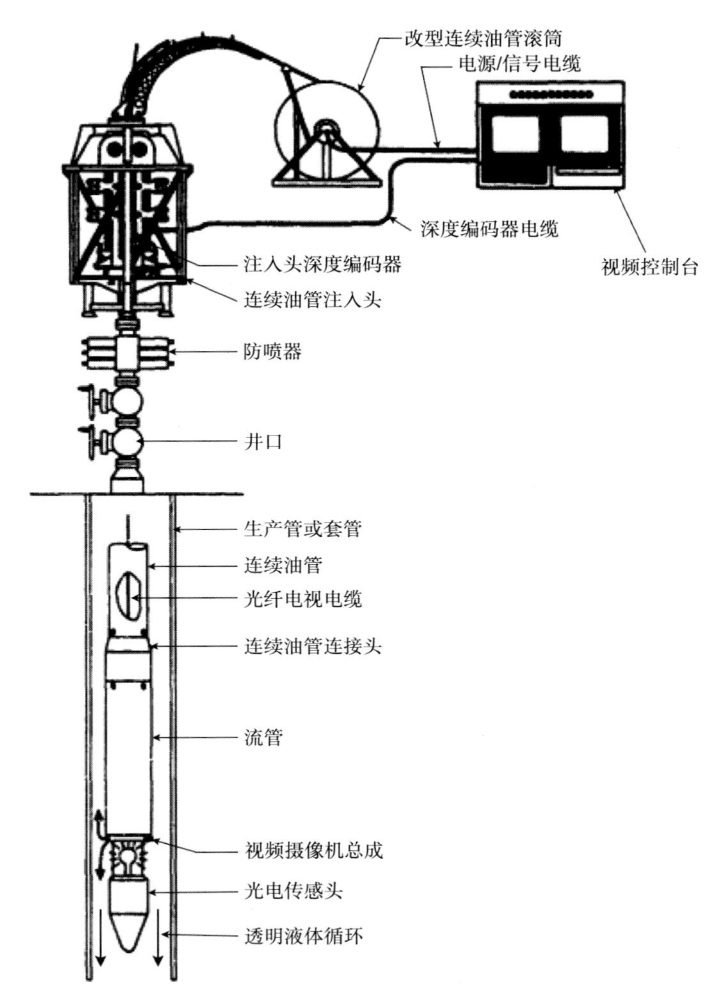

图 1-10　连续油管光纤井下电视

二、“鹰眼”井下电视

井下电视检测的目的是深入井中，对井筒问题的“是什么、在哪里、怎么样”等问题给出精确的答案，因此在检测过程中获得的视频越多，就越有可能得到这些问题的答案。全动态视频（Full Motion Video）检测提供了最生动和最直观的细节，因此它们比慢速连续快照类型的视频调查更受欢迎（J. L. Whittaker 等，1999）。在 20 世纪 90 年代，只有光纤电缆和同轴电缆能够在石油和天然气行业所需的电缆长度上传输全动态视频（模拟视频信号）。

但是光纤和同轴电缆井下电视在应用中有一些局限性：

（1）太深的井由于温度、压力、信号传输等问题无法使用。

（2）当测井地点较远而且情况比较紧急时，运输电缆提升装置和专用电缆的经济成本是很高的，而且要花费很长时间。

（3）在水平井中，必须要使用连续油管作业时，大多连续油管仅配备了传统的测井电缆，但是很少有装备光纤或同轴电缆的。

由于光纤和同轴电缆井下电视具有这些局限性，使得一些运营商无法选择它们来诊断井筒问题。因此需要新的井下视频系统来克服这些限制，为作业人员提供诊断和解决井筒问题所需的图像。

1999 年，国外的公司开始研制能在铠装测井电缆上进行视频传输的井下电视。J. L. Whittaker 等人在《Development of a Portable Downhole Camera System for Mechanical Inspection of Wellbores》一文中提到美国 DHV（DownHole Video International）公司研制的鹰眼井下电视测井系统（Hawkeye Video System），系统在传统的电缆上使用，具有每 3.5 秒提供一幅图像的快数据速率，而且不受电缆长度影响。该系统克服了光纤井下电视和同轴电缆井下电视的某些物理限制。

鹰眼视频系统将来自井下摄像机的模拟视频信号经过采样量化，转换为数字图像，暂存在存储器中，采用数字频率调制技术将数字图像数据经过电缆传输到地面。该工具几乎可以在任何测井电缆上工作。在地面上，调频信号被转换回数字信号，然后再转换回原始的模拟视频信号，发送到记录设备和监视器（J. L. Whittaker 等，1999）。NTSC 相机系统刷新速率大约需要 3.5 秒，而 PAL 相机系统大约需要 4 秒，这些刷新率与电缆长度无关。

美国 DHV 公司的鹰眼井下电视是测井电缆井下电视中最具有代表性的，目前国内外的大多数测井电缆井下电视技术均是从其基础上发展而来的。鹰眼井下电视采用普通的铠装测井电缆传输非连续井下黑白图像，传输 1 幅图像需要的时间为 3.5 秒，经过几代改进，缩短到 1.7 秒、1.1 秒。由于测井电缆环境适应性好，可以在高温高压环境和含琉环境中使用，因此在全球范围内得到了广泛的应用。2002 年，三种井下电视系统比较情况如表 1-1 所示。

表 1-1　三种井下电视对比（据张治华等，2002）

描述	光纤	同轴电缆	测井电缆（鹰眼）
普及程度	很有限	中等	高
机动性	较好	较好	最好
运行费用	高	中等	最低
硫化氢环境	不行	不行	可行
水平井/挠性油管	可行	不行	可行
耐负荷限度	低	高	高
高关井压力	可行	不行	可行
信号保真度	良好	良好	良好
图像连续性	连续	2FPS	1.7FPS

鹰眼井下电视系统的图像视频流畅度远低于光纤和同轴电缆，但由于鹰眼采用数字传输技术，图像传输的抗干扰能力和图像的保真度优于模拟传输的光纤和同轴电缆井下电视。在以下井况条件下，鹰眼井下电视系统具有其独特的技术优势：

（1）井口压力高或深井检查。

（2）井筒温度高。

（3）井中含有腐蚀性液体。

（4）需要连续油管作业的水平井。

鹰眼井下电视系统在应用中也有一些缺陷：

（1）如果检测井筒距离较长，需要很长的时间。

（2）如果需要定点观测，很难精确移动到目标位置。

（3）如果井筒中有流体会影响观测效果。

（4）出液口检测和识别能力欠缺。

除了这些缺点之外，测井电缆井下电视系统的优势在于不像全动态视频系统需要专用电缆，其环境适应性超过了全动态视频系统。测井电缆井下电视系统最明显的优点是便携性和机动性，由于井下视频系统不需要专门的电缆装置，因此可以通过小型卡车（图 1-11）将摄像系统快速部署到等待的井场，通过直升机进行海上部署或者通过航空公司进行全球部署（图 1-12）。

图 1-11　用小型皮卡运输鹰眼测井系统

图 1-12　鹰眼井下仪及其便携航空箱

三、彩色全帧率井下电视

21 世纪以来，由于光纤测井电缆结构和井眼环境适应性方面的原因以及普通铠装电缆带宽和传输速率的限制，可视化测井技术及装备在十多年的时间里几乎没有什么大的进展。直到 2015 年，EVCAM 研制成功传输速率超过 200kb/s 的 Optis® HD Electric Line 井下电视测井系统，采用最新的井下视频技术，能够在单芯和多芯测井电缆上实时传输彩色高清视频信号，最大帧率可以达到 25FPS（Amroo E. Mukhliss 等，2015）。2016 年，EV Off-shoreLimited 的 Tobben Tymons 等发文指出，单芯电缆高速遥传技术，视频处理和存储技术的结合及在井下电视中的创新应用，极大地降低了作业成本，提高了井下电视作业效率，拓展了井下电视的应用领域，将油气井监测带入到视频时代（Tobben Tymons 等，2015）。

2017 年，西安石油大学研制成功 VideoLog 测井电缆网络高清可视化测井系统，采用新一代测井电缆网络高速传输技术，具有电缆自适应、网络化、高速率三大特点，实现了彩色全帧率高清网络视频信号在普通单芯/多芯铠装测井电缆上的实时传输（严正国等，2017），实现了井下可视化、信息化和网络化。

测井电缆彩色全帧率井下电视的出现，兼备了测井电缆井下电视系统成本低、可靠性高、井眼条件适用性强和光纤电缆井下电视实时性好、图像清晰流畅的优点，使得产品性能和应用效果有了质的飞跃，将可视化测井技术的发展和应用带入到新的历史阶段。

目前，第三代井下电视应用已经初具规模，井下电视技术也从单纯的井下视频图像获取发展为包括综合测井解释、定量分析测量、图像智能识别等技术在内的油气井可视化检测综合服务。从第三代井下电视开始，井下电视让油气井正式进入可视化检测时代。

第二节　井下电视仪器分类及作业方式

一、仪器分类

根据作业方式的不同，井下电视可分为存储式、电缆直读式两大类。

存储式井下电视采用无电缆工作方式，采用电池供电，视频图像存储在井下仪器内的存储介质中，在测井过程中地面无法获取到井下实时图像，只有当仪器起出地面后才能从仪器中读出视频图像。

存储器井下电视无须电缆，可以用钢丝或者连续油管输送作业，易于与其他存储式仪器组合，在测试作业时具有工程便利性和低成本的优势（图 1-13、图 1-14）。但由于无法获取实时图像，“盲作业”的方式会给仪器的安全性带来一定风险，测试前必须通井以保证井眼的通过性或者准确定位遇阻位置，以防止高速撞击损坏仪器或者造成钢丝打结。电池和存储容量也限制了存储式仪器的连续工作时长。

直读式井下电视需要电缆供电和实时视频信号的传输，相较于存储式仪器，直读式仪器可以实时观测到井下视频图像，极大地提高了作业的安全性，特别是有套损、落鱼等复杂井筒问题检测时优势明显。直读式仪器可根据实时图像反馈调整仪器下放速度，精确调整观测位置，提高了一次作业的成功率（图 1-15）。

存储式水平井作业时可以采用爬行器输送或者预置电缆的连续油管输送，有条件的井筒也可以采用电缆泵送。

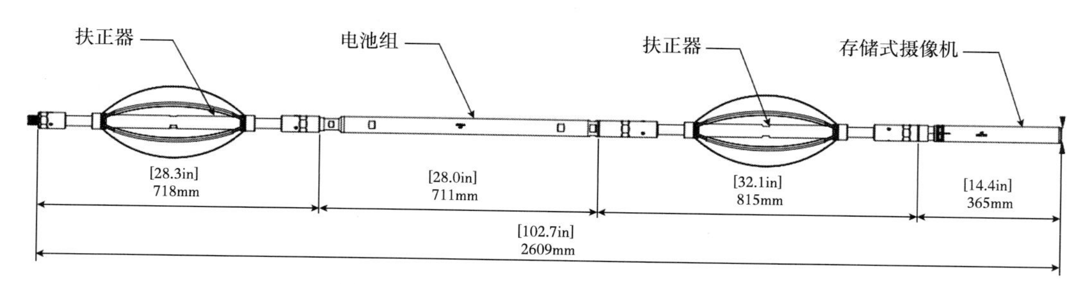

图 1-13　存储式井下电视工具串组合 1

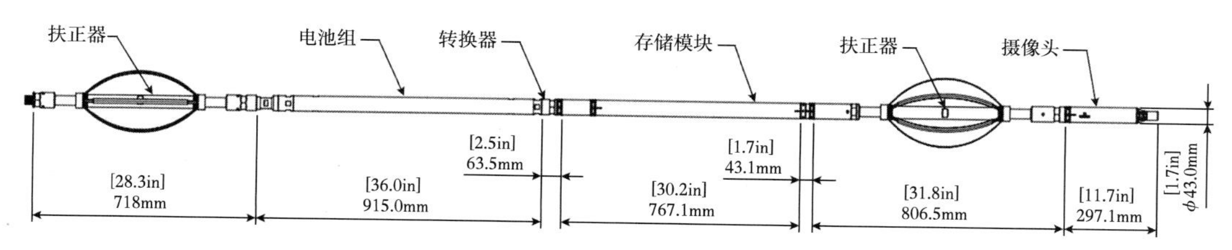

图 1-14　存储式井下电视工具串组合 2

直读式仪器根据图像传输介质不同分为电缆直读式和光纤直读式。电缆直读式仪器采用普通测井电缆，可利用测井队伍现有设备施工，现代的高速电缆遥传系统的电缆自适应特性使得可视化测井设备和测井车实现了即连即用，高速率特性使得视频传输质量有了很大的提升，可实时传输流畅的彩色视频。光纤直读式仪器采用光纤作为传输介质，带宽和传输速率相比电缆高几个数量级，视频图像的分辨率和流畅度有很大的优势，但是需要专门的光电复合电缆或者预置光纤的连续油管，设备普及率低，动迁费用较高。另外，光纤设备的可靠性和可维护性比电缆差，维护所需时间长，费用高。

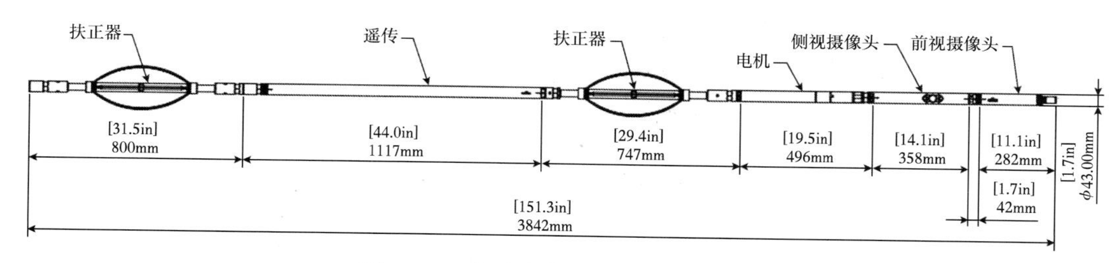

图 1-15　直读式井下电视工具串组合

二、作业方式

1. 钢丝（Wire Line）测井

高压气井直井或者水平井直井段可视化检测主要采用钢丝测井方式进行作业。钢丝虽然无法为井下仪器供电和传输信号，但是由于其外径小、表面光滑、易于密封、井控风险小、作业成本低，因此在高压气井的直井段检测中被广泛采用。

钢丝测井适配小外径存储式井下电视，大多在油管内测试，采用电池供电，视频采集并存储到仪器内的存储介质中，其连续工作时长受电池容量和存储容量的限制。仪器回到地面后才能读取和回放视频。由于钢丝井下电视测井不能实时获取视频，因此测井前必须通井以保证井眼的通过性，或者准确定位遇阻位置，以防止仪器在下放过程中受到撞击损坏或者造成钢丝缠绕。

2. 电缆（Electric Line）测井

电缆测井可以利用电缆给井下仪器供电，并可以实时传输视频图像，因此适用于直读式井下电视测井，相较于钢丝测井的“盲作业”方式，电缆直读式井下电视测井极大地提高了井下电视测井作业的安全性和成功率，特别是在井下存在套破、套变或落鱼等复杂情况时优势更加突出。电缆测井的电缆类型包括单芯电缆、多芯电缆和钢管电缆。通常多芯电缆具有更高的数据传输速率，带来更流畅的画质，但同时电缆外径较大，井口压力高时井口密封比较困难，而且需要更大的配重。电缆作业时，可通过实时视频图像及时了解井下成像效果。如果水质影响了测井效果，可通过密封井口、挤注清水或者通过管柱进行井液置换的方式将井液驱替成清水，以改善成像质量，提高测井成功率。

3. 水平井爬行器电缆作业

当目标测试位置井斜较大（大于60°）或者在水平井的水平段时，井下电视无法通过缆绳依靠自重下放到目的位置，这时爬行器电缆作业是一种经济可行的作业方案。井下电视连接在爬行器前端，通过电缆将仪器串下放到井中，当仪器串无法依靠自重前进时，开启爬行器，爬行器的动力装置让驱动轮转动，推送井下仪器串前进到目的位置（图1-16）。目前，爬行器和井下电视的组合已经实现了“边爬边测”，在爬行器行进过程中，地面可以实时获取到井下的视频图像。

图1-16　爬行器驱动轮

4. 连续油管作业

水平井可视化检测也可用连续油管进行井下仪器的输送。普通连续油管作业车没有电缆，不能供电和传输图像，通常配接存储式井下电视。连续油管作业的优势在于井控安全性高，具备流体通道，可以在测试过程中连续注入清水以改善井液可视环境，同时可以给井下仪器降温，使井下电视在高温下可以工作更长时间。连续油管作业费用较高，同时具有和钢丝作业类似的“盲作业”所具有的局限性。

5. 预置电缆连续油管作业

通过给连续油管内预先穿入电缆，可实现连续油管和可直读式井下电视的组合测井，兼具连续油管作业和直读式井下电视的优点，是水平井可视化检测最理想的作业条件。但实际应用中，预置电缆的连续油管设备还不够普及，连续油管操作人员经验不足或者操作不当容易造成电缆接头拔脱，甚至拉断电缆（图1-17）。

图1-17　连续油管作业现场

第三节　井下电视应用领域

一、油套管完整性检测

井下电视可用于检测油套管的变形、穿孔、腐蚀、破损（图1-18）、错断等。

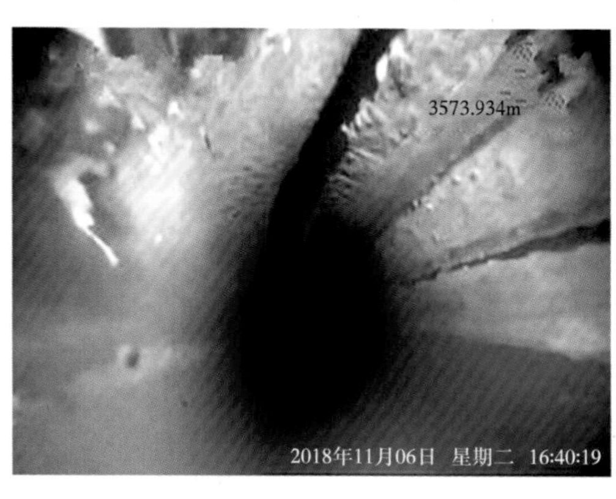

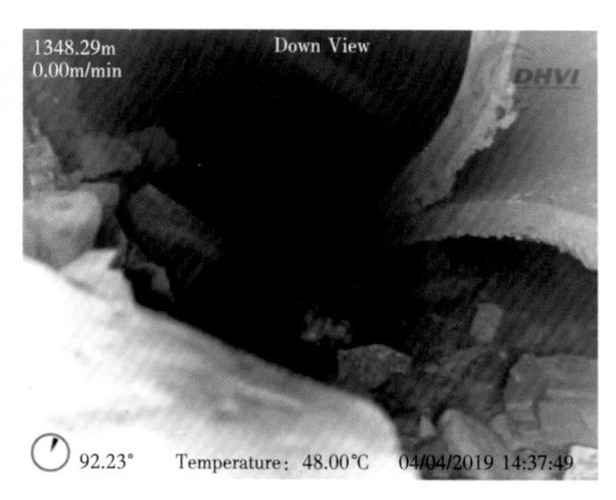

图1-18　套管破损图像

二、落鱼检测和辅助打捞

井下电视可以定位落鱼的位置，辨识落鱼在井筒中的姿态以及鱼顶形状（图1-19）。

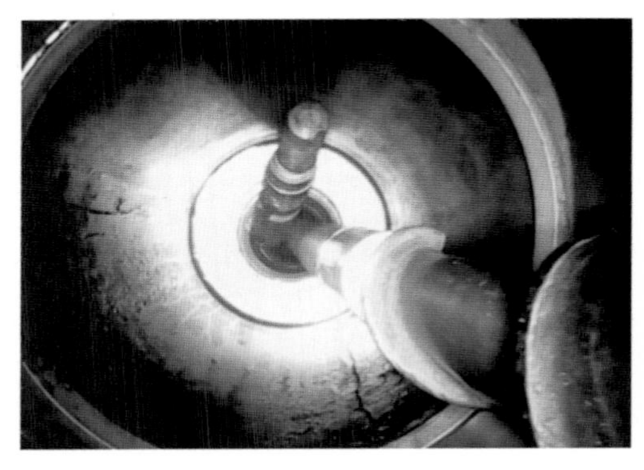
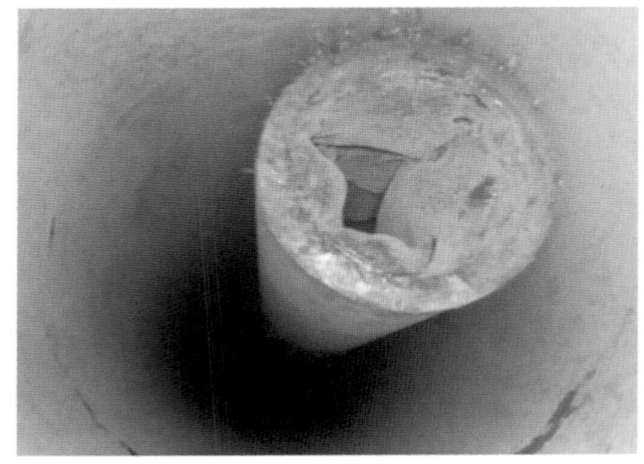

图 1-19　落鱼图像

三、井下工具检测

井下电视可用于检测安全阀、节流器、封隔器、筛管、滑套等井下工具的工作状态（图 1-20）。

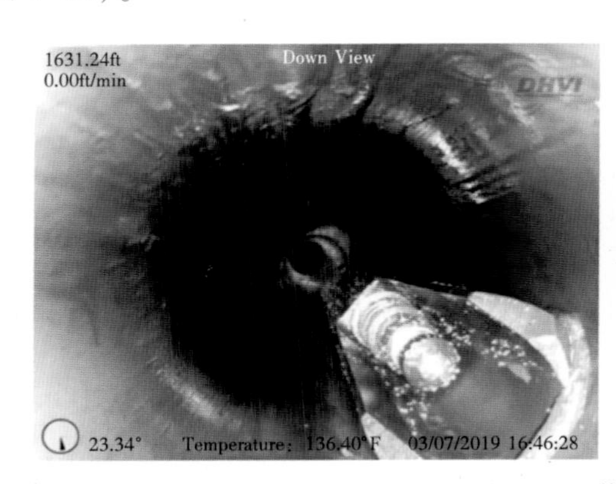

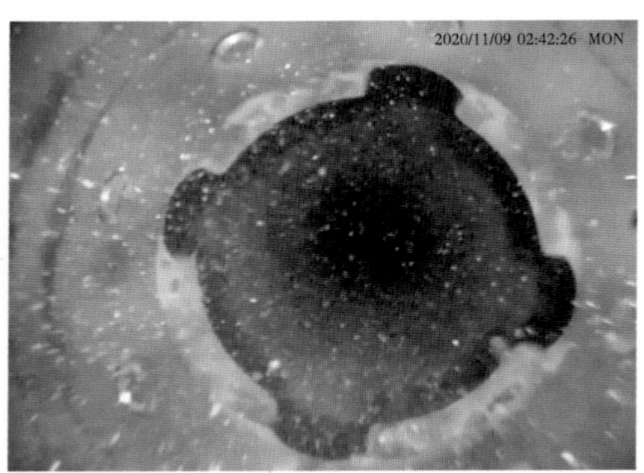

图 1-20　井下工具图像

四、作业效果评估

井下电视可以评价井下作业的效果，如射孔（图 1-21）、压裂、除垢、套管补贴等。

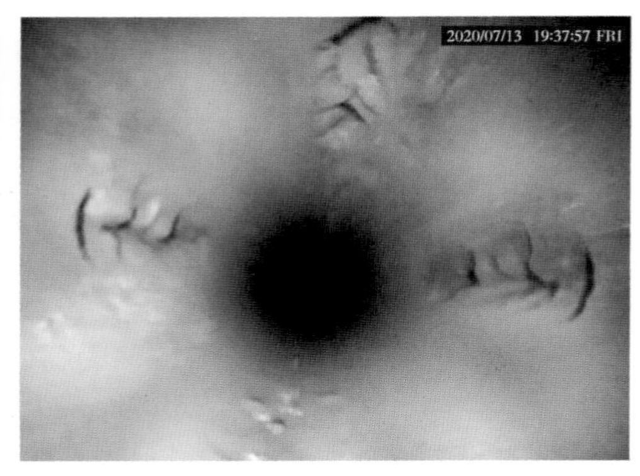

图 1-21　射孔图像

情况下，井的准备应如下：

（1）将压井管柱的底部置于距离要查看的对象 2~10ft 内，越近越好；

（2）在压井管柱下循环或注入三管量的清洁水；

（3）离开，并等待至少一到两周后再运行相机，让微粒沉淀下来。

对于关停产井，如果井口有压力，则应使用井控设备，如果井口没有压力，也可采用密封井口向井筒注入清水的方法清洁井筒。采用这种方法时，井筒必须有射孔与地层连通，在向井筒挤注清水的过程中，井筒内原来的污水将通过射孔被驱回地层。在产量大量衰竭和高渗透率的油田，注入足够多的水后，油井往往会进入“真空”状态，从而实现高注入速度和对油管和生产套管的快速清洗。在低渗透井、堵孔、堵缝等井中，大排量洗井可能是一个缓慢而艰巨的过程，因为可能需要三根或更多管柱的水来清理管柱下方的区域。

注入液也会进入最高渗透率层段。如果这些层段很浅，而目标层段很深，那么在高渗透率层段以下，注水可能完全没有作用。更好的解决方案可能是重新启动钻机，并使用工作管柱进行循环。此外，向低渗透率地层中注入液体会使地层充能，当地层表面压力降低时，液体会释放回井中，从而减轻压力。一个有砂子进入的洞或裂缝会从地层中较高的压力处“吹”入更多的砂子。在这种情况下，必须保持表面压力才能得到测井视频。

当需要用水代替不透明的井筒流体时，操作人员必须尽其所能来确保视频记录的成功。例如包括但不限于提供清洁的驱替液和相当清洁、完整（无孔）的油管或工作管柱(除非油管是被检查的对象，存在已知的泄漏或问题)。如果油管在不知情的情况下有洞，则可能会在注入大量的水后，井仍然不能被清理干净。如果在注入了三桶水后，油管尾部仍然没有清理干净，那么就应该开始怀疑油管泄漏了，因为油管从后面泄漏的油或脏水会被向下流动的水流吸入。有一种方法可以尝试，就是在背后加压，使之与油管压力相同。为了发现泄漏，提升背后的压力，迫使背后的流体进入油管。如果工具在清洁的水、气体或空气中，泄漏将被识别。如果工作涉及钻机，则应拉出油管，并用经过测试的干净管柱更换，继续检查注水情况。必须尽可能靠近井口进行清洁和检查。尽量避免使用方钻杆软管，因为在注水时，通常会将材料注入井中。此外，如果可能的话，要避免涂敷油管作为工作管柱，因为它会脱落塑料颗粒，当泵排量增加时，会使该区域变得模糊。

在视频录井之前，并没有严格的规则来确定油层在关闭井中的深度或厚度。当总流量较小时，含水率为 10%的井在射孔段均为水。如果目标是机械检查，而井是活跃的生产井，最简单的方法是将油井关闭，至少与从井中抽取的流体样品中的水净化所需要的时间相同。如果仍然不够，则应注入清洁的水或氮气，以取代肮脏的液体。

在开始任何录井调查之前，从候选井中采集流体样本，以获得有关井下情况的关键信息。验证产出水的净度是很重要的。寻找细微的泥质颗粒，并尝试使用“硬币测试”测试水样。如果在 12~24 小时内，水与油分离，且干净、无粉粒，则该井是井下电视的理想选择。样品中的水的质量代表了在关井相同时间后的井底情况。

含水率低于 80%的井应在测井前至少关闭 12 小时。在生产测井过程中，7in 套管内最大流量不应超过 6600bbl/d，以防阻碍提升工具。在出井前进行一次静态孔型的机械检验测量，然后逐渐打开，随着流量的增加，多次通过生产层段。通常在最初的 3~4 个小时内，生产配置数据会发生显著变化。

如果关闭的井有明显的地面压力和地面气体，通过跨接电缆从油管压力向润滑器上的放气阀加压。这将防止随着抽油杆阀打开，阀门油脂飞溅到光学观察端口。如果无法将油管压力转移到润滑器上，则要非常缓慢地打开抽油杆阀，以使摄像机上的喷溅阀油脂降至最低。

2. 有细粒和细砂流入影响的测试工艺

对于带有细粉质颗粒流体进入的井的测量，水将是浑浊的，但通常不会达到视频完全黑色的程度。通常可以将黑色的油滴与脏水区分开来，但流体入口很可能是不可见的，因为浑浊的流体会遮挡住套管或衬管内壁的视线。如果拍摄间隔小于 40ft，细砂可能会阻止相机捕捉任何有用的信息。在生产间隔大于 40ft 的井中，很可能区间的一部分是不透明的。这在注水生产中尤为常见，在水流带动沙子的地方存在不透明的液体，但在它的下面可能是清水。

在有进砂问题的井中，通常使用摄像机来帮助了解套管损坏情况。最好的方法是修井机将开口工作管柱置于可能损坏的位置以下两英尺的位置，而且要在摄像机通过管柱下降并从油管尾部出来的过程中，用干净的水连续不断地替换脏的流体。不应该重新注入返回的液体，5μm 的过滤器会堵塞，需要经常更换。钻工应该在工作管柱上涂油，而不是在钻箱上涂油。这消除了管道涂料涂抹在光学观察端口上的管道下降的方式。如果钻机使用的是 $2\frac{3}{8}$in 的油管，则在底部安装一个 $2\frac{7}{8}$in 的接头。如果泵送速率需要增加到 5 bbl/min 或更高，相机可以安全地放置在 $2\frac{7}{8}$内径接头中。

将上滑轮悬挂在井架上，使滑车可以自由升降油管尾部至不同深度。泵有三管容积的液体，典型的泵流量为每分钟 1～5bbl。停止注射，进入与相机保持 1～1. 5bbl/min 的速度。一旦相机出油管并且有一定的能见度，把油管抬高几英尺，跟着相机直到记录下所有目标区域。如果油管不能升到足够高来继续录像，则把相机和油管一起升起，取出一根油管，然后将相机下放。重复此过程，直到记录所有目标区域。

这些操作可能需要数小时，直至清理到足以看清损害并判断其程度。在往下拉工作管柱的时候，尝试在背后封闭会有所帮助。套管劈裂和入砂可能是录井中最难准备的。

3. 有油污影响的测试工艺

在流体进入测量时，油阻碍相机的视线，该情况更容易发生在低含水率和高流量的井中。若流量很低（250bbl/d），对含水率低至 10%的井进行的流体注入调查提供了极好的视频条件。当在流体进入测量过程中，由于产油而阻碍了摄像机的观察，除了降低产油流速外，几乎无法改善这种情况。如果在衬管或套管内形成水垢，则在较低流速时发生。

虽然镜片表面活性剂可以防止油粘在镜片上，它不能提高相机的透视能力，无论是连续的油的流体相还是不透明的脏水。表面活性剂使相机可以通过油，避免了以前需要不断注水来防止油接触镜头的情况。这种自由为非钻机工作打开了大门，如果在观测区间内没有出现油层，通常不需要做任何准备。如果目标在底部或接近底部，根据油的含水率、产量，以及这口井静置的时间，一个清澈的水柱可能在目标范围内。然而，即使是高含水井闲置一年以上，也会使整个流体柱充满油，通过横流取代水。在这种情况下，必须把油提出来或注入地层中。如果目的是查看油管，那么注射过滤水是可取的。如果目的是观察油管下的套管壁，而且一旦关井，预计油将覆盖目标井段，然后将其流出，较好的方法是在生产方案下将油流出。这使得通常干净的产出水（而不是浑浊的表面流体）可以替换油，操作过程中应避免跳闸管，因为它通常会污染井水。

4. 有气体影响的测试工艺

当水覆盖整个产气区间并且气体从区间的底部流出时，尝试拍摄气井进水的过程中，天然气可能成为最大的敌人。一开始先把井关好，使其静置。通常，用摄像机拍摄到的井壁上的微小细节可以标记水源进入。射孔对面套管上的亮点等细节可能是水和砂粒进入的证据。在完全的静态通道被记录下来之后，可使井中流体流动，但是应该以非常低的速度开始。在井中流体刚开始流动的时候通过第一道流动道。然后以越来越高的流速进行多次循环。油井开得太快会带来沙子、细粒和水雾，可能需要一段时间才能沉淀下来。水进入的证据是通过扰乱底部附近沙子的流动或者当气体或油突然开始在套管内沿圆周方向流动时发现。在水柱中，由于重力分异，油气只流向井中的高侧。因此，任何其他方向的流动都暗示着另一种力量在起作用，如果它是透明的，那一定是水。水以圆周运动的方式进入井中，其原因可能是射孔器射入弯曲套管时的视角度。射孔枪通常以射孔中心为中心进行最大穿透，除非射孔枪是零度定相，射孔面直接射入套管，否则由于套管是弯曲的，射孔将以一个明显的角度退出套管。一些视频记录了两英寸开外射孔的不同流动方向。这可能解释了生产日志的一些现象，因为水从不同的方向来，并试图在两英寸内将旋转叶片转向相反的方向。

如果目标是对产量大于 100mcf/d 的油井进行机械检查，最好提前一天关井，以保持地层压力，避免产生气体，并根据需要使用压力控制设备。在含有砂粒和气体无法关闭的井中，井内流体在进入气体入口处会非常浑浊，然后在几英尺深的地方就会变得清澈。套管尺寸越小，气体效应就越差，因为它开始向透镜体的路径移动，而不是从井的高处移动。当高体积气体流量通过水柱时，接收到的视频中可观察到湍流。只有最深处的气体进入才能被识别，因为这种影响在井的深处逐渐减弱。此外，如果油井生产天然气，最好是关井以减少天然气产量。如果井出现地面压力，则部署压力控制设备。避免在钻井过程中释放地面压力，以保持地层中的气体。

然而，当气体是润湿的时候，它会在液面以上出现雾状。在油管中这通常不是一个问题，因为管道的墙壁是如此接近相机，但在套管中相机很难看到物体。最简单的解决方法是将相机浸入液体中，甚至是油中，以清除冷凝物。有时还会出现的问题是，在井内，随着液面接近，沿油管或套管壁的水分会增加。灯头上的灯泡发出的热量会使水分蒸发，使相机正面附近产生雾气。通常，注入少量的水就能使井壁变得干净。如果可能的话，注入 0.5~1bbl 的清水。当水到达相机时，通过油管或套管，水和空气或气体交换位置，视野会显得非常混乱。如果以后需要更多的水，再注入少量水，必要时可多次注入。与使用大量的水相比，少量的水通过更快的视频记录可以更快地恢复。

5. 有受污染的注入水影响的测试工艺

由于该井处于视频录入调查的生产模式，注入一般不会发生，而且唯一需要注水的原因是在井里有细砂或沙子。油井打开后不久就会起雾，但在井中注入清水之前，可以争取时间观察油井开启后的具体情况。当水通过桥塞底部时，可能是一种情况。

如果注入的水不干净和清澈，水应在井口经过 5μm 滤芯过滤。如果必须用 KCl 加重液头，以防止砂粒进入井内，或避免损害地层，则应使用预先混合的 KCl 水，该水已在储罐中沉淀 12h，使砂粒充分溶解。避免在测井之前混合 KCl。定期取样检查滤芯是否需要更换。

注入井内流体的可以选择过滤水、淡水、海水、盐水和I级柴油。低质量的柴油只推荐在摄像机可以非常接近落鱼顶部的位置时使用。如果使用盐水时，KCl浓度最大不要超过15%，否则视线会受很大影响。氯化钾中的杂质必须被过滤。

6. 有结垢影响的测试工艺

如前所述，结垢会挡住视线，当管道壁上有结垢时，它会将油挤入相机表面，沥青质会覆盖在管道的内壁上，使油很难沿着管道内壁流动。

查看套管结箍和射孔是了解当前结垢情况的一个很好的方法。如果能清楚地看出结箍的螺纹，那么说明目前没有结垢或结垢很少。如果看不到结箍和射孔，说明结垢很严重。在射孔区范围内如果出现了与射孔处于同一相位的凿痕，则是因为这个井段的射孔正在生产。否则，水垢会掩盖这些小孔。

如果怀疑油管有水垢，可在井下电视测试前2~3天用通径规测量油管的内径。通径规可能会刮掉管道上的结垢，造成肮脏的流体环境。几天后这些碎片就会沉淀下来。

参考文献

严正国，严正娟，2017. 通过铠装测井电缆获取井下彩色全帧率视频的装置及方法［P］. CN107529037A，2017.

张治华，陈照明，王宝剑，等，2002. 鹰眼Ⅱ井下视像系统简介［J］. 油气井测试，11（6），67-68.

Amroo E. Mukhliss，Saad M. Driweesh，Abdulaziz M. Sagr，2015. First Successfull Implementation Of High Temperature Video Camera to Identify Downhole Obstructions in Gas Wells：A Saudi Case［C］. SPE-172750-MS. Present at the SPE Middle East Oil & Gas Show and Conference，Manama，Bahrain.

C. C. Cobb，P. K. Schultz，1992. A Real-Time Fiber Optic Downhole Video System［C］. the 24th Annual OTC in Houston，Texas.

J. L. Whittaker，G. D. Linville，1996. Well Preparation-Essential to Successful Video Logging［C］. the 1996 SPE Western Regional Meeting held in Anchorage，AK.

J. L. Whittaker，P. K. Schultz，D. L. Baker. Development of a Portable Downhole Camera System for Mechanical Inspection of Wellbores. The International Thermal Operations and Heavy Oil Symposium held in Bakersfield，CA，U. S. A.，17-19 March 1999.

J. R. Tague，G. F. Hollman，2000. Downhole Video：A Cost/Benefit Analysis［C］. the 2000 SPE/AAPG Western Regional Meeting held in Long Beach，California，19-23.

R. A. Rademaker，K. K. Olszewski，J. J. Goiffon，and S. D. Maddox，1992. A Coiled-Tubing- Deployed Downhole Video System［C］. the 67th Annual Technical Conference and Exhibition of the Society Of Petroleum Engineers held in Washington，DC.

Tobben Tymons，Susan Moloney，2016. Moving the Oil and Gas Sector into the Video Age［C］. Vision Assisted Well Interventions Reduce Cost and Add Value，Abu Dhabi International Petroleum Exhibition & Conference，Abu Dhabi，UAE，SPE-183270-MS.

T. R. Reinhart，1963. Down-hole Television［M］. Drilling and Production Practice，New York.

第二章 现代井下电视测井技术及仪器

现代井下电视测井技术基于现代测井电缆网络高速传输技术和图像压缩处理技术，实现了彩色高清视频图像的实时采集传输，结合井下耐高温高压摄像头和完善的施工工艺，极大地提高了井下电视的作业的成功率和应用领域。现代井下电视测井除了获取井下视频图像，直观呈现井下状况之外，在多参数组合测井、定量分析、视频图像综合解释评价等方面也有了长足的进步。

在井下电视仪器装备和技术服务领域，美国 DHVI 公司的 Capture™ Live HD 系列、英国 EV 公司的 Optis® Infinity 系列和中国正源井像公司的 VideoLog 系列可视化测井系统代表了当今井下电视测井技术和设备的先进水平。

第一节 DHVI 公司 Capture™ Live HD 井下电视测井仪

一、公司简介

DHVI（Downhole Video&Intervention）是一家专注于井下电视技术的专业公司，其运营者是井下电视测井技术的创始人，专注于服务全球石油和天然气部门的井下视频检测和干预需求。DHVI 拥有最有经验的井下视频服务团队，拥有超过 80 年的井下摄像机和测井经验。

DHVI 公司的井下工具可用于直井或水平井检测。可采用电缆作业、钢丝作业、爬行器和连续油管（传统连续油管和预置电缆连续油管）等作业方式，可工作于电缆直读模式或存储模式。直播视频流可以从工作地点达到任何联网设备，以便专家团队高效实时决策，制定井下作业措施。

二、Capture™ Live HD 井下电视测井仪

1. 简介

Capture™ Live HD 将 DHVI 公司的电缆高清彩色相机与业界领先的 24 臂井径测井仪和生产测井传感器相结合（图 2-1）。这种经过验证的井眼解决方案可以对任何井眼条件进

图 2-1 Capture™ Live HD 测井仪

行全面的定性和定量分析，模块化的工具设计使客户能够为井筒目标选择所需的传感器。

2. 创新特点

（1）真正的高清彩色视频，帧率最高可达 30FPS。

（2）业内最短前视/侧视摄像头间距，便于遇阻和复杂打捞作业查看侧视图像。

（3）创新的双向电机设计避免了旋转电机故障，使操作者在定点观测时，节约了定位观测目标所需时间。

（4）新型高温 LED 结合创新的光扩散技术，光照强度提高了 4 倍。

（5）高清视频网络直播。

3. 应用

（1）井筒内的机械和腐蚀检查。

（2）泄漏检测和产出检测。

（3）防砂筛管和割缝尾管检查。

（4）射孔前后分析。

（5）气举和 SSSV 作业检查。

（6）实时打捞援助。

（7）水平井生产/堵塞分析。

4. 规格

（1）直径：43mm（$1^{11}/_{16}$in）。

（2）长度：3.3m（10.8in）。

（3）额定压力：1034bar（15000psi）。

（4）最高温度：125℃（257℉）。

（5）相机类型：高清侧面和向下视图。

（6）连接器类型：GO 连接器。

（7）NACE（National Association of Corrosion Engineers）认定的材料结构。

三、应用案例

使用 DHVI 协助定位钻杆，检查洞穴开口并识别可能的落鱼（图 2-2）。一旦摄像机离开油管进行观察，就可以识别额外的管柱，利用高侧的指示器，识别了额外的管柱并记录了位置。一根这样的管子放在旁边，另外三根堆叠在一起（图 2-3）。随着摄像机继续

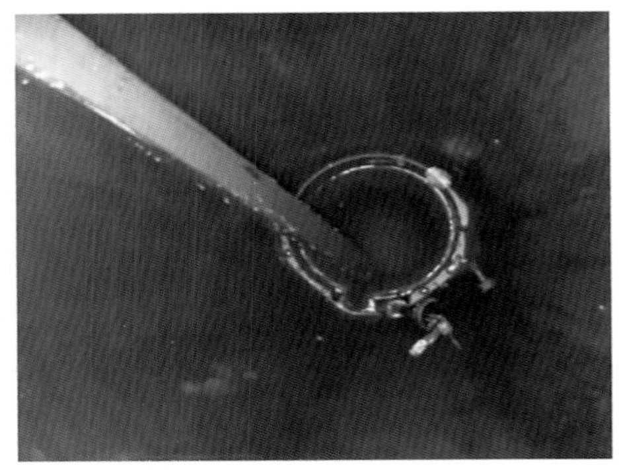

图 2-2　使用 DHVI 协助定位钻杆

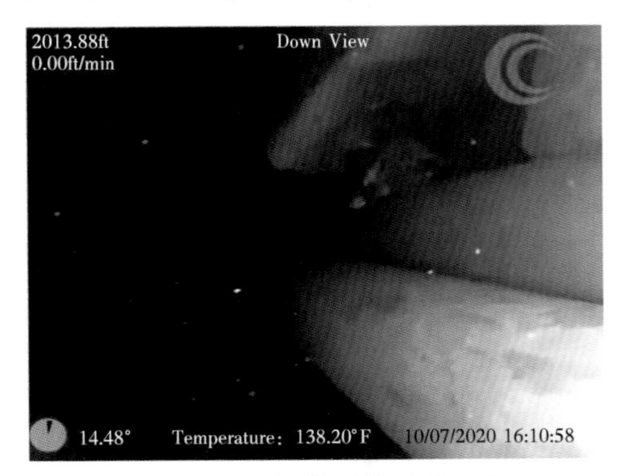

图 2-3　三根管子堆叠在一起

拍摄，它很容易地穿过了洞中的碎片。到达了一个停点，那里似乎是盐堆（图 2-4），堵住了井眼的入口。在相机和专有软件的帮助下，客户成功地重新打通了井眼。

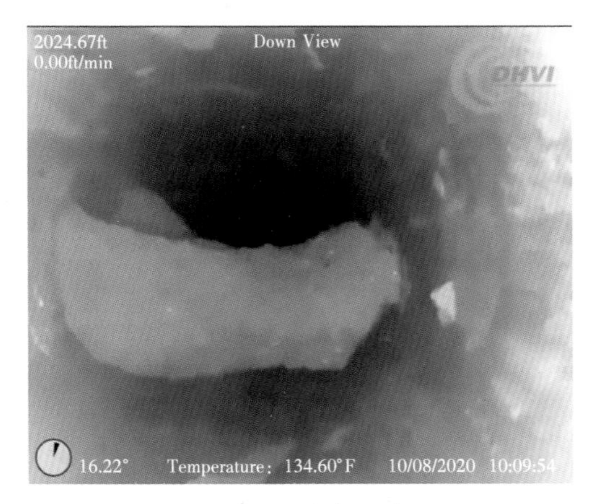

图 2-4　井内盐堆

DHVI 公司的高清存储式摄像机被部署在光纤连续油管上，作为测井工具串的一部分，帮助分析井内的产出情况。该摄像机能够识别出两个产生绿色凝析油的射孔和整个井筒内充填砂层的长度，识别井筒内的堵塞流动状况，可以指示射孔喷射或井内堵塞造成的不均匀生产流动情况。通过分析可视化数据，可以在主要的水相中识别出绿色的凝析油和红色的原油，底部为砂（图 2-5）。作业者能够将生产问题与井中的每个层段联系起来，并启动优化流程，以实现最大产量。

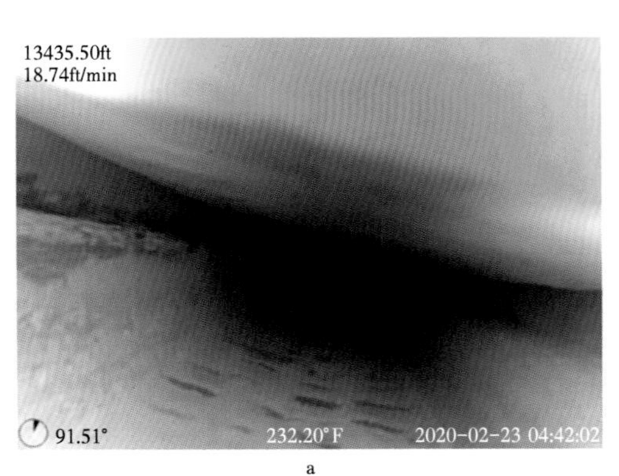

a

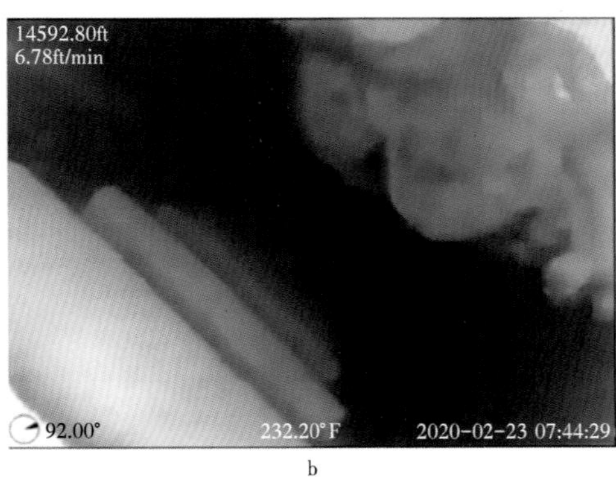

b

图 2-5　红色的原油（a）与绿色的凝析油（b）

图 2-6 为在实验井中拍摄视频的截图，演示了使用侧视和下视摄像机拍摄的图像进行实时井下测量的技术，使客户能够准确测量射孔、裂缝和落鱼等。

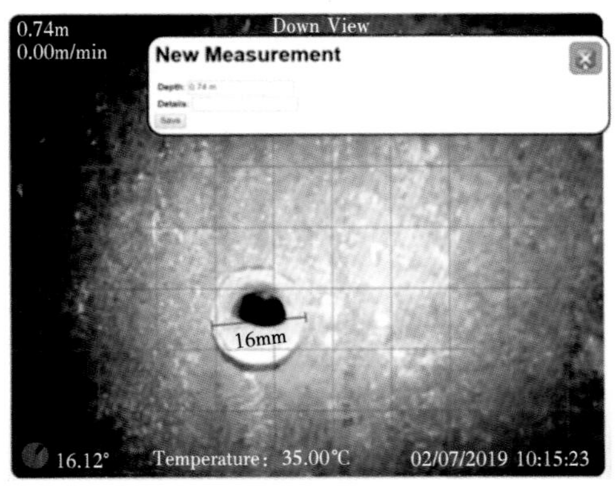

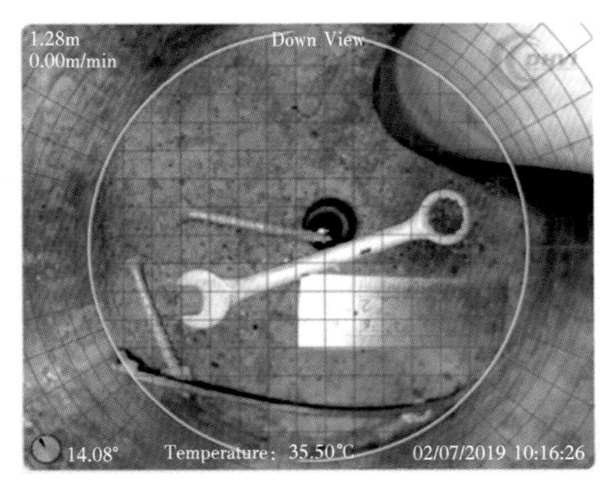

图 2-6　实时井下测量

DHVI 公司使用配备了高分辨率的俯视和侧视摄像机的直读式井下电视检查水平井直井段的落鱼。在之前的作业中，客户使用连续油管下入 BHA，在下入过程中，BHA 被卡在管道中。在试图回收被卡的 BHA 时，连续油管裂开了，在 BHA 上方留下了一段油管，这段油管被认为是向上的。摄像机穿过下放到鱼顶上方的钻杆，成功捕捉到可见部分的前视和侧视视频图像（图 2-7、图 2-9）。在回放查看视频时，发现落井的连续油管的末端并不是朝上，而是向内弯曲了（图 2-8）。在第二次作业中，制造了一个大钩组件，并将其焊接到钻杆末端，目标是钩住连续油管，将其拉直，或从弯折处拉断。

在尝试用钩子拉过之后，摄像机进入打捞组件内部，以验证插销并检查用钩子拉过之后的鱼顶。视频检测结果显示油管被拉直，油管的末端向上（图 2-10）。通过视频检测，客户能够有效地规划下一步的打捞作业。

图 2-7　落井的连续油管

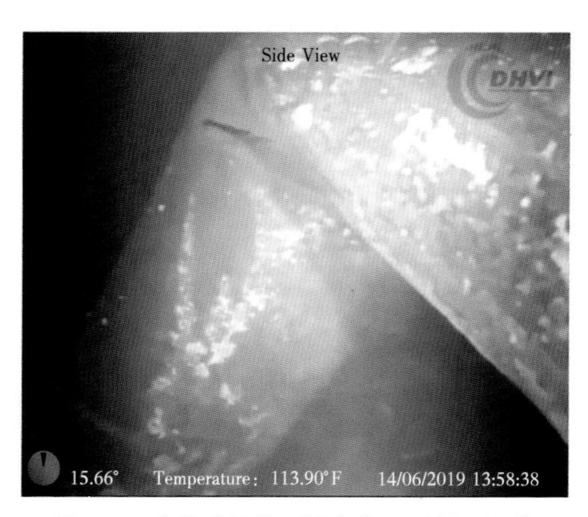

图 2-8　落井油管的顶端弯曲，不便于打捞

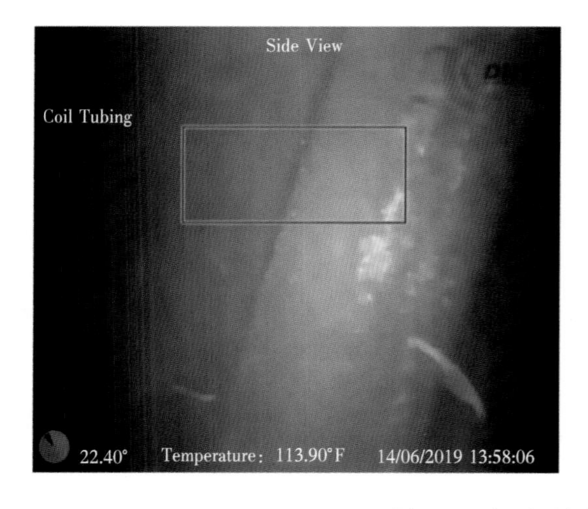

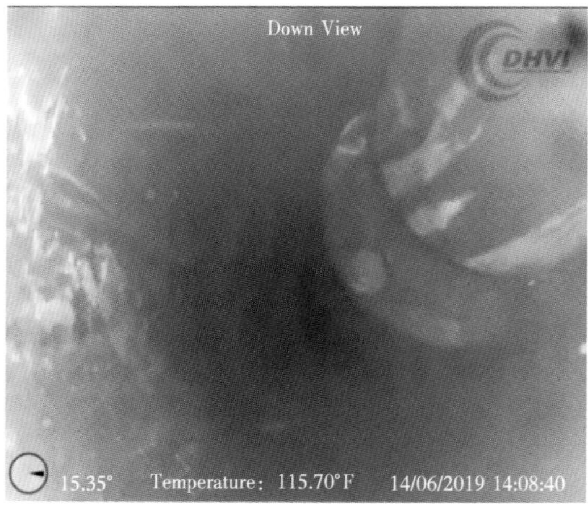

图 2-9　鱼顶下部侧视和前视图像

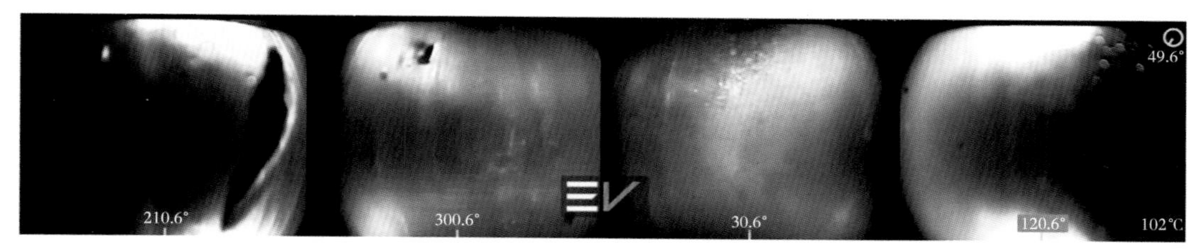

图 2-14　侧视图像显示了损坏的程度

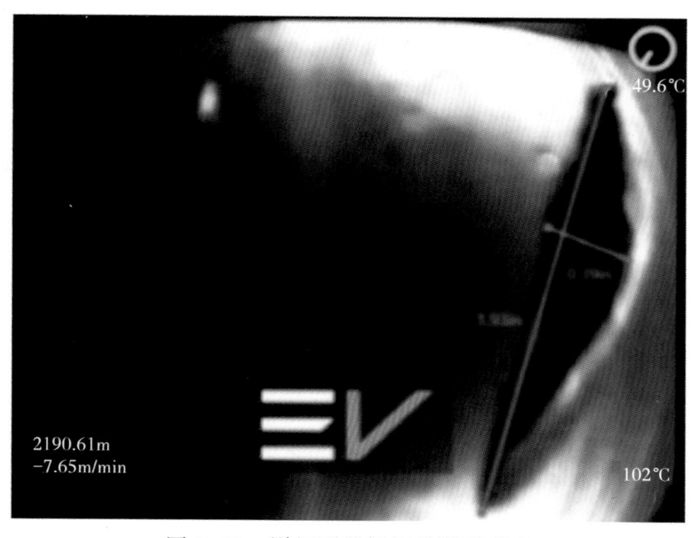

图 2-15　详细测量损坏的严重程度

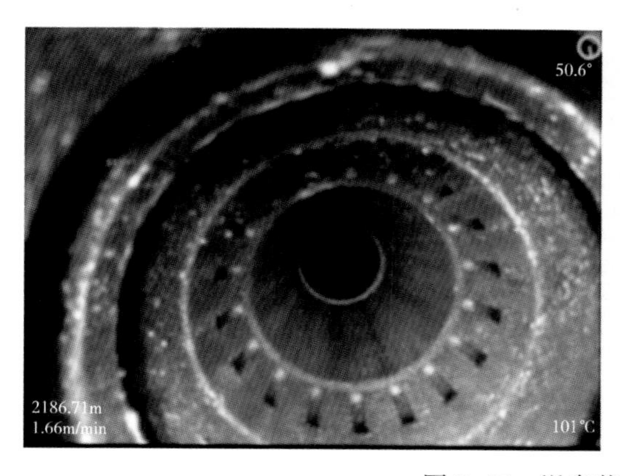

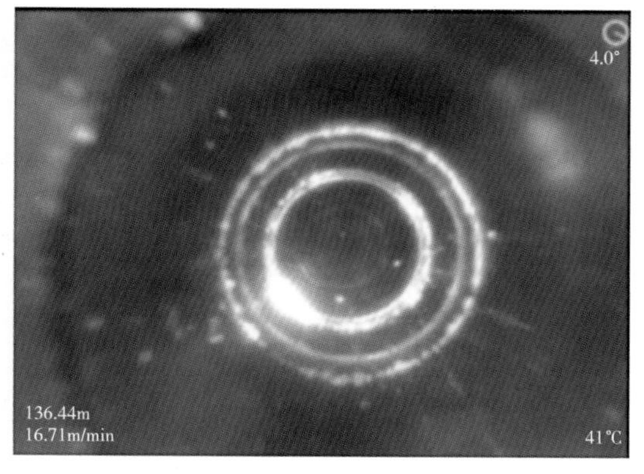

图 2-16　滑套装置和安全阀检查

5）针对性的补救

根据 VA 提供的量化信息，在泄漏点没有发现明显的腐蚀、碎屑或砂粒堆积，作业者计划在该区域设置一个跨层封隔器，以隔离泄漏点，使井重新获得完整性。

2. 优化射孔效率

1）吸水性能下降

射孔测井数据表明，一些射孔可能被堵塞，导致注入性能较差。可能的解释包括盐沉淀、结垢或注入固体的堆积。在多种可能的情况下，作业者需要清楚、详细地了解井下情况，选择最合适的补救措施。

2）盐的存在

EV 公司的 Optis® Infinity 井下摄像机能够将 360°侧视视频存储到内存中，并同时将实时视频传输到地面，因此可以直接在井场实时提供全面的答案。摄像机下入井深 3200m，四个侧视摄像头提供的 360°视角详细揭示了每个射孔都存在盐，以及盐层的堆积程度（图 2-17）。

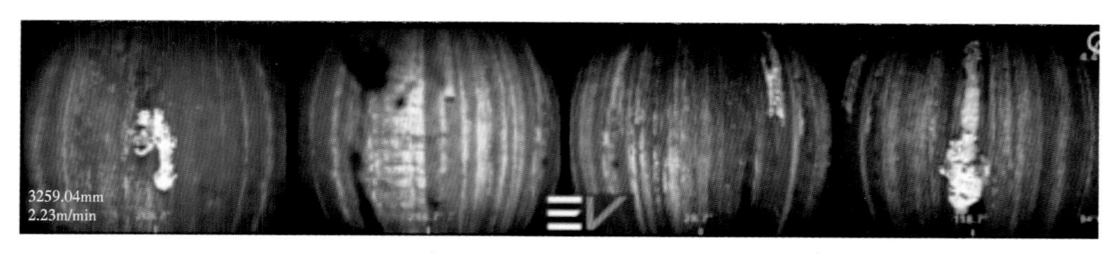

图 2-17　侧视镜头显示被盐封的孔眼

3）结果

四个侧视摄像机提供的详细实时视频片段证实了所有射孔层段都存在盐（图 2-17）。绘制了该区域的 360°拼接图像，有助于可视化射孔和盐沉积（图 2-18）。进一步的图像处理生成了感兴趣区域的三维视图（图 2-19）。评估每个射孔内的封堵程度，结果显示四个井段中超过 93%的射孔都被盐封住了（图 2-20）。

图 2-18　堵塞射孔的 360°展开图像

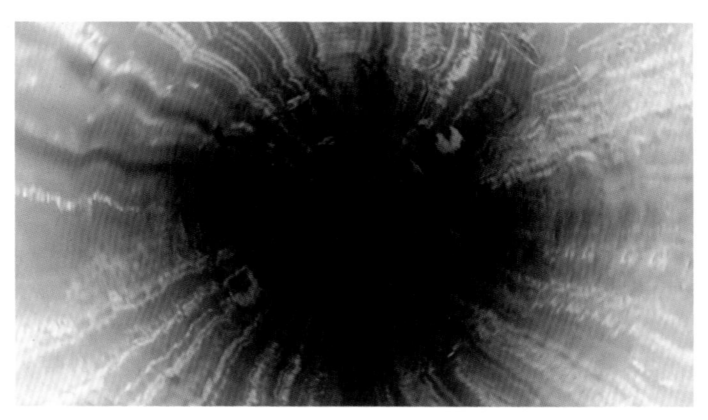

图 2-19　目标区域的三维视图

4）先进信息

通过所谓的“拼接”过程，创建了一个目标区域的连续 360°视图，有助于可视化射孔和盐层（图 2-18）。进一步的图像处理能够生成感兴趣区域的 3D 视图。这种先进的可视化信息还证实了井内没有其他异常（图 2-19）。为了完成 Perforation VA 过程，EV 公司分析师检查了视频数据，并评估了每个射孔内的封堵程度。结果显示，四个井段中平均有 93%的射孔被盐封住（图 2-20）。

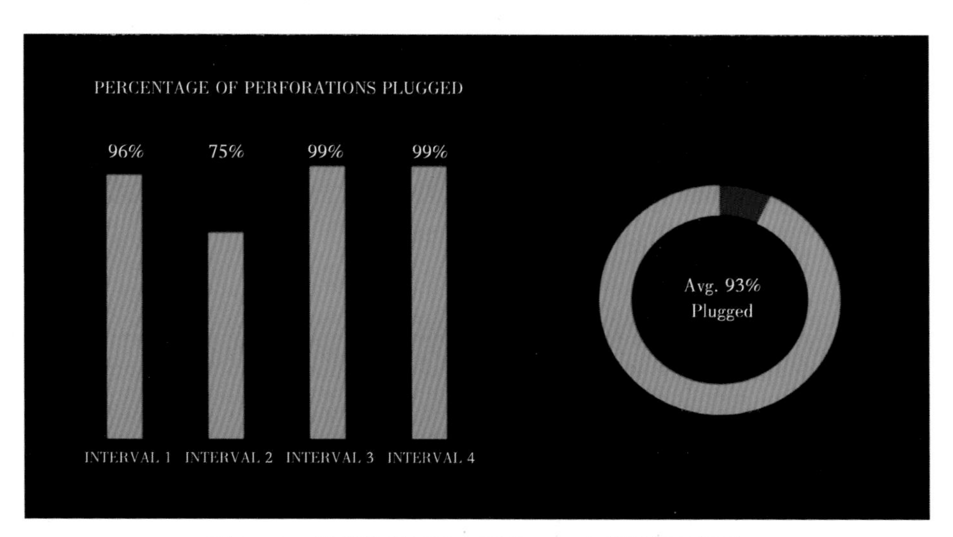

图 2-20　定量数据显示，平均 93%的射孔被盐堵塞

5）针对性补救

通过 Perforation VA 提供的先进信息，作业者能够选择最有效的方法来移除盐，恢复井的产出性能。

3. 射孔演化分析

1）提高水力压裂井的有效性

将完井和压裂设计的效率最大化是全球能源行业追求的主要目标。无效的设计可能会导致增产过度或增产不足，产量迅速下降，最终导致采收率降低。传统的诊断技术，如微地震、光纤、示踪剂或生产测井，可以有效地评价压裂段或压裂簇，射孔是井的生命线，有效的评价需要射孔层的信息。

2）识别处理过度和处理不足的区域

射孔技术提供了裂缝网络的完整分布信息。有了这些量化的信息，就有可能调整影响射孔侵蚀的设计参数，从而提高射孔簇效率，实现均匀分布的裂缝网络。为了提高效率，EV 公司建议引入 Optis Infinity M125 技术以记忆模式部署在标准连续油管上，无须额外的专用设备（如 E-coil 或电缆爬行器）。之前的技术依赖于由电机旋转的单侧视图摄像机，需要启动和停止操作，以定位和捕获每个特定阶段的射孔。Optis Infinity 在同一平面上安装了四个偏移 90°的摄像头，可以在一次连续通道中对井进行 360°全覆盖，而无须停下来定位射孔。图 2-21 显示了 Optis 获得的高质量成像 Infinity M125，可实现 Perforation VA 服务中使用的精确尺寸图（2-22）。

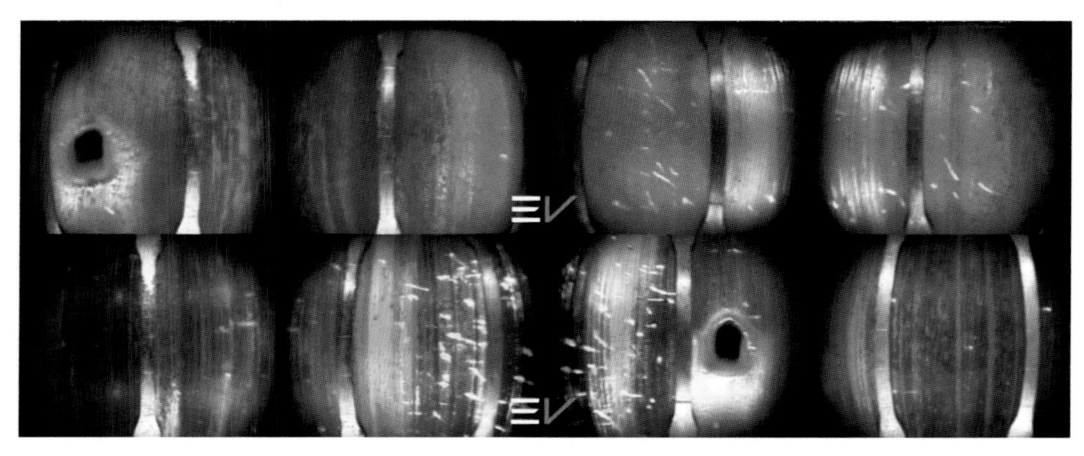

图 2-21　原始图像

图 2-22　井周 360°展开图像

3）解决方法

EV 公司的 Optis Infinity M125 工具在完成清井作业后立即使用了标准连续油管。数据通过单一连续的记录通道以速度获取 15ft/min，总操作时间小于 14 小时。一旦获得数据，射孔技术可以精确测量射孔尺寸（图 2-22），生成复合马赛克图像（图 2-23），并提供结果的完整分析（图 2-24）。

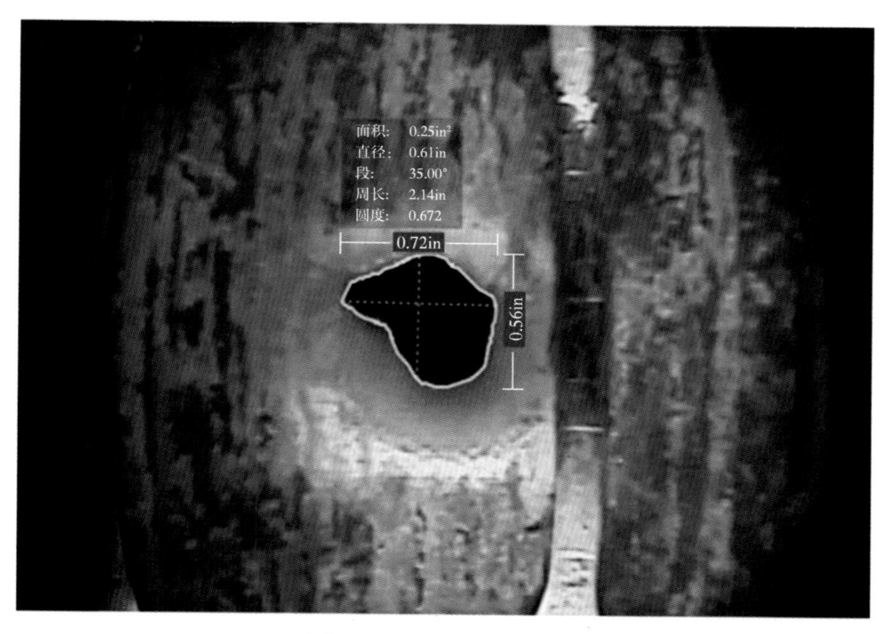

图 2-23　准尺寸射孔图象

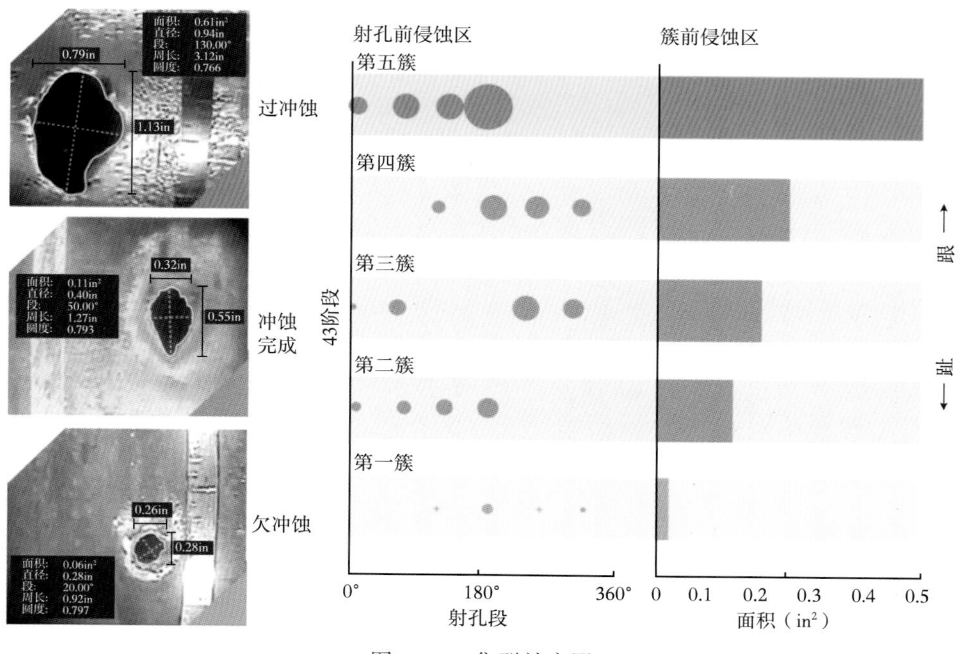

图 2-24　集群效率图

4）结果

使用 Perforation VA 成功分析了所有射孔和压裂段，完全完成了目标。得益于 360°视野和记忆记录功能，Optis Infinity M125 无须专门的传输设备，大大缩短了数据采集时间，与之前使用传统摄像技术和传输方法进行的作业相比，作业时间缩短了 80%，传输成本降低了 60%。

5）量化集群效率

Optis Infinity M125 单次下入井中，通过标准连续油管传输，即可获得分布在多个压裂段的 240 个射孔的高质量图像。

每个现场压裂后射孔尺寸都可以确定，如直径、面积、周长、圆度和其他相关测量值。通过对比压裂后射孔面积和压裂前射孔面积的参考数据，识别出所有有侵蚀迹象的射孔，并计算出侵蚀面积。通过统计分析，可以确定压裂段长度、每段压裂簇数、每个压裂簇射孔数、簇间距和射孔相位变化等压裂参数之间的相关性。

第三节 正源井像公司 VideoLog 可视化测井系统

一、VideoLog 简介

2002 年以来，西安石油大学严正国一直专注于井下电视的研究工作，经过十几年的攻关，他带领的研发团队终于研发成功了新一代测井电缆高速传输技术，数据传输速率高达 2Mb/s 以上；采用以太网接口，实现了测井电缆网络透明传输，相当于把几千米的测井电缆变成了一根网线；具有电缆自适应特性，即连即用。解决了高清彩色视频电缆实时传输的难题，为新一代井下电视的研发扫清了技术障碍。

2017 年，基于西安石油大学“测井电缆网络高速传输技术”的全新一代测井电缆彩色全帧率高清井下电视问世，系统采用新一代测井电缆网络高速传输技术，实现了彩色全帧率网络视频在普通铠装测井电缆上的实时传输，系统命名为 VideoLog 可视化测井系统。

2017—2019 年，VideoLog 可视化测井系统经过大量现场应用实践和数百项技术改进，制造和测试工艺趋于成熟，在胜利、大港、西南、长庆、延长等油田成功服务油气井近百口，取得用户的广泛认可。

2019 年，VideoLog 团队核心成员严正娟和吕源创立西安正源井像电子科技有限公司，致力于 VideoLog 可视化测井系统的研发、生产和技术服务，并取得西安石油大学独家专利授权许可。研发成功 VideoLog 系列产品，并完善了不同井况、不同测试需求下的配套施工工艺，不断开拓 VideoLog 油气井可视化检测应用市场和应用领域。

二、技术创新

1. 电缆网络高速传输

VideoLog 具有全球领先的测井电缆网络高速传输技术，在 5000m 多芯铠装测井电缆上的数据传输速率最高可达 2Mb/s。支持 TCP/IP 协议，具有电缆自适应和速率自适应特性，具有断网自动重连功能。

全球领先的测井电缆网络高速传输系统使得 VideoLog 可实时传输高质量的彩色视频信

号，为井下作业人员提供即时、高效、全面的井下状况信息，为下一步措施的制定提供可靠的依据。

2. 电缆自适应

VideoLog 网络高速传输系统具有电缆自适应特性，配接不同厂家、不同型号、不同长度的测井电缆，调整任何硬件参数，可自动实现与工程测井车辆的快速配接，达到最佳视频传输性能。这就使得 VideoLog 具备非常强大的快速服务响应和便捷的运输性能。VideoLog 可利用航空、高速铁路或者公路运输快速到达施工地点，与本地的测井工程车辆快速配接，实现“即连即用”。

电缆自适应特性提高了 VideoLog 可视化测井系统设备部署的灵活性，提高了设备的利用率，节约了设备运输费用和综合成本。

3. 双路独立视频编码，保证数据安全

VideoLog 可视化测井系统具有独立的双路视频编码，一路用于实时电缆传输，一路用于井下本地存储。实时传输的视频采用高压缩率编码，适应电缆传输系统性能，实现流畅的实时视频流传输，便于现场工作人员即时掌握井下状况，做出决策。存储视频为高清视频，用于视频图像后期处理，提供更多细节信息和定量化的检测需求。

4. 可视化分析工具

VideoLog 可视化分析工具（图 2–25）提供节箍对深、图像增强、失真校正、视频剪辑等功能，可输出 360°井周图像和三维数字井筒图像。可用于射孔分析、产出评价和套损定量评价等应用（图 2–26）。

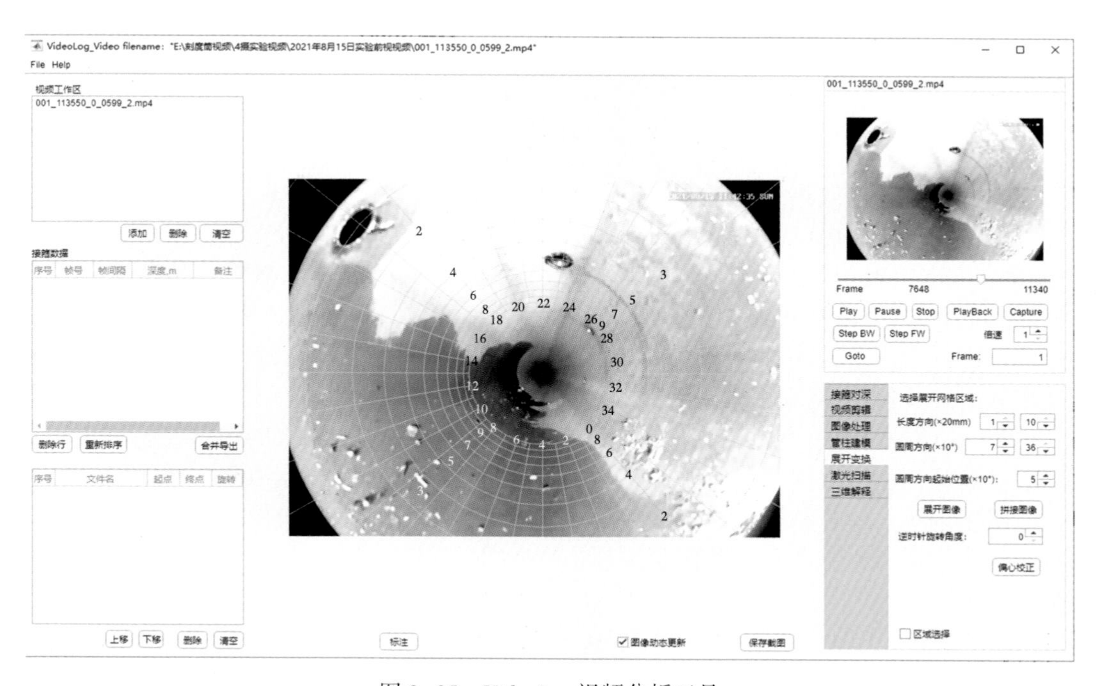

图 2–25　VideoLog 视频分析工具

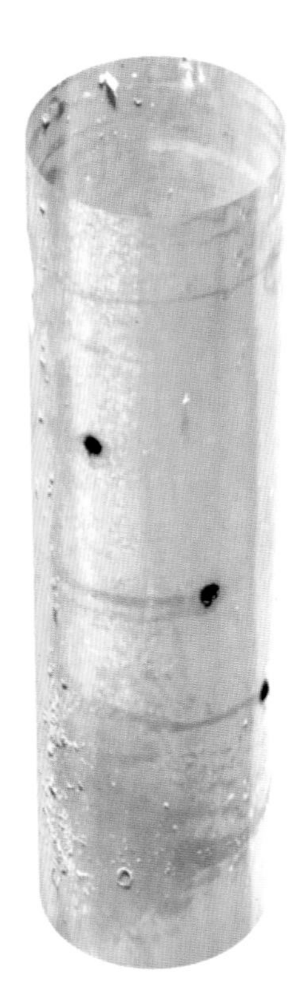

图 2-26　VideoLog 视频分析处理成果图

三、井下工具

VideoLog 包含系列井下可视化测井工具。

VideoLog 旋转变焦可视化测井仪（VLTP-90）具有伺服云台和变焦控制，摄像头可±90°俯仰，360°旋转，具备手动调焦功能，可通过云台控制和调焦实现最佳的观测角度。

VideoLog 前视/侧视双摄（VLTD-54）可视化测井仪具有前视、侧视两个摄像头，侧视摄像头可双向 360°旋转，能获取完美的井壁正视图像，用于观测射孔、节箍、割缝和工具连接处的细节信息。

VideLog 前视高温可视化测井仪（VLTW-54A）具有最高 150℃的耐温，超广角镜头，双路独立编码，兼具直读式仪器和存储式仪器的优点。54mm 的外径可在 2⅞in 油管内下入，适用于钢丝、单芯和多芯电缆、电缆爬行器和连续油管（普通连续油管和穿缆连续油管）输送，适用于直井和水平井作业，具有最高的可靠性和环境适应性，适用于绝大多数复杂的应用场景。

VLTW-54A 主要参数指标如下：

（1）外径：54mm。

（2）长度：2. 48m。

（3）重量：22. 7kg。

（4）外壳：不锈钢（17-4）。

（5）工作温度：-20℃～125℃（极限耐温 150℃）。
（6）工作压力：≤60MPa（极限耐压：65MPa）。
（7）图像：640×480 彩色（实时传输）；1920×1080（存储）。
（8）帧率：1～25FPS。
（9）遥传：电缆自适应，最高速率 2Mb/s。
（10）测温功能：有。
（11）存储容量：32GB。
（12）光源：前置高亮 LED 光源，亮度可调。

四、VideoLog+解决方案

VideoLog 可以与不同的测井工具和测试工艺组合，形成 VideoLog+综合解决方案。VideoLog+专注于甲方关切的井筒问题，以最直观的方式，提供最可靠、最丰富的信息，助力油气井治理走向“精细作业，科学决策”。

1. VideoLog+2M 套损综合评价

VideoLog+2M 通过 VideoLog 与 40 臂井径测井仪（MIT）和电磁测厚仪（MTT）的组合，提供完整的套损评价方案。

VideoLog+2M 组合可以获取完整的井筒视频图像、井径和套管厚度信息，可以得到更加可靠、更加精确的解释结果，不但可以掌握井筒的问题所在，而且有助于分析问题产生的原因，使问题得到更好的解决的同时，提高了井筒治理和管理水平（图 2-27）。

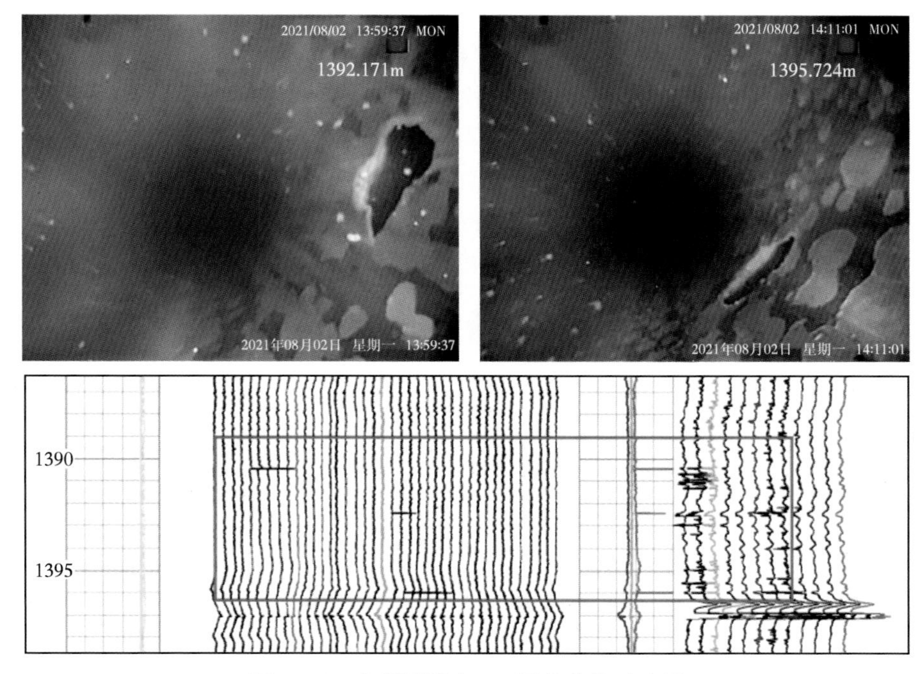

图 2-27　套损图像和 2M 测井曲线对比图

2. VideoLog+氮气气举油气井找漏

长庆油田套管破裂出水造成产量下降问题突出（图2-28），找水堵水是增产稳产面对的一项亟须解决的难题。VideoLog+氮气气举找漏方案针对油井找漏难题，采用氮气举升模拟油井生产状态，在井筒内造成负压，让出水点产液，VideoLog可视化测井仪从气举管柱中间下入，观察井筒内流体的流向、流态，辨识出水点（图2-29）。

图2-28　井壁上的套损点

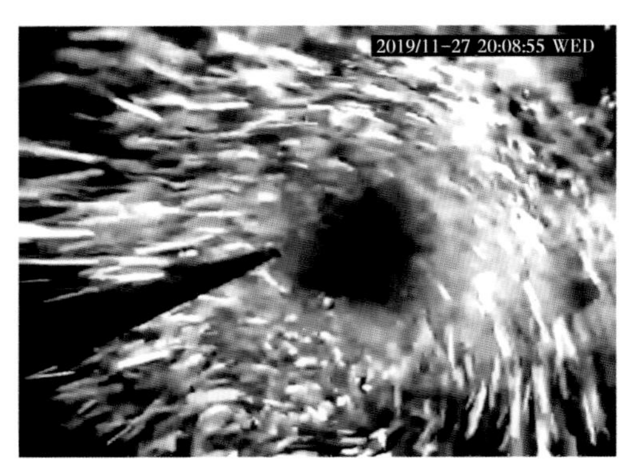

图2-29　气举时漏点附近的漩流

3. VideoLog+爬行器水平井找水

水平井为了提高产量，通常有多个射孔段合采，生产过程中常出现含水率上升，产量下降甚至完全产水的情况。水平井找水也是长庆油田水平井治理面临的一大难题，是中石油集团公司重大现场试验项目。

VideoLog+爬行器水平井找水将VideoLog可视化测井仪和爬行器用电缆下入到水平段，下入生产管柱进行生产，在生产状态下进行检测。爬行器推送VideoLog可视化测井在水平段运行，获取井筒视频图像，双路独立编码的视频图像一路存储在井下仪中，一路实施传输到地面。通过视频图像的分析处理，可全面的掌握水平段射孔和产生情况，准确定位出水层段（图2-30）。为后续治理措施的制定提供可靠的依据，可有效提高治理措施的有效率和水平井综合管理水平，稳定油气井产量和产出效率。

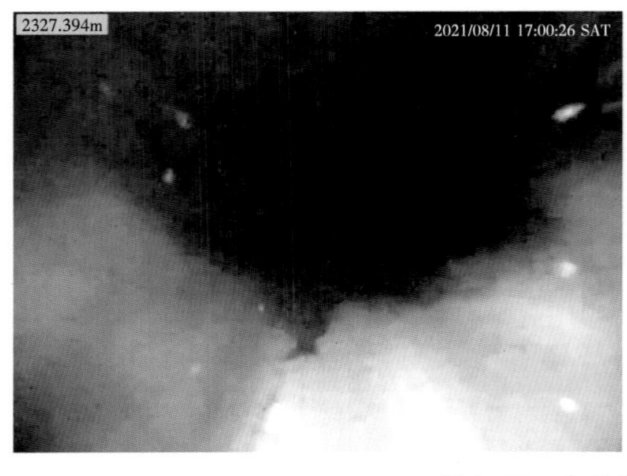

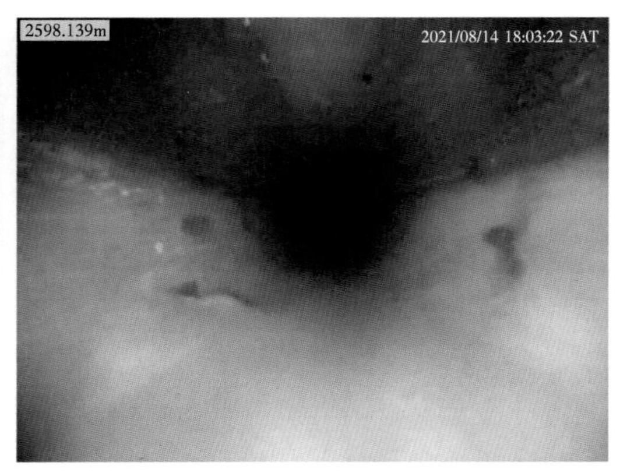

图2-30　水平井射孔产出图像

4. VideoLog+连续油管水平射孔和产出评价

VideoLog+爬行器的方案采用电缆作业，具有施工便捷和低成本的优势，但是在水平段较长或者井筒情况复杂时，利用连续油管施工是更好的选择。

普通连续油管施工时，VideoLog 工作为存储模式，穿缆连续油管施工时，可以在存储的同时将实时视频传输到地面，便于工程技术人员现场决策。地面直读视频也可以通过互联网实时传输到任何联网设备，便于专家远程指导和集体决策（图 2-31）。

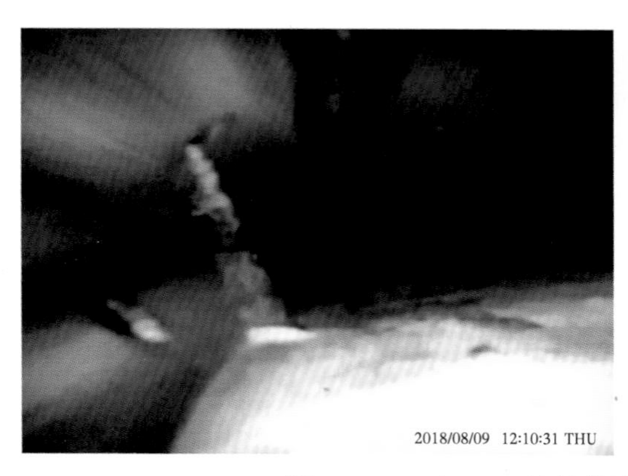

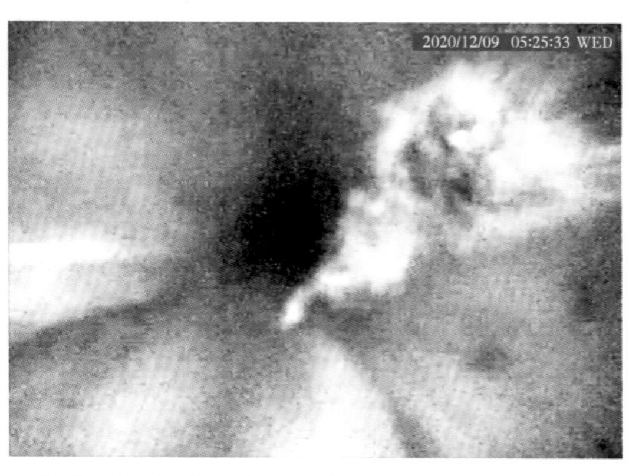

图 2-31 VideoLog+连油获取到的水平井射孔和产出图像

第三章　井下电视视频采集与编码

视频采集与编码单元是井下电视的核心组成部分，其主要功能是获取高质量的视频图像，并进行压缩编码，方便电缆实时传输与本地存储。主要由光源，镜头，图像传感器，ISP（Image Signal Processor，图像信号处理器）AP（Application Processor，应用处理器）等组成（图 3-1）。

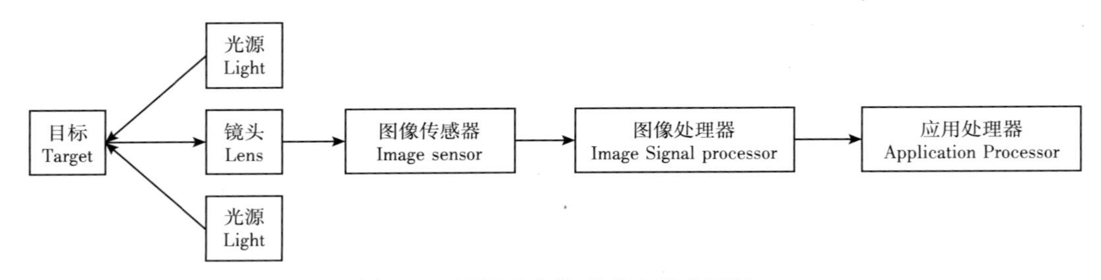

图 3-1　视频采集处理系统组成框图

光源发出的光经目标反射后进入镜头，图像传感器完成光电转换，将光信号转换成数字图像。由于图像传感器本身并不完美，直接输出的图像难以达到我们的审美要求，需要 ISP 对传感器的输出进行后期处理，主要功能有线性纠正、噪声去除、坏点去除、内插、白平衡、自动曝光控制等，依赖于 ISP 才能在不同的光学条件下较好地还原现场细节，ISP 技术在很大程度上决定了摄像机的成像质量。ISP 有独立与集成两种形式，有的 ISP 与图像传感器集成在一起，也有的集成在应用处理器内部。AP 是视频系统的主控芯片，主要功能包括视频压缩编码、录像及回放、通信控制、人机交互等功能。

第一节　光源与镜头

一、光源

视觉系统使用的光源主要有三种，卤素灯、LED（发光二极管）、高频荧光灯照明。

1. 卤素灯

卤素灯本质也是钨丝灯，是传统白炽灯的改进（在灯珠里有卤族元素，会形成钨原子的内循环），其寿命比白炽灯明显延长，能效提高一倍左右，体积更小（图 3-2）。卤素灯也是热发光，其光谱连续，色温为 2700K 左右。

（1）优点：光谱与白炽灯相同，是连续的、最接近于自然光；显色指数高。卤素灯的频闪比白炽灯要小，完全可接受。

（2）缺点：能效虽比白炽灯高，但还是只有节能灯的 2/5，LED 灯的 1/4 左右。热效应较明显，灯罩的设计也要注意散热问题。钨丝灯发光点较小，灯罩应采用散光片以使得照射区域光线均匀。

图 3-2　卤素灯实物图

2. LED

LED 是从 2010 年左右才兴起的，其能效非常高，热效应很小。因其体积小，可以做成各种形状。其色温比较灵活，但一般分为 2700K（暖白，模拟白炽灯/卤素灯的色温）、4500K（正白）和 6500K（冷白）三类。

（1）优点：成本低、能效高、光线稳定、体积小。

（2）缺点：光谱不连续、较窄，其中蓝光成分较强。LED 有光衰现象（亮度随时间推移而下降）。发光点较小，灯罩应采用散光片以使得照射区域光线均匀。LED 的技术在不断发展，在未来可能与 OLED 一起成为照明的主流光源。

3. LED 光学特性

发光二极管有红外（非可见）与可见光两个系列，前者可用辐射度，后者可用光度学来量度其光学特性。

1）发光法向光强及其角分布

发光强度（法向光强）是表征发光器件发光强弱的重要性能。LED 大多应用要求是圆柱、圆球封装，由于凸透镜的作用，故都具有很强的指向性：位于法向方向光强最大，其与水平面夹角 90°。当偏离正法向不同角度，光强也随之变化。发光强度随封装形状和角方向变化。

2）发光峰值波长及其光谱分布

（1）LED 发光强度或光功率输出随着波长变化而不同，绘成一条分布曲线——光谱分布曲线。当此曲线确定之后，器件的有关主波长、纯度等相关色度学参数亦随之而定。

LED 的光谱分布与制备所用化合物半导体种类、性质及 PN 结结构（外延层厚度、掺杂杂质）等有关，而与器件的几何形状、封装方式无关。

下图绘出几种由不同化合物半导体及掺杂制得 LED 的光谱响应曲线（图 3-3）。

由图可见，无论什么材料制成的 LED，都有一个相对光强度最强处（光输出最大），与之相对应有一个波长，此波长叫峰值波长，用 λ_p 表示。只有单色光才有 λ_p 波长。

（2）谱线宽度：在 LED 谱线的峰值两侧 $\pm\Delta\lambda$ 处，存在两个光强等于峰值（最大光强度）一半的点，此两点分别对应 $\lambda_p-\Delta\lambda$，$\lambda_p+\Delta\lambda$，其之间宽度叫谱线宽度，也称半功率宽度或半高宽度。半高宽度反映谱线宽窄，即 LED 单色性的参数，LED 半宽小于 40nm。

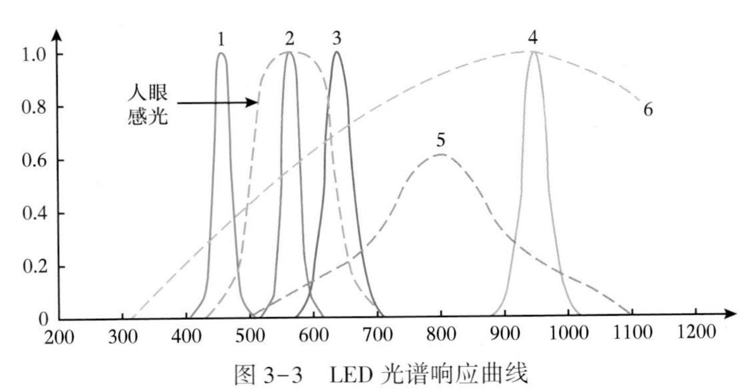

图 3-3　LED 光谱响应曲线

1—蓝色 InGaN/GaN 发光二极管，发光谱峰 λ_p = 460~465nm；2—绿色 GaP：N 的 LED，发光谱峰 λ_p = 550nm；3—红色 GaP：Zn-O 的 LED，发光谱峰 λ_p = 680~700nm；4—红外 LED 使用 GaAs 材料，发光谱峰 λ_p = 910nm；5—Si 光电二极管，通常作光电接收用

（3）主波长：有的 LED 发光不只是单一色，即不仅有一个峰值波长，甚至有多个峰值，并非单色光。为此描述 LED 色度特性而引入主波长。主波长就是人眼所能观察到的，由 LED 发出主要单色光的波长。单色性越好，则 λ_p 也就是主波长。如 GaP 材料可发出多个峰值波长，而主波长只有一个，它会随着 LED 长期工作，结温升高而主波长偏向长波。

3）光通量

光通量 F 是表征 LED 总光输出的辐射能量，它标志器件的性能优劣。F 为 LED 向各个方向发光的能量之和，它与工作电流直接有关。随着电流增加，LED 光通量随之增大。可见光 LED 的光通量单位为流明（lm）。

LED 向外辐射的功率——光通量与芯片材料、封装工艺水平及外加恒流源大小有关。目前单色 LED 的光通量最大约 1 lm，白光 LED 的 $F\approx1.5\sim1.8$ lm（小芯片），对于 1mm×1mm 的功率级芯片制成白光 LED，其 $F=18$ lm。

4）发光效率和视觉灵敏度

（1）LED 效率有内部效率（PN 结附近由电能转化成光能的效率）与外部效率（辐射到外部的效率）。前者只是用来分析和评价芯片优劣的特性。LED 光电最重要的特性是辐射出光能量（发光量）与输入电能之比，即发光效率。

（2）视觉灵敏度是使用照明与光度学中一些参量。人的视觉灵敏度在 $\lambda=555$nm 处有一个最大值 680 lm/w，若视觉灵敏度记为 $K\lambda$，则发光能量 P 与可见光通量 F 之间关系为 $P=\int P\lambda \mathrm{d}\lambda$；$F=\int K\lambda P\lambda \mathrm{d}\lambda$。

（3）发光效率——量子效率 η = 发射的光子数/PN 结载流子数 $=(e/hcI)\int \lambda P\lambda \mathrm{d}\lambda$。若输入能量为 $W=UI$，则发光能量效率 $\eta P=P/W$ 若光子能量 hc = ev，则 $\eta\approx\eta P$，则总光通 $F=(F/P)P=K\eta PW$ 式中 $K=F/P$。

（4）流明效率：LED 的光通量 F/外加耗电功率 $W=K\eta P$，它是评价具有外封装 LED 特性，LED 的流明效率高指在同样外加电流下辐射可见光的能量较大，故也叫可见光发光效率。

下表为几种常见 LED 可见光发光效率。

表 3-1　几种常见 LED 可见光发光效率

LED 发光颜色	λ_p/nm	材料	可见光发光效率/（lm/w）
红色	700	GaP：Zn-O	2.4
	660	GaALAs	0.27
	650	GaAsP	0.38
黄色	590	Gap：N-N	0.45
绿色	555	Gap：N	4.2
蓝色	465	GaN	
白色	谱带	GaN+YAG	小芯片 1.6，大芯片 18

5）发光亮度

亮度是 LED 发光性能又一重要参数，具有很强方向性。其正法线方向的亮度 BO=IO/A，指定某方向上发光体表面亮度等于发光体表面上单位投射面积在单位立体角内所辐射的光通量，单位为 cd/m^2 或 Nit。下图为不同材料发光亮度曲线（见图 3-4）。

若光源表面是理想漫反射面，亮度 B_o 与方向无关为常数。晴朗的蓝天和荧光灯的表面亮度约为 7000Nit（尼特），从地面看太阳表面亮度约为 14×108Nit。

LED 亮度与外加电流密度有关，一般的 LED，J_o（电流密度）增加 B_o 也近似增大。另外，亮度还与环境温度有关，环境温度升高，η_c（复合效率）下降，B_o 减小。当环境温度不变，电流增大足以引起 pn 结结温升高，温升后，亮度呈饱和状态。

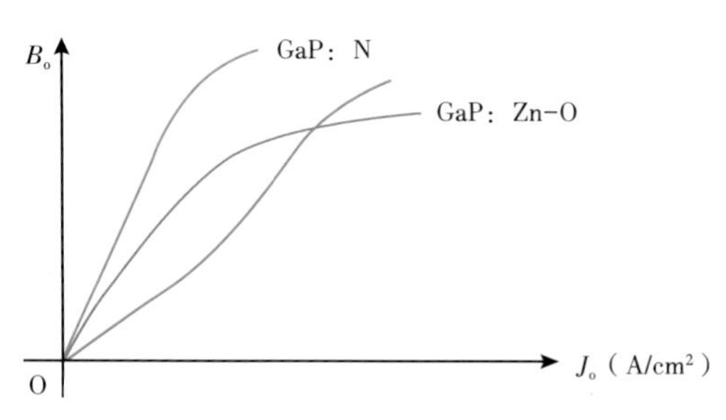

图 3-4　不同材料发光亮度曲线

6）寿命

老化：LED 随着长时间工作而出现光亮度变强或光亮度衰减现象。器件老化程度与外加恒流源的大小有关，可描述为 $B_t=B_o e^{-t/\tau}$，B_t 为 t 时间后的亮度，B_o 为初始亮度。

通常把亮度降到 $B_t=1/2B_o$ 所经历的时间 t 称为二极管的寿命。测定 t 要花很长的时间，通常以推算求得寿命。下图为 LED 发光亮度与时间的关系（见图 3-5）

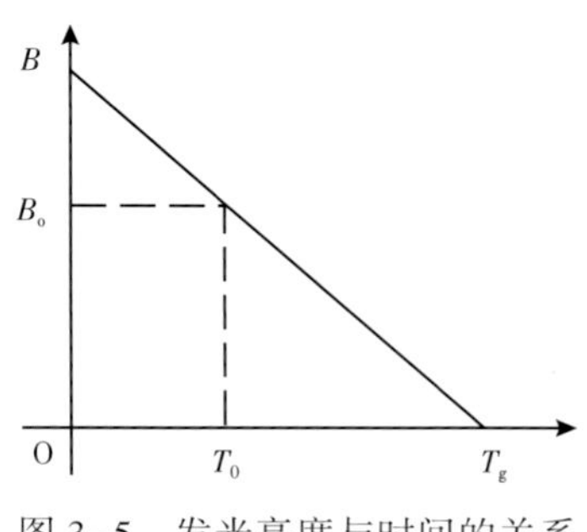

图 3-5　发光亮度与时间的关系

测量方法：给 LED 通以一定恒流源，高 103~104h 后，先后测得 B_o，B_t=1000~10000，代入 $B_t=B_o\ e^{-t/\tau}$ 求出 τ；再把 $B_t=1/2B_o$ 代入，可求出寿命 t。

长期以来人们总认为 LED 寿命为 106h，这是指单个 LED 在 IF=20mA 下的情况。随着功率型 LED 开发应用，国外学者认为应以 LED 的光衰减百分比数值作为评估 LED 寿命的依据。

如 LED 的光衰减为原来 35%，寿命>6000h。

4. 热学特性

LED 的光学参数与 PN 结结温有很大的关系。一般工作在小电流 IF<10mA，或者 10~20mA 长时间连续点亮 LED 温升不明显。

若环境温度较高，LED 的主波长或 λ_p 就会向长波长漂移，B_o 也会下降，尤其是点阵、大显示屏的温升对 LED 的可靠性、稳定性影响，应专门设计散射通风装置。

LED 的主波长与温度关系可表示为：

$$\lambda_p(T') = \lambda_0(T_0) + \Delta T_E \times 0.1\text{nm/℃} \tag{3-1}$$

由式（3-1）可知，每当结温升高 10℃，则波长向长波漂移 1nm，且发光的均匀性、一致性变差。这对于用作照明的灯具光源要求小型化、密集排列以提高单位面积上的光强、光亮度的设计时，尤其应注意用散热好的灯具外壳或专门的散热设备，确保 LED 长期工作。

二、镜头

1. 镜头分类

镜头有多种分类方法。

（1）按功能分类：定焦镜头、变焦（倍）镜头、定光圈镜头。

（2）按用途分类：远心镜头、FA 镜头、线扫镜头、微距镜头（显微镜头）。

（3）按视角分类：普通镜头、广角镜头、远摄镜头。

（4）按焦距分类：短焦距镜头、中焦距镜头、长焦距镜头。

工业应用中，最常用的镜头为定焦镜头和远心镜头。定焦镜头指固定焦距的镜头；远心镜头（Telecentric）主要是为纠正传统镜头的视差而特殊设计的镜头，它在一定的工作距离范围内，所得图像的放大倍率不随工作距离的变化而变化，即被测物在不同工作距离下，所成像的大小相同，因此普遍应用在高精度测量的场合中。一般可分为以下几类。

（1）物方远心镜头：物方主光线平行于光轴，即主光线的会聚中心位于物方无限远，能够消除物方因调焦不准确而导致的读数误差（见图 3-6）。

（2）像方远心镜头：像方主光线平行于光轴，即主光线的会聚中心位于像方无限远，能够有效消除因像方调焦不准而导致的测量误差（见图 3-7）。

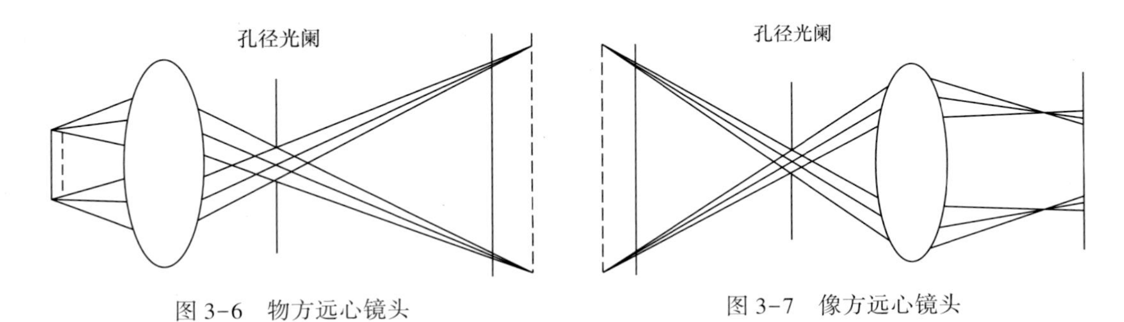

图 3-6　物方远心镜头　　图 3-7　像方远心镜头

（3）双侧远心镜头：物方主光线和像方主光线分别投射到各自端无限远，兼容以上两种镜头的优点（见图 3-8）。

常规的表面缺陷检测、有无判断等对系统精度要求不高时，可以选用普通镜头。对于精密测量的应用需求则考虑选择远心镜头，因为普通镜头成像时，由于不同工作距离造成放大倍率不一致而造成视差，即产生近大远小的效果，从而影响测量精度。远心镜头能确

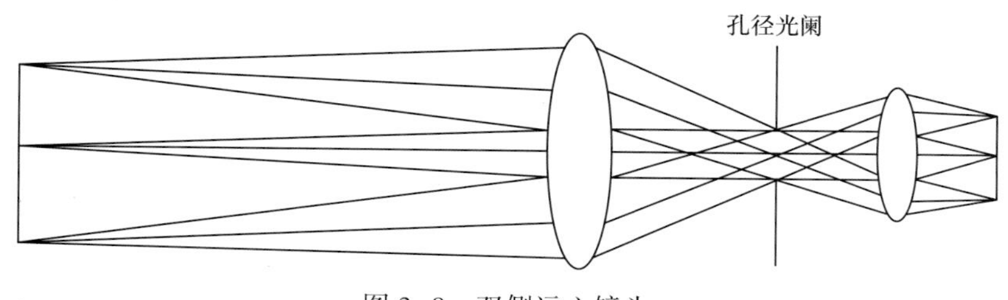

图 3-8　双侧远心镜头

保检测目标在一定范围内放大倍率一致，克服视差，从而提高测量精度。图 3-9 为普通镜头与远心镜头效果对比。

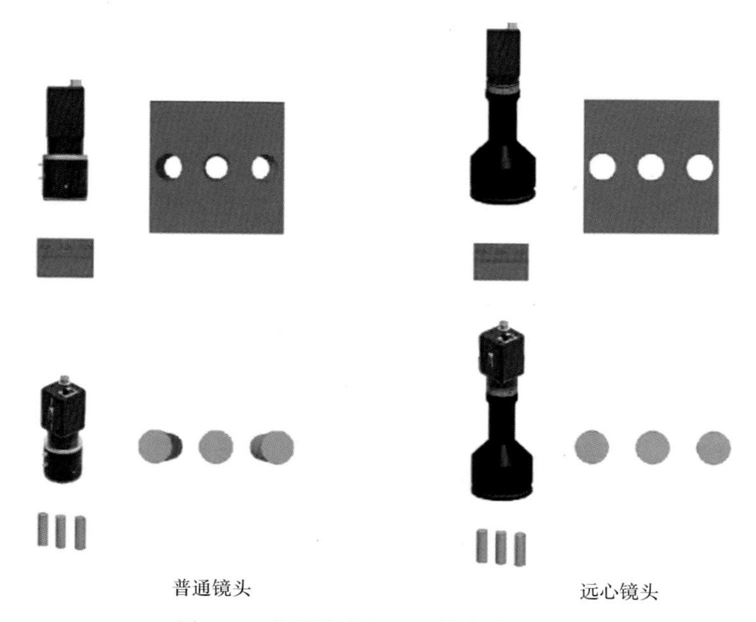

图 3-9　普通镜头与远心镜头效果对比

2. 镜头选型

1）选型思路

在机器视觉系统中，镜头的主要作用是将工件成像至相机传感器芯片上，因此镜头的选型将直接影响到机器视觉系统的整体性能。一般可以通过如图 3-10 的方式合理地选择镜头。

2）注意要点

（1）对焦环与光学接口。

调节镜片组的相对位置或光学系统的后焦距使成像清晰的结构部件称为对焦环（调焦环）。如图 3-11 所示为对焦环不同状态下的成像效果。

行业内常用的光学接口（镜头与相机连接的机械接口）已形成通用规范，例如C 口、CS 口、F 口和 K 口。如图 3-12 所示为工业定焦镜头 OPT—C0620—2M 结构图。

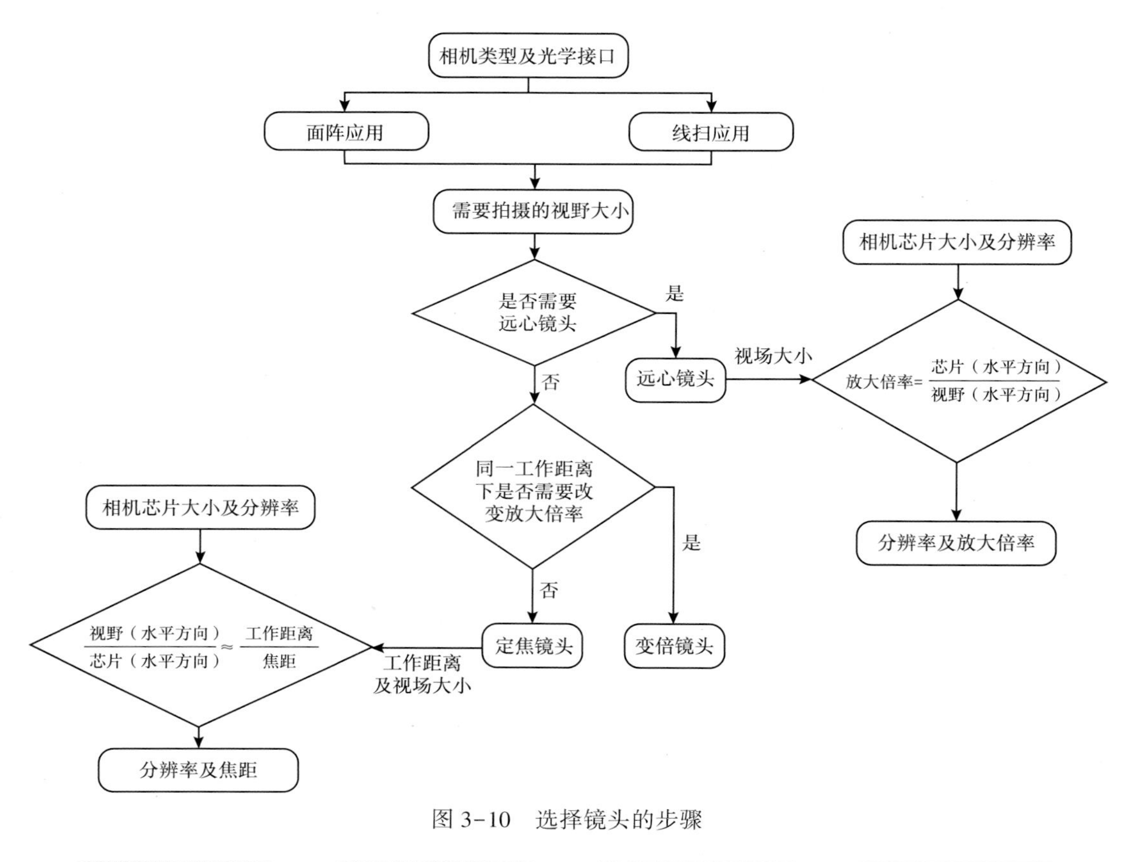

图 3-10　选择镜头的步骤

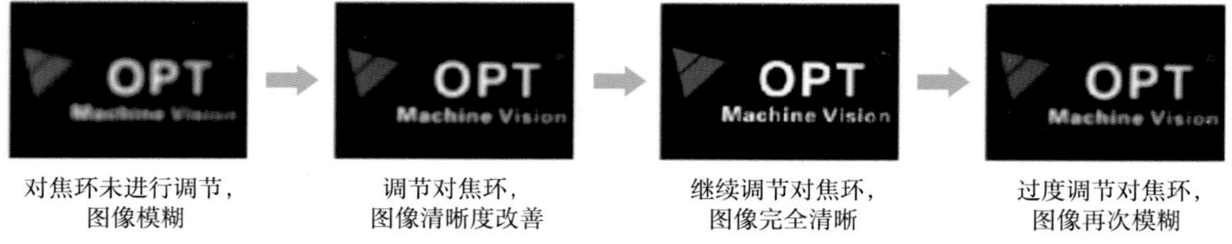

图 3-11　对焦环不同状态下的成像效果

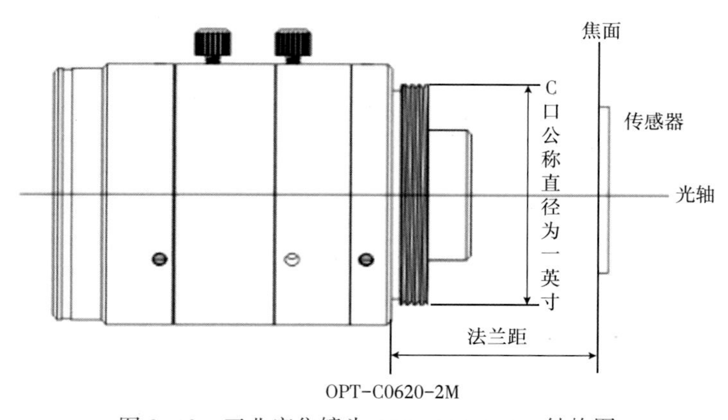

图 3-12　工业定焦镜头 OPT-C0620-2M 结构图

表 3-2　常用光学接口参数

接口名称	螺牙参数	固定结构	法兰距/mm
CS	1-32UNF	螺纹	12.526
C	1-32UNF	螺纹	17.526
T2	0.75P	螺纹	
M42	1.0P	螺纹	
A		卡口（54°）	44.5
K		卡口	45.50
F		卡口	46.5

（2）最大兼容相机芯片尺寸。

最大兼容相机芯片尺寸指镜头能支持的最大清晰成像的范围。在实际选择相机和镜头时，要注意所选择镜头的最大兼容芯片尺寸要大于或等于所选择的相机芯片的尺寸。如图 3-13所示为镜头最大兼容芯片尺寸与相机芯片尺寸不同关系下的结果。

表 3-3　常用镜头及相机芯片兼容性说明

镜头＼相机	1°	2/3°	1/2°	1/3°	1/4°
1°	兼容	兼容	兼容	兼容	兼容
2/3°	不兼容	兼容	兼容	兼容	兼容
1/2°	不兼容	不兼容	兼容	兼容	兼容
1/3°	不兼容	不兼容	不兼容	兼容	兼容
1/4°	不兼容	不兼容	不兼容	不兼容	兼容

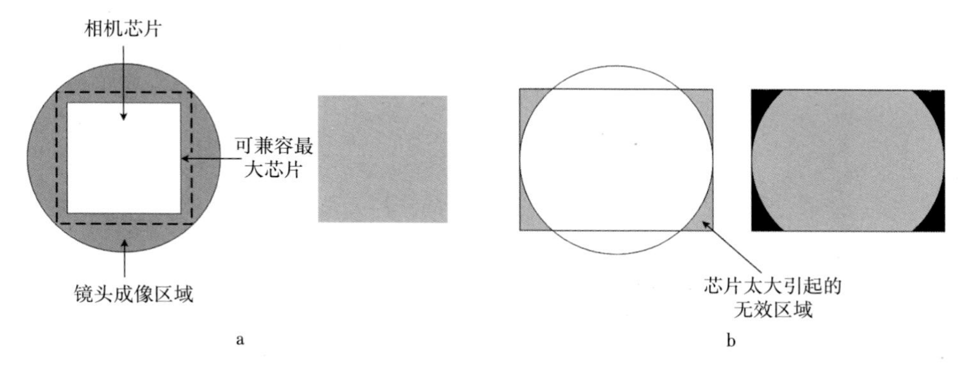

图 3-13　镜头最大兼容芯片尺寸与相机芯片尺寸不同关系下的结果

a—镜头最大兼容芯片尺寸≥相机芯片尺寸；b—镜头最大兼容芯片尺寸<相机芯片尺寸

3. 选型过程

（1）首先确定应用需求（视野、精度、安装高度等）。

（2）根据应用需求计算关键的光学性能参数。例如，由视野范围、相机芯片尺寸以及工作距离，计算焦距：视场（水平方向）/芯片（水平方向）≈工作距离/焦距。

（3）分辨率匹配：在实际应用中，应注意镜头的分辨率不低于相机的分辨率。

（4）景深要求：对景深有要求的项目，尽可能使用小光圈；由于景深影响因素较多以及判定标准较为主观，具体的景深计算需要结合实际使用条件。

（5）注意与光源的配合，选配合适的镜头。

第二节　图像传感器

图像传感器是将光学影像转换为电信号的器件，近年来 COMS 传感器发展迅猛，逐渐成为研究和市场的主流。

MOS 是金属氧化物半导体（Metal-Oxide Semiconductor）的缩写，MOS 图像传感器最早在 1960 年代发明，那时的主流摄像技术还是真空视像管（Vidicon）（图 3-14），CCD 还没有出现。用真空视像管组装出来的摄像机（Video Camera）比现在的台式机还大(图 3-15)。

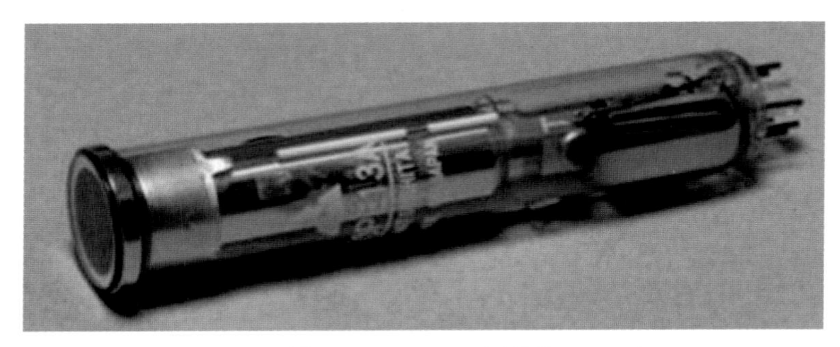

图 3-14　Vidicon 视像管

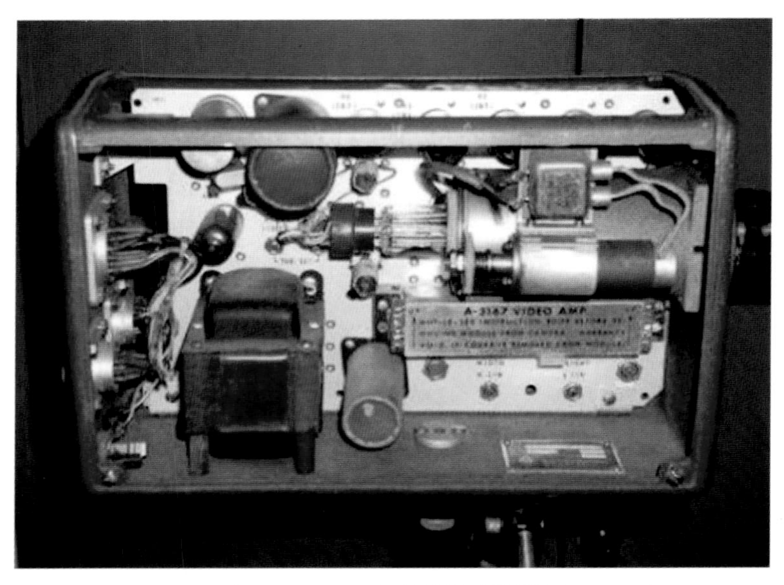

图 3-15　1960 年的视像管摄像机

随着电视技术的持续发展，视像管技术迅速成熟，可以提供极好的图像质量，但是其体积、重量、残影等问题对许多应用来说都是很不方便的。这些局限为固态MOS图像传感器的发展创造了有利的条件。

在20世纪60年代，MOS图像传感器在很多行业获得了应用，包括光学字符识别、盲人阅读器、低分辨率相机等。但当时MOS传感器还有很多技术问题，比如FPN噪声和时域噪声就是很大的问题。CCD发明于1969年，很快就可以提供远超MOS水平的图像质量，于是MOS传感器就只能在很窄的领域找到一些不多的应用，如光谱仪设备。

在整个20世纪70年代CCD技术都是市场上的绝对主流，主要是因为FPN噪声比较小。在20世纪80年代初期，CCD技术被少数几个公司垄断，产品应用也集中在为数不多的几个领域。这种情况就给CMOS传感器技术的研发提供了合适的条件。CMOS是MOS传感器的下一代技术，可以用于多种用途，包括机器视觉、手持式摄像机、航天传感器等。CMOS图像传感器可以将成像和信号处理集成在同一块硅片上，抗辐射的能力高于CCD技术。另外，CMOS传感器的制造技术相当通用，很多晶圆厂都可以生产。于是CMOS技术发展迅猛，全世界的人都开始有机会接触CMOS图像传感器。

20世纪90年代是CMOS图像传感器高速发展的十年，很多大学和小创业公司在这时开始投入CMOS传感器的技术研发。到20世纪90年代后期，CMOS传感器的图像质量已经大大提高，但相比CCD的水平还是要差一些。在21世纪的前几年，CMOS传感器在高速成像领域的性能已经可以超过CCD，但在其他领域性能仍显不足。但是，就在这个时候，手机摄像头市场开始蓬勃发展，给CMOS传感器行业注入了海量的资金，使CMOS技术得以高速发展，逐渐在各个领域超越了CCD技术。

一、CCD传感器

CCD（Charge-coupled Device），即电荷耦合器件，是一种高性能微型图像传感器。因其具有光电转换、信息存储、延时等功能，同时拥有集成度高、功耗低等特点，因此被广泛应用在数码相机、扫描仪、天文学等不同领域中。

CCD的作用就像胶片一样，但它是通过对电荷的产生、存储与转移实现将图像像素转换成数字信号，其工作流程主要分为四部分。

1. 信号电荷产生

CCD图像传感器实际上是按一定规律排列的MOS电容器组成的阵列，其中MOS（金属—氧化物—半导体）电容器是构成CCD的最基本单元。CCD利用半导体内光电效应（光生伏特效应）产生信号电荷，即通过MOS电容器将入射光信号转换为电荷的生成（图3-16）。

2. 信号电荷存储

在经过MOS电容器生成信号电荷后，需将产生的光生电荷收集存储至电荷存储区——势阱，因光子入射出现的电子在电势最高的地方汇聚成为电荷包，CCD中像元与电荷包相互对应（图3-17）。

3. 信号电荷传输

当存储信号电荷后，需要将其运送到输出节点（读出寄存器）完成信号转换与检测。

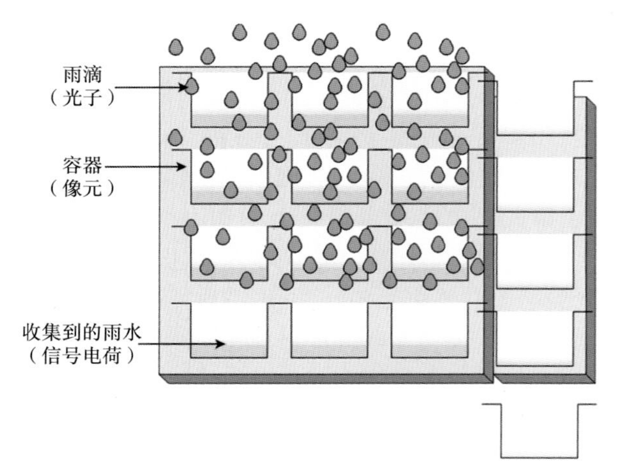

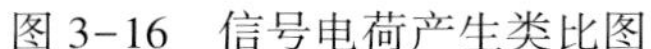
图 3-16　信号电荷产生类比图

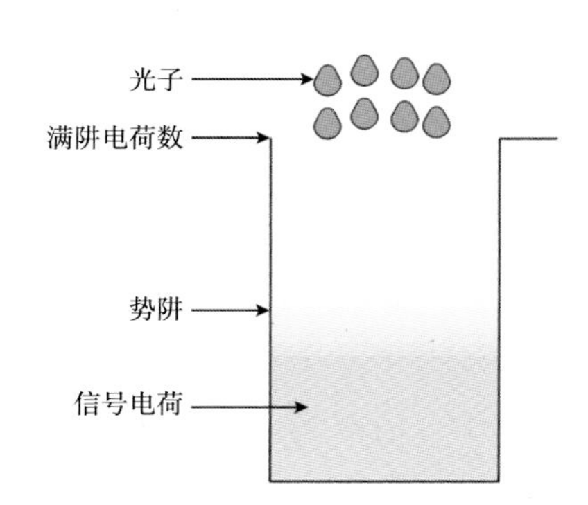

图 3-17　电荷存储类比图

CCD 通过将存储的电荷包从一个像元传递至另一个像元，直到所有电荷包都输出到输出节点（图 3-18）。

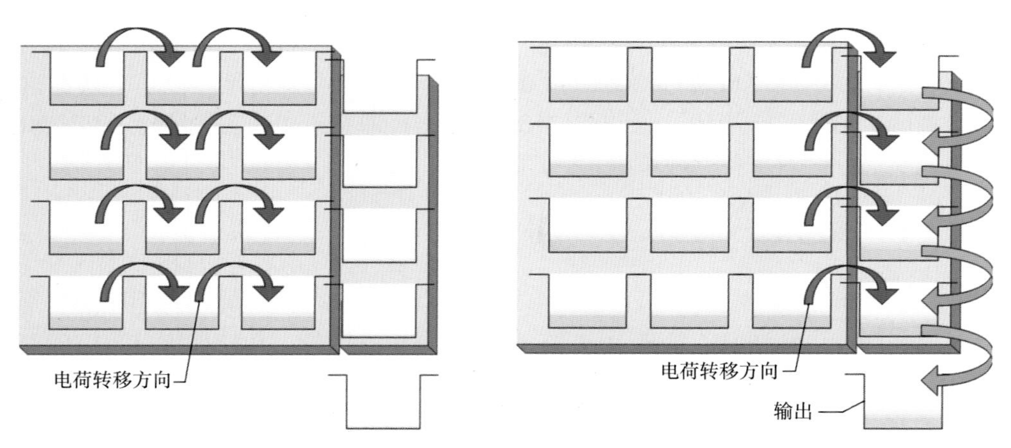

图 3-18　电荷传输类比过程

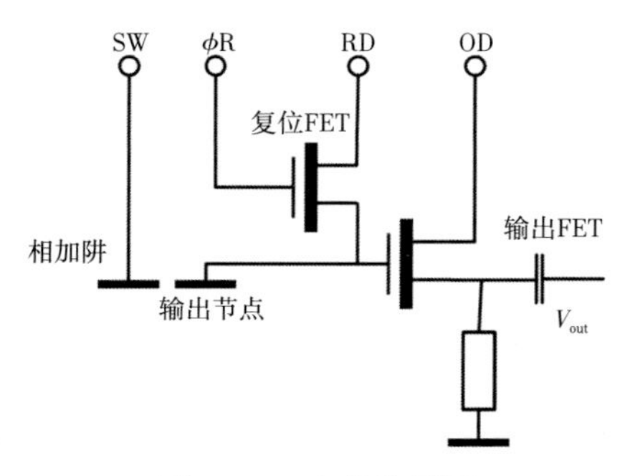

图 3-19　电荷检测图

4. 信号电荷输出与检测

在得到电荷包数据后，将转移到输出级的电荷包转换为电压信号或电流信号。电荷检测的步骤为：首先清除上一个电荷包传来的电荷，完成复位；当电荷运送到相加阱，此时输出电压 V_{out} 为参考电平；当相加阱的电荷运送到输出节点电容，此时输出电压 V_{out} 为信号电平；通过外部电路采样此时的信号输出电压，完成信号电荷检测（图 3-19）。

CCD 图像传感器上排列整齐的 MOS 电

容器通过光电效应产生信号电荷，利用电势场的作用收集存储电荷并形成电荷包，将每个电荷包经由外部电路的控制将其所带的电荷转给它相邻的电容直到输出，实现采样检测。

5. CCD 的分类

CCD 从功能上可分为线阵 CCD 和面阵 CCD 两大类。

线阵 CCD 通常将 CCD 内部电极分成数组，每组称为一相，并施加同样的时钟脉冲。所需相数由 CCD 芯片内部结构决定，结构相异的 CCD 可满足不同场合的使用要求。线阵 CCD 有单沟道和双沟道之分，其光敏区是 MOS 电容或光敏二极管结构，生产工艺相对较简单。它由光敏区阵列与移位寄存器扫描电路组成，特点是处理信息速度快、外围电路简单，易实现实时控制，但获取信息量小，不能处理复杂的图像。

面阵 CCD 的结构要复杂得多，它由很多光敏区排列成一个方阵，并以一定的形式连接成一个器件，获取信息量大，能处理复杂的图像。

二、CMOS 传感器

CMOS Image Sensor（CIS）最早是美国喷气推进实验室（Jet Propulsion Laboratory，简称 JPL）的一个研究项目，Dr. Eric R. Fossum 是业界公认的 CIS 技术发明人。

1992 年，Dr. Eric R. Fossum 在美国加州 Pasadena（帕萨迪纳）的喷气推进实验室工作，负责 NASA 的一些太空探测器的建造和运行。那一年 NASA 向员工们发出了一个颇为有趣的要求——“更快、更好、更便宜”。作为 JPL 图像传感器研究的负责人，Fossum 负责重新发明 NASA 太空船上的巨型相机。当时在数码摄影市场上已经应用了 CCD 技术，但是 CCD 需要消耗大量的能量和相当多的支持芯片。Fossum 团队发现，如果能够消除在成像阵列中反复转移电荷的需要，那么这两个问题都将解决，于是就诞生了 CMOS 有源像素传感器。JPL 首个 CMOS APS 芯片（图 3-20），只有 28×28 个像素，像素尺寸 40μm×40μm，诞生于 1993 年 4 月。APS 是 Active Pixel Sensor（主动像素传感器）的缩写。

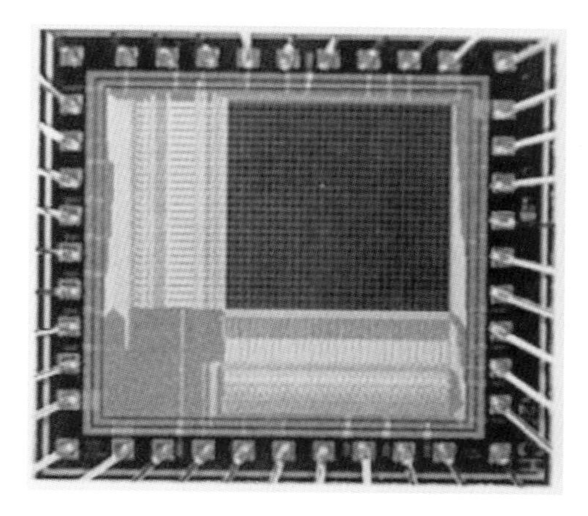

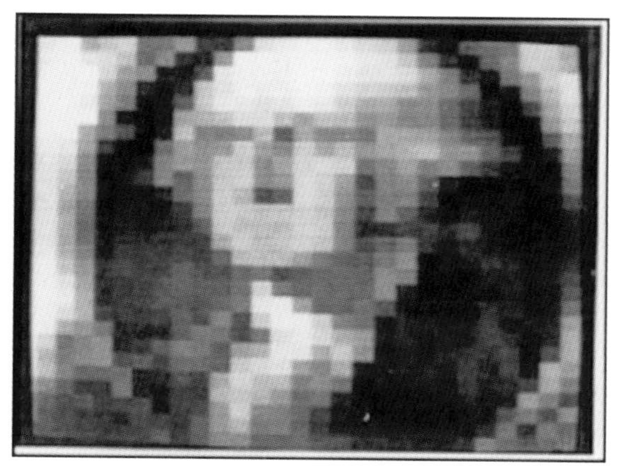

图 3-20 首个 CMOS APS 芯片

CMOS sensor 的本质是自带像素的相机芯片（Camera-on-chip），每个像素都可以进行自己的电荷转换，从而显著减少产生图像所需要的能量和支持电路。此外，CMOS 传感器采用与大多数微处理器和存储器芯片相同的材料和技术制造，使其更容易制造并且最具成本效益。

1. CMOS Sensor 原理

1）简介

CMOS 是英文 Complementary Metal Oxide Semiconducor 的缩写，这是一种主流的半导体工艺，具有功耗低、速度快的优点，被广泛地用于制造 CPU、存储器和各种数字逻辑芯片。基于 CMOS 工艺设计的图像传感器叫作 CMOS Image Sensor（CIS），与通用的半导体工艺尤其是存储器工艺相似度达到 90%以上。

CMOS 技术的主要特点是成对地使用 PMOS 和 NMOS 两种晶体管，PMOS 负责拉高，NMOS 负责拉低，两者配合可以实现数字信号的快速切换，这就是 Complementary 的具体含义。如图 3-21 所示，以最基本的反相器为例说明了 CMOS 技术的基本原理。

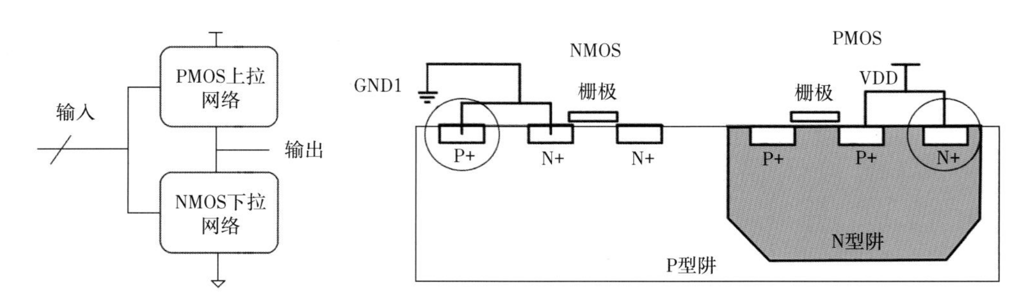

图 3-21 CMOS 技术基础——反相器

传统的 CMOS 数字电路使用“0”和“1”两种逻辑电压控制晶体管的 Gate 从而控制晶体管的电流流动，CMOS sensor 则是让光子直接进入晶体管内部生成电流，光信号的强弱直接决定了电流的大小。这是 CMOS sensor 与 CMOS 数字逻辑的主要区别之处。

CMOS sensor 通常由像敏单元阵列、行驱动器、列驱动器、时序控制逻辑、AD 转换器、数据总线输出接口、控制接口等几部分组成。这几部分功能通常都被集成在同一块硅片上，其工作过程一般可分为复位、光电转换、积分、读出几部分（图 3-22、图 3-23）。

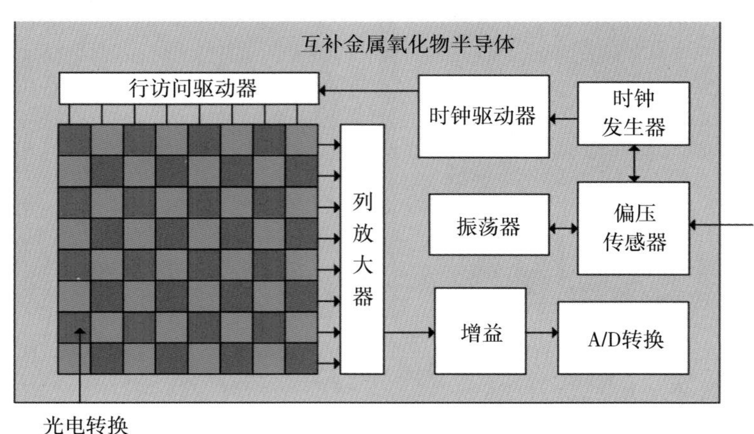

图 3-22 CMOS sensor 组成

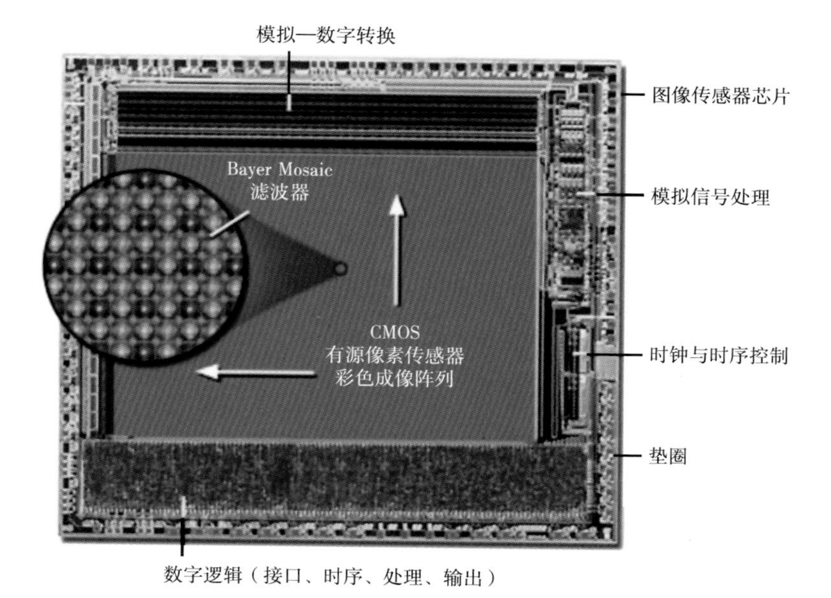

图 3-23　CMOS sensor 实物组成

2）光电转换

目前大部分的 sensor 都是以硅为感光材料制造的，硅材料的光谱响应如图 3-24 所示。

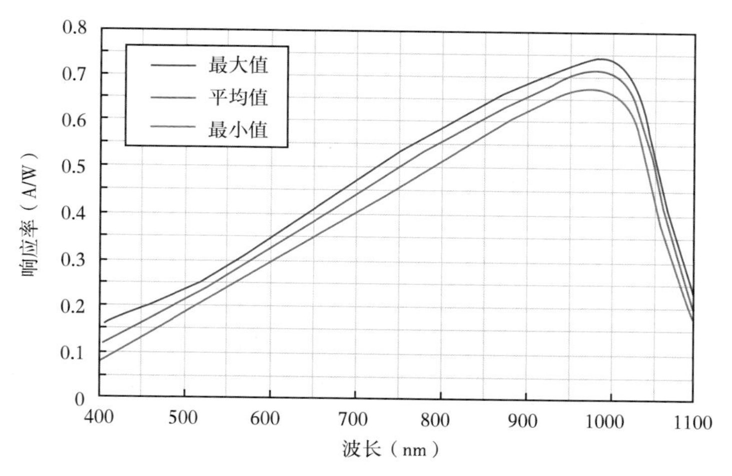

图 3-24　硅材料的光谱响应

从图中可以看到，硅材料的光谱响应在波长 1000nm 的红外光附近达到峰值，在 400nm 的蓝光处只有峰值的 15%左右，因此硅材料用于蓝光检测其实不算特别理想。在实际 CIS 产品中，特别是在暗光环境下，蓝色像素往往贡献了主要的噪点来源，成为影响图像质量的主要因素。从上图中可以看到，裸硅在可见光波段的光电转换效率大约是峰值的 20%~60%，与入射光的波长有关。

Sensor 感光的基本单元叫作“像点”（Photosite），每个 sensor 上承载了几百万甚至更多的像点，它们整齐、规律地排成一个阵列，构成 sensor 的像敏区。当可见光通过镜头入射到像点并被光敏区吸收后会有一定概率激发出电子，这个过程叫作光电转换（图 3-25）。

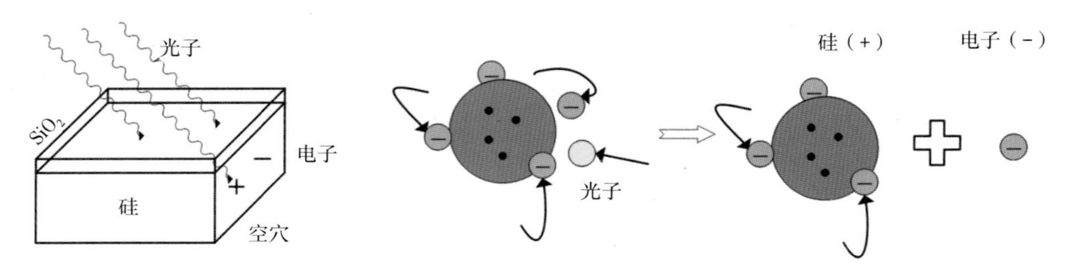

图 3-25　光子激发出电子—空穴对（Electron-hole Pair）

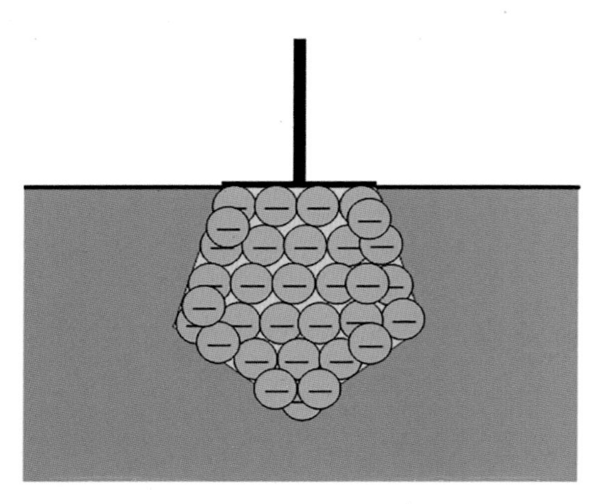

图 3-26　势阱图像

光子激发出电子的概率也称为量子效率，由光激发产生的电子叫作光生电子或光电子。光子激发出电子会被像点下方的电场捕获并囚禁起来备用，如下图所示。这个电场的专业名称叫作“势阱”如图 3-26 所示，后面会有专门讨论。

像点的作用可以类比成一个盛水的小桶，它可以在一定范围内记录其捕获的光电子数，如果入射的光子太少则可能什么都记录不到，如果入射的光子太多则只能记录其所能容纳的最大值，多余的光电子由于无处安置只能就地释放，就像水桶盛满之后再继续接水就会溢出一样。溢出的自由电子会被专门的机制捕获并排空。像点曝光的过程，类似图 3-27 所示的用很多小桶接雨水的过程。

图 3-27　像点曝光类比图

3）像点微观结构

一个像点的解剖结构及成像原理如图 3-28、图 3-29 所示。

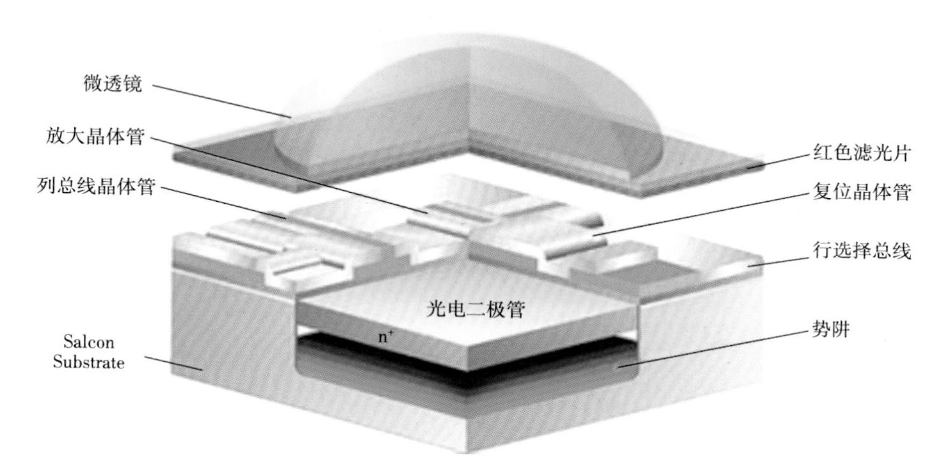

图 3-28　像点解剖结构

从图 3-28 与图 3-29 可以看到，一个像点主要由五部分功能构成：硅感光区——捕获光子，激发光生电子；势阱用电场捕获、存储光生电子；电路——将电荷数量变换为电压信号，以及复位、选择、读出逻辑；滤光膜——选择性透过三种波长中的一种；微透镜——将入射光线会聚到感光区。

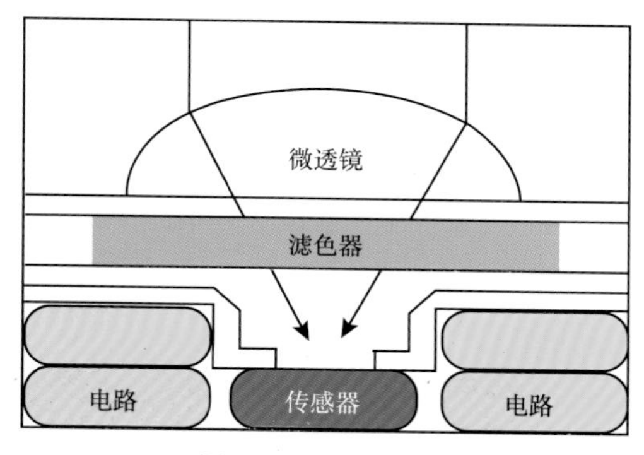

图 3-29　成像原理

4）Bayer Filter

为了能够区分颜色，人们在硅感光区上面设计了一层滤光膜，每个像素上方的滤光膜可以透过红、绿、蓝三种波长中的一种，而过滤掉另外两种（图 3-30）。

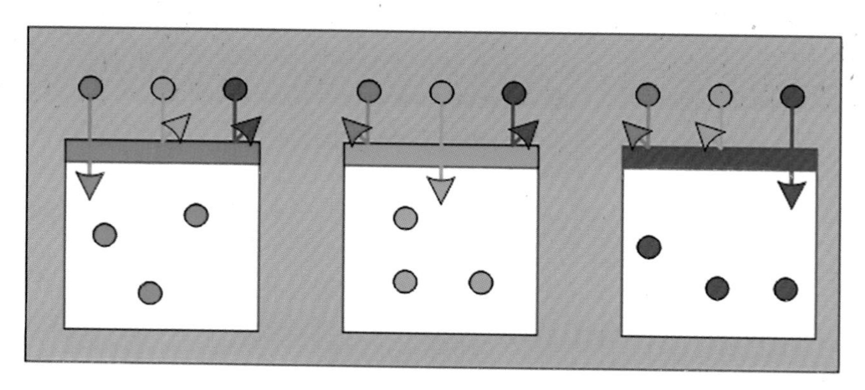

图 3-30　单个像素上方的滤光膜

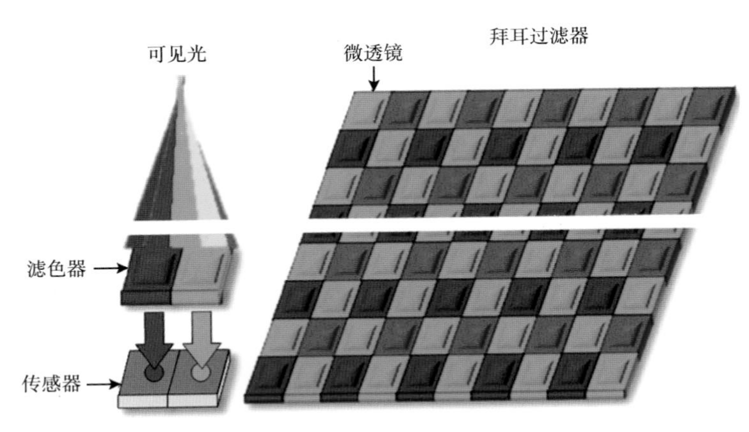

图 3-31　多个像素组成的拜尔过滤器

像点之所以叫像点而不叫像素正是因为这个原因，一个严格意义上的像素，即 pixel，是一个具备红、绿、蓝三个颜色分量的组合体，能够表达 RGB 空间中的一个点。而 sensor 上的一个像点只能表达三种颜色中的一个，所以在 sensor 范畴内并不存在严格意义上的像素概念。但是很多情况下人们并不刻意区分像素和像点在概念上的差别，经常会用像素来指代像点，一般也不会引起歧义。

所有的像点按照一定格式紧密排成一个阵列，构成 sensor 的像敏区，即 Color Imaging Array。像点阵列的微观效果如下图 3-32 所示。

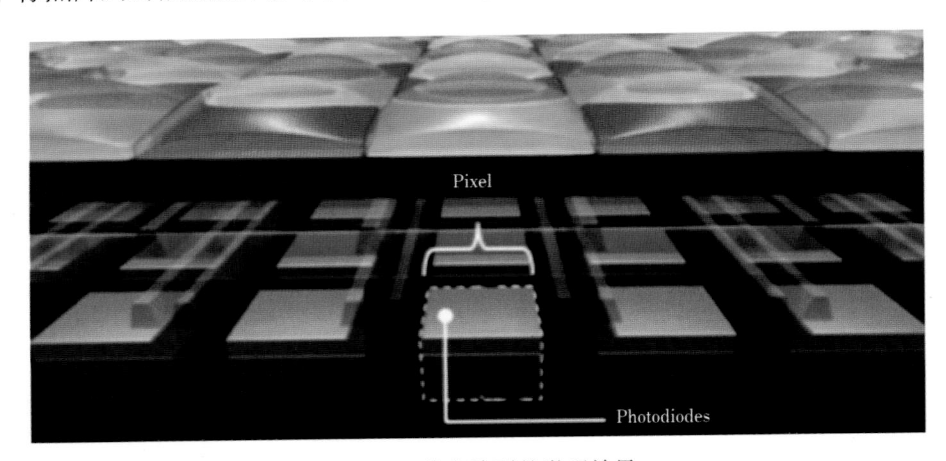

图 3-32　像点阵列的微观效果

其中感光膜的布局叫作 Bayer Mosaic Color Filter Array，通常简写为 Bayer CFA 或 CFA。

早期的工艺微透镜之间是存在无效区域的，为了提高光能量的利用率，人们会努力扩大微透镜的有效面积，最终实现了无缝的透镜的阵列。以佳能 EOS 400 与佳能 EOS 500 为例展示微透镜有缝无缝微观上的差异（图 3-33）。

如图 3-34 所示，索尼公司的 Power HAD CCD 技术在 Hyper HAD 技术基础上缩小了微透镜间距，进一步提升了像素感光能力。

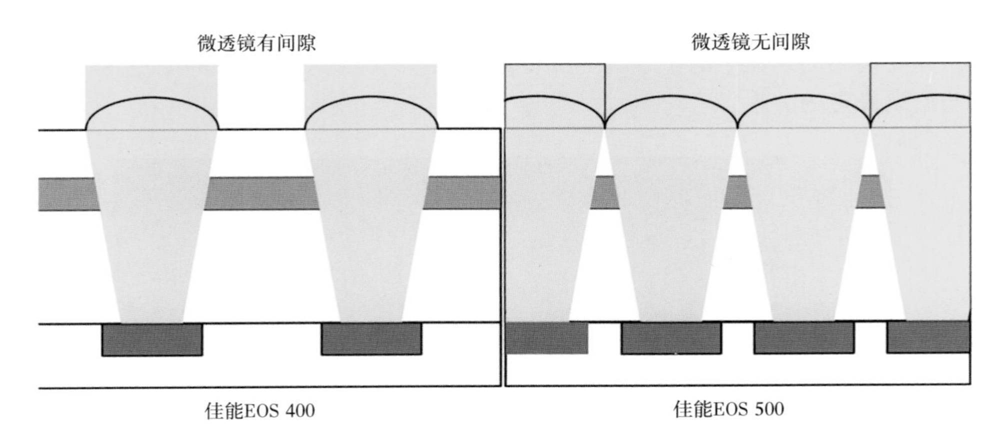

图 3-33　微透镜有缝无缝微观差异

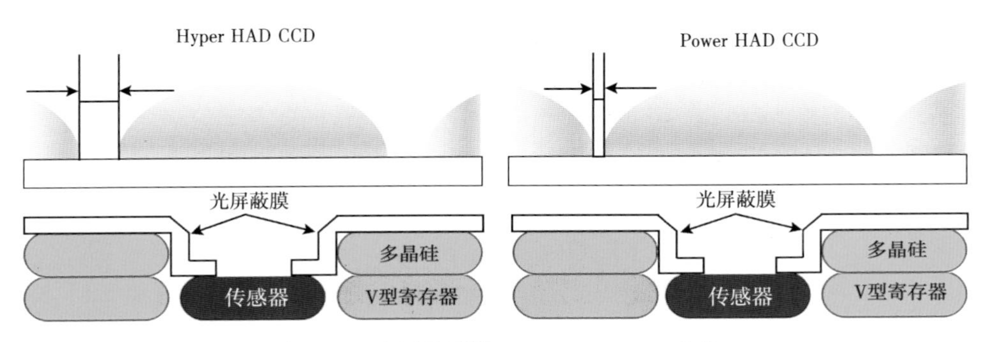

图 3-34　索尼公司的 Power HAD CCD 技术

Bayer 格式图片是伊士曼·柯达公司科学家 Bryce Bayer（图 3-35）发明的，Bayer 阵列被广泛运用于数字图像处理领域。

不同的 sensor 可能设计成不同的布局方式，图 3-36 是几种 sensor 常见的布局。

图 3-35　Bryce Bayer

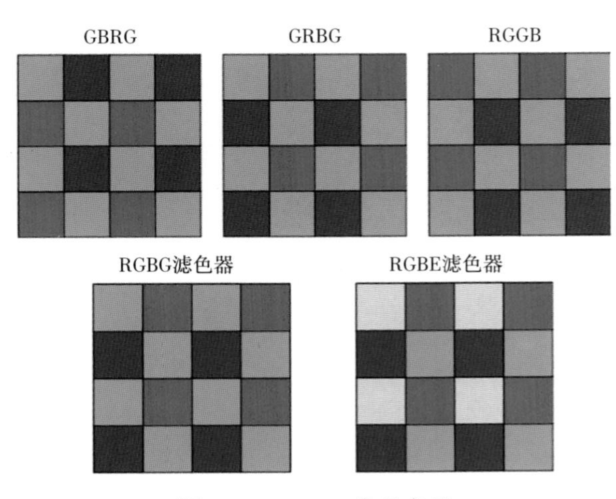

图 3-36　sensor 常见布局

如图 3-37 所示，光线通过微透镜和 Bayer 阵列会聚到硅势阱激发出光生电子这一物理过程。需要说明的是光生电子本身是没有颜色概念的，此图中电子的颜色只是为了说明该电子与所属像点的关系。

图 3-37　光生电子形成过程

Bayer 格式的数据一般称为 RAW 格式，需要用一定的算法变换成人们熟悉的 RGB 格式（图 3-38）。

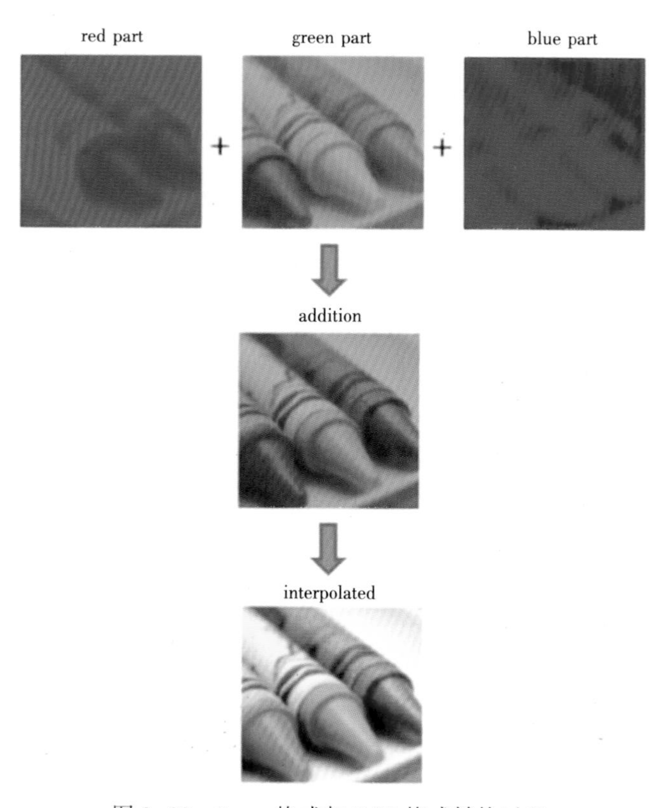

图 3-38　Bayer 格式与 RGB 格式转换过程

从 RAW 数据计算 RGB 数据的过程在数学上是一种不适定问题（Ⅲ-posed Problem），理论上有无穷多种方法，因此与其说是一种科学，不如说是一种艺术。

下面介绍一种最简单的方法。这个方法考虑 3×3 范围内的 9 个像素，为简单起见只考虑两种情形，即中心像素为红色（图 3-39）和绿色（图 3-40），其他情形同理。

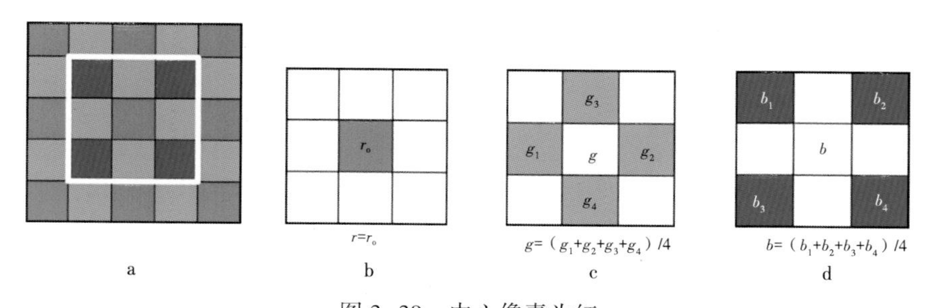

图 3-39　中心像素为红

a—Bayer3×3；b—R 像素插值公式；c—G 像素插值公式；d—B 像素插值公式

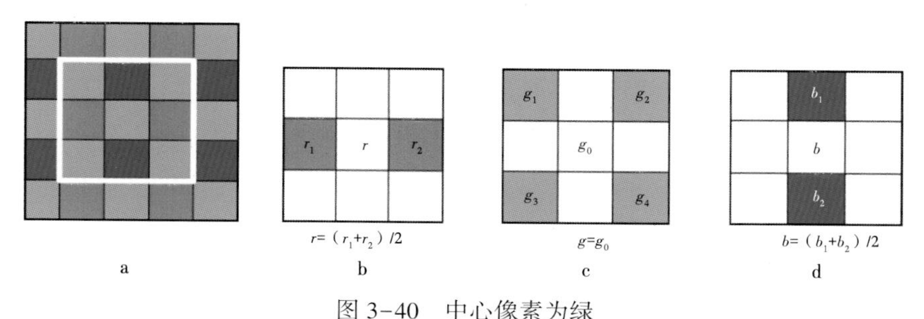

图 3-40　中心像素为绿

a—Bayer3×3；b—R 像素插值公式；c—G 像素插值公式；d—B 像素插值公式

上述过程常称为 Bayer Demosaic，或 Debayer（图 3-41），经过此操作之后，每个像素就包含了 3 个完整的颜色分量，如图 3-42 所示。

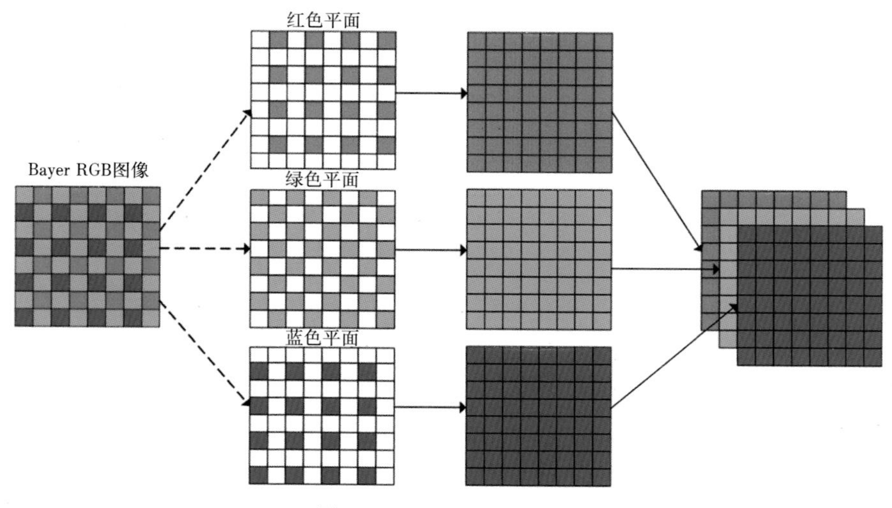

图 3-41　Debayer 过程图

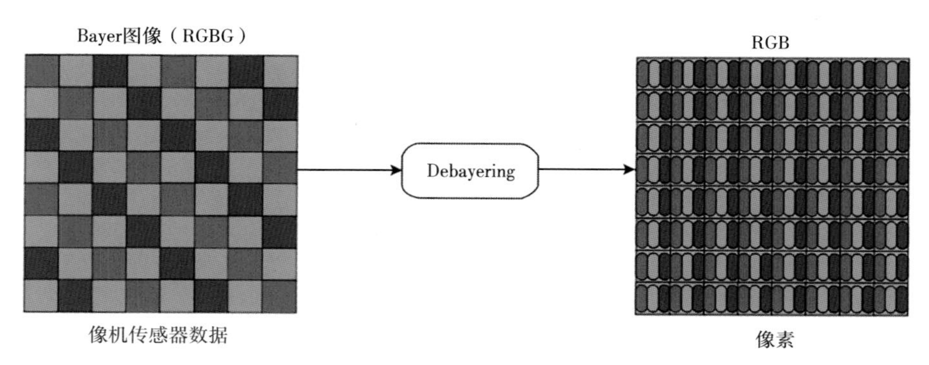

图 3-42 Debayer 结果图

上述各种 Bayer 格式的共同特点是接受一种颜色而拒绝两种颜色，因此理论上可以近似认为光能量损失了 2/3，这是非常可惜的。为了提高光能量的利用率，人们提出了 RYYB 的 pattern（见图 3-43），这是基于 CMY 三基色的 CFA pattern，Cyan 是青色（Red 的补色），Magenta 是品红（Green 的补色），Yellow 是黄色（Blue 的补色）。目前这种特殊的 Bayer pattern 已经在华为公司 P30 系列和荣耀 20 手机上实现了量产。据华为公司终端手机产品线总裁何刚透露，为了保证 RYYB 阵列在调色方面的准确性，华为公司付出了整整三年的时间。

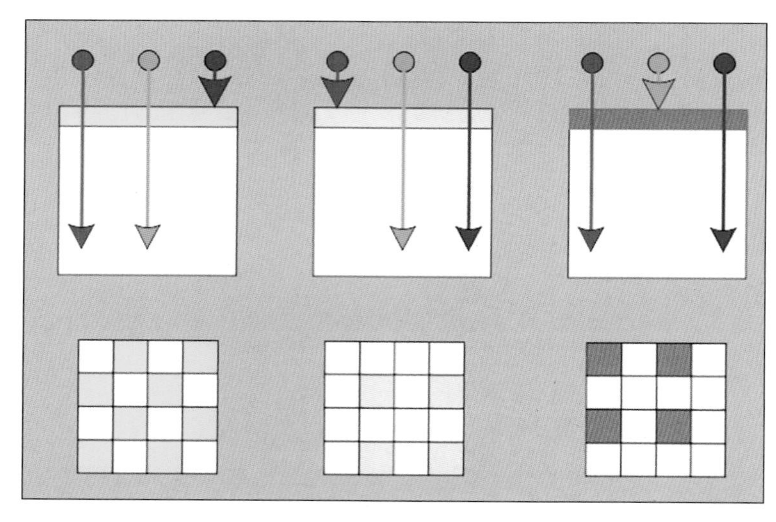

图 3-43 RYYB 工作原理

5）成像与读出

Sensor 成像的过程可以比喻成用水桶接水的过程（图 3-44）。在这个比喻中，雨水即相当于光子，每个水桶即相当于一个像点，水桶收集雨水的过程即相当于像点的曝光过程。当收集到合适数量的雨水后，会有专门的工序统计每一个水桶收集到多少雨水，然后将桶倒空，重新开始下一次收集。

像点记录光信号以及信号读出的原理和计算机内存的工作原理非常相似。Sensor 会使用一个行选信号（Row Select）和一个列选信号（Column Select）来选中一个存储单元

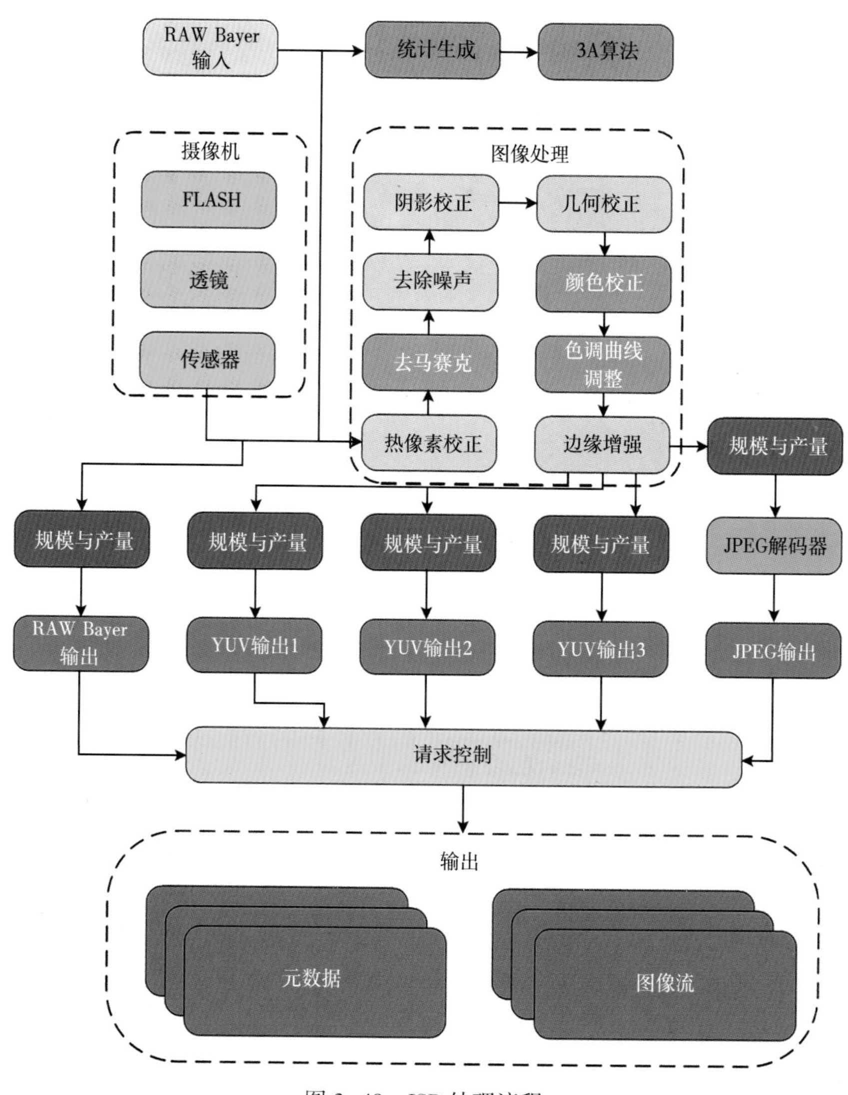

图 3-49　ISP 处理流程

OTP 中的校准数据完成 LSC 功能。

6）GAMMA CORRECTION

即伽马校正。传感器对光线的响应和人眼对光线的响应是不同的。伽马校正就是使得图像看起来符合人眼的特性。

7）CROP/RESIZE

即图像剪裁（改变图像的尺寸）。可用于输出不同分辨率的图像。

8）VRA

即视觉识别。用于识别特定的景物，例如人脸识别，车牌识别。ISP 通过各种 VRA 算法，准确的识别特定的景物。

9）DRC

即动态范围校正。动态范围即图像的明暗区间。DRC 可以使得暗处的景物不至于欠曝，而亮处的景物不至于过曝。ISP 需要支持 DRC 功能。

10）CSC

即颜色空间转换。例如，ISP 会将 RGB 信号转化为 YUV 信号输出。

11）IS

即图像稳定。IS 的主要作用是使得图像不要因为手持时轻微的抖动而模糊不清。IS 有很多种，例如 OIS、DIS、EIS。ISP 可以实现 DIS 和 EIS。

事实上，ISP 除了上面提到的主要功能外，还需要支持 DENOISE、CONTRAST、SATURATION、SHARPNESS 等调整功能。

12）控制方式

这里所说的控制方式是 AP 对 ISP 的操控方式。

13）I2C/SPI

这一般是外置 ISP 的做法。SPI 一般用于下载固件，I2C 一般用于寄存器控制。在内核的 ISP 驱动中，外置 ISP 一般是实现为 I2C 设备，然后封装成 V4L2-SUBDEV。

14）MEM MAP

这一般是内置 ISP 的做法。将 ISP 内部的寄存器地址空间映射到内核地址空间。

15）MEM SHARE

这也是内置 ISP 的做法。AP 这边分配内存，然后将内存地址传给 ISP，两者实际上共享同一块内存。因此 AP 对这段共享内存的操作会实时反馈到 ISP 端。

3. ISP 架构方案

上文多次提到外置 ISP 和内置 ISP，这实际上是 ISP 的架构方案。

1）外置 ISP 架构

外置 ISP 架构是指在 AP 外部单独布置 ISP 芯片用于图像信号处理。外置 ISP 的架构图一般如图 3-50 所示。

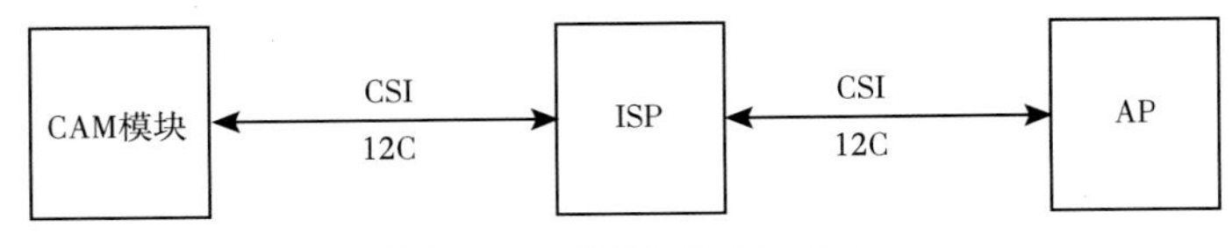

图 3-50　外置 ISP 架构图

（1）外置 ISP 架构的优点。

①能够提供更优秀的图像质量。

在激烈的市场竞争下，能够存活到现在的外置 ISP 生产厂商在此领域一般都有很深的造诣，积累了丰富的影像质量调试经验，能够提供比内置 ISP 更优秀的性能和效果。因此，选用优质的外置 ISP 能提供专业而且优秀的图像质量。

②能够支援更丰富的设计规划。

外置 ISP 的选型基本不受 AP 的影响，因此魅族公司可以从各个优秀 ISP 芯片供应商的众多产品中甄选最合适的器件，从而设计出更多优秀的产品。

③能够实现产品的差异化。

内置 ISP 是封装在 AP 内部的，和 AP 紧密联系在一起，如果 AP 相同，那么 ISP 也就是一样的。因此基于同样 AP 生产出来的手机，其 ISP 的性能也是一样的，可供调教的条件也是固定的，这样就不利于实现产品的差异化。而如果选择外置 ISP，那么同一颗 AP，可以搭配不同型号的 ISP，这样可以实现产品的差异化，为给用户提供更丰富和优质的产品。

（2）外置 ISP 架构的缺点。

①成本价格高。

外置 ISP 需要单独购买，其售价往往不菲，而且某些特殊功能还需要额外支付费用。使用外置 ISP，需要进行额外的原理图设计和布局，需要使用额外的元器件。

②开发周期长。

外置 ISP 驱动的设计需要多费精力和时间。使用外置 ISP 时，AP 供应商提供的 ISP 驱动就无法使用，需要额外设计编写外置 ISP 驱动。另外，为了和 AP 进行完美的搭配，将效果最大化，也往往需要付出更多的调试精力。上文也提到，使用外置 ISP，需要进行额外的原理图设计和布局，需要使用额外的元器件，这也是需要花费时间进行处理的。

2）内置 ISP 架构

内置 ISP 架构是指在 AP 内部嵌入了 ISP IP，直接使用 AP 内部的 ISP 进行图像信号处理。内置 ISP 的架构图一般如图 3-51 所示：

内置 ISP 架构的优点主要有以下几点。

（1）能降低成本价格。

内置 ISP 内嵌在 AP 内部，因此无须像外置 ISP 一样需要额外购买，且不占 PCB 空间，无须单独为其设计外围电路，这样就能节省 BOM，降低成本。鉴于大多数用户在选购手机时会将价格因素放在重要的位置，因此降低成本能有效地降低终端成品价格，有利于占领市场。

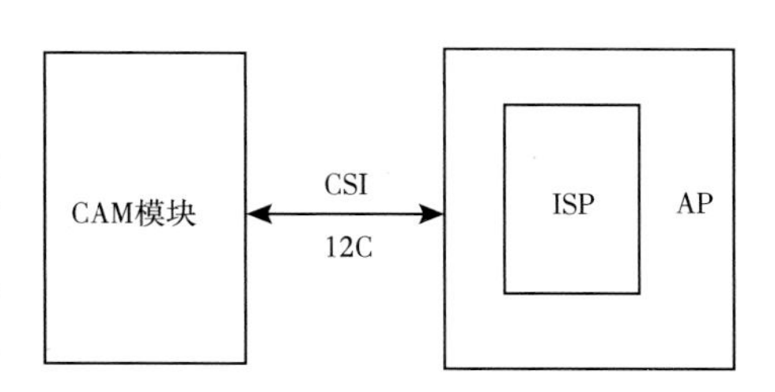

图 3-51　内置 ISP 架构图

（2）能提高产品的上市速度。

内置 ISP 和 AP 紧密结合，无须进行原理图设计和布局设计，因此可以减小开发周期，加快产品上市的速度。

（3）能降低开发难度。

如果使用内置 ISP，那么 AP 供应商能在前期提供相关资料，驱动开发人员可以有充足的时间熟悉相关资料，而且不会存在软件版本适配问题，也不存在平台架构兼容性问题。但是，如果使用外置 ISP，那么 ISP 供应商往往都不能提供针对某个平台的代码或资料，而且一般都存在软件版本兼容问题，这就需要驱动开发人员付出额的经历和时间。

使用内置 ISP 当然也有相应的不足之处，具体见上文的分析，这里就不赘述了。

事实上，鉴于 ISP 的重要性，为了推广其 AP，提高其 AP 竞争力，现在 AP 内置的 ISP 也越来越强大，其性能足以满足手机市场的需求。再加上其一系列优点，现在使用内置 ISP 方案的手机越来越多。

二、CSI

1. CSI 接口基本概念

CSI-2 接口规范是由 MIPI（Mobile Industry Processor Interface）联盟组织于 2005 年发布的关于相机串行接口，它作为一种全新的相机设备和处理器之间的接口框架，给便携式摄像头、手机摄像头等相关产业提供了一种灵活且高速的设备接口。此前，传统摄像头接口一般都包括了数据总线、时钟总线、同步信号线控制线等，物理接口框图如图 3-52 所示。

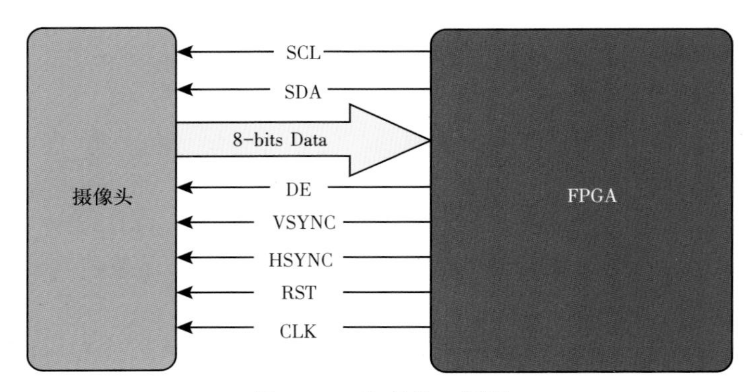

图 3-52　物理接口框图

这种摄像头物理接口所占用的数据线较多，逻辑设计上也比较复杂，需要严格同步包括水平同步信号、垂直同步信号以及时钟信号，这对摄像头这端以及接收器这端都提出了较高的要求，同时，在高速传输的过程中，直接使用数字信号作为数据容易被其他外部信号干扰，不如差分信号的稳定性，这样也大大限制了其传输的速率以及相机最大能够实时传输的图像质量。

而基于 CSI-2 摄像头数据传输过程使用了数据差分信号对视频中像素值进行传输，同时 CSI-2 传输接口能够非常灵活地进行精简或者扩展，对于接口较少的应用场景，CSI-2 接口可以只使用一组差分数据信号线以及一组差分时钟线就能够完成摄像头的数据串行传输过程，这样便减少了负载，同时也能够满足一定的传输速率，而对于大阵列的 CCD 相机，CSI-2 接口也能够扩展其差分数据线，从而满足多组数据线并行传输的高速要求。

同时 CSI-2 接口中也集成了控制接口 CCI（Camera Control Interface），CCI 是一个能够支持 400kHz 传输速率的全双工主从设备通信控制接口，它能够兼容现有很多处理器的 IIC 标准接口，因此可以非常方便地实现 Soc 上 CCI Master Module 到 CSI-2 TX 端 CCI Slave Module 的控制，CSI-2 物理接口框图如下图 3-53 所示。

2. CSI 物理协议层规定

MIPI 联盟除了在摄像头的接口上进行全新的规定以外还对 CSI-2 接口的软件架构进行了进一步的制定，CSI-2 软件框架主要分成三层，分别为应用层、协议层、物理层，而对于协议层又可以细分为像素字节打包层/解包层、LLP（Low LevelProtocol）层、通道管理层（Lane Management），其主要系统软件框图如图 3-54 所示。

CSI 协议层设计：

接近的整数值。

合理选择量化系数，对变换后的图像块进行量化后的结果如图 3-57 所示。

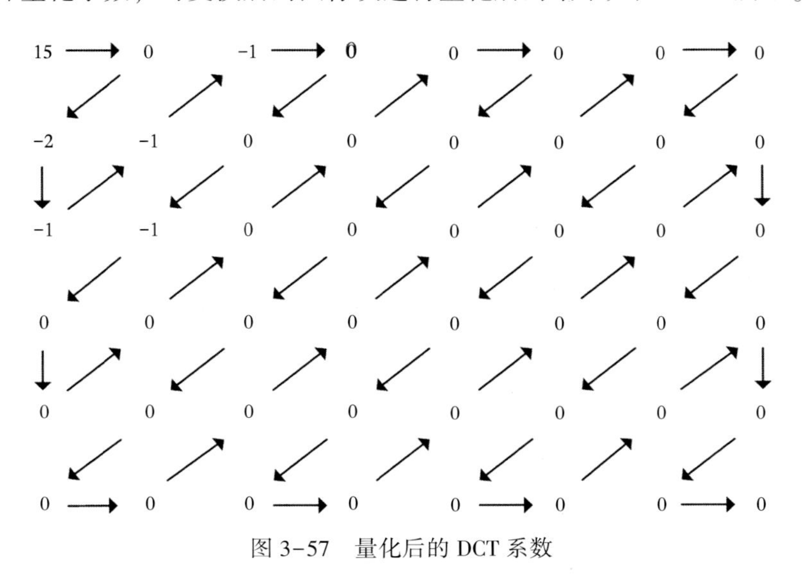

图 3-57　量化后的 DCT 系数

DCT 系数经过量化之后大部分经变为 0，而只有很少一部分系数为非零值，此时只需将这些非 0 值进行压缩编码即可。

2）熵编码

视频编码中的熵编码方法主要用于消除视频信息中的统计冗余。由于信源中每一个符号出现的概率并不一致，这就导致使用同样长度的码字表示所有的符号会造成浪费。通过熵编码，针对不同的语法元素分配不同长度的码元，可以有效消除视频信息中由于符号概率导致的冗余。在视频编码算法中常用的熵编码方法有变长编码和算术编码等，具体来说主要有上下文自适应的变长编码（CAVLC）和上下文自适应的二进制算术编码（CABAC）。

3）预测编码

在视频压缩技术中，“预测”一词指的是在当前像素块周围的一些像素块中找出（或者用一定的方法构造一个）与当前块最“接近”的像素块。

预测编码可以用于处理视频中的时间和空间域的冗余。视频处理中的预测编码主要分为两大类——帧内预测和帧间预测。

（1）帧内预测：预测值与实际值位于同一帧内，用于消除图像的空间冗余；帧内预测的特点是压缩率相对较低，然而可以独立解码，不依赖其他帧的数据；通常视频中的关键帧都采用帧内预测。

（2）帧间预测：帧间预测的实际值位于当前帧，预测值位于参考帧，用于消除图像的时间冗余；帧间预测的压缩率高于帧内预测，然而不能独立解码，必须在获取参考帧数据之后才能重建当前帧。

通常在视频码流中，I 帧全部使用帧内编码，P 帧/B 帧中的数据可能使用帧内或者帧间编码。

运动估计（Motion Estimation）和运动补偿（Motion Compensation）是消除图像序列时

间方向相关性的有效手段。上文介绍的 DCT 变换、量化、熵编码的方法是在一帧图像的基础上进行，通过这些方法可以消除图像内部各像素间在空间上的相关性。实际上图像信号除了空间上的相关性之外，还有时间上的相关性。例如对于像新闻联播这种背景静止，画面主体运动较小的数字视频，每一幅画面之间的区别很小，画面之间的相关性很大。对于这种情况没有必要对每一帧图像单独进行编码，而是可以只对相邻视频帧中变化的部分进行编码，从而进一步减小数据量，这方面的工作是由运动估计和运动补偿来实现的。

运动估计技术一般将当前的输入图像分割成若干彼此不相重叠的小图像子块，例如一帧图像的大小为 1280×720，首先将其以网格状的形式分成 40×45 个尺寸为 16×16 的彼此没有重叠的图像块，然后在前一图像或后一个图像某个搜索窗口的范围内为每一个图像块寻找一个与之最为相似的图像块。这个搜寻的过程叫作运动估计。通过计算最相似的图像块与该图像块之间的位置信息，可以得到一个运动矢量。这样在编码过程中就可以将当前图像中的块与参考图像运动矢量所指向的最相似的图像块相减，得到一个残差图像块，由于残差图像块中的每个像素值很小，所以在压缩编码中可以获得更高的压缩比。这个相减过程叫运动补偿。

由于编码过程中需要使用参考图像来进行运动估计和运动补偿，因此参考图像的选择显得很重要。一般情况下编码器将输入的每一帧图像根据其参考图像的不同分成三种不同的类型——I（Intra）帧、B（Bidirection prediction）帧、P（Prediction）帧（图 3-58）。

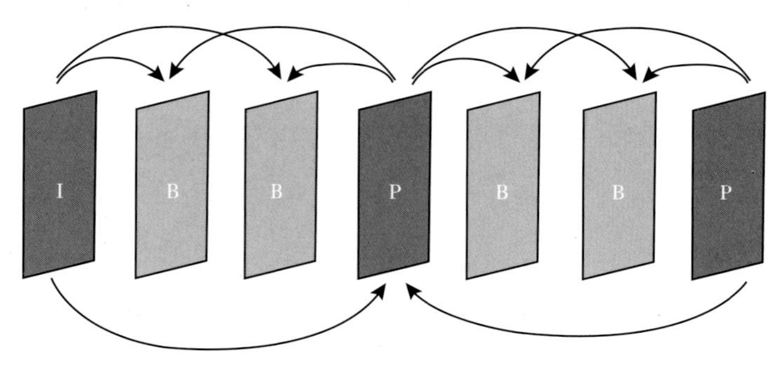

图 3-58 将图像分 I 帧、B 帧、P 帧

如图所示，I 帧只使用本帧内的数据进行编码，在编码过程中它不需要进行运动估计和运动补偿。显然，由于 I 帧没有消除时间方向的相关性，所以压缩比相对不高。P 帧在编码过程中使用一个前面的 I 帧或 P 帧作为参考图像进行运动补偿，实际上是对当前图像与参考图像的差值进行编码。B 帧的编码方式与 P 帧相似，唯一不同的地方是在编码过程中它要使用一个前面的 I 帧或 P 帧和一个后面的 I 帧或 P 帧进行预测。由此可见，每一个 P 帧的编码需要利用一帧图像作为参考图像，而 B 帧则需要两帧图像作为参考。相比之下，B 帧比 P 帧拥有更高的压缩比。

4）*混合编码*

上面介绍了视频压缩编码过程中的几个重要的方法。在实际应用中这几个方法不是分离的，通常将它们结合起来使用以达到最好的压缩效果。如图 3-59 所示，给出了混合编码（即变换编码+运动估计和运动补偿+熵编码）的模型。该模型普遍应用于 MPEG1，MPEG2，H. 264 等标准中。

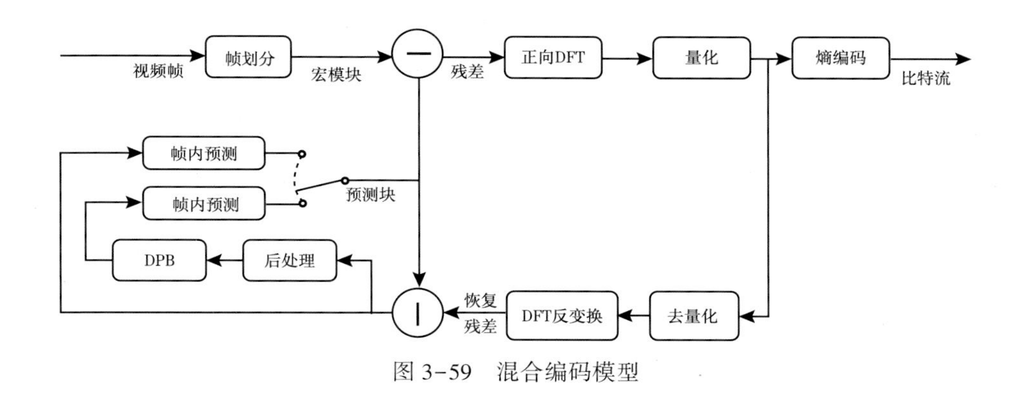

图 3-59　混合编码模型

从图中可以看到，当前输入的图像首先要经过分块，分块得到的图像块要与经过运动补偿的预测图像相减得到差值图像 X，然后对该差值图像块进行 DCT 变换和量化，量化输出的数据有两个不同的去处，一个是送给熵编码器进行编码，编码后的码流输出到一个缓存器中保存，等待传送出去；另一个应用是进行反量化和反变化后得到信号 X′，该信号将与运动补偿输出的图像块相加得到新的预测图像信号，并将新的预测图像块送至帧存储器。

第五节　网络摄像机（IPC）Soc 芯片

现代网络、无线通信技术、人工智能技术的发展，催生了海量的视频应用，如安防监控、视频会议、网络教育、视频直播、手机拍照，人脸识别、智慧闸机，工业检测等。随着应用市场需求的爆发，视频应用处理器发展迅猛。

随着网络时代的到来，安防视频监控中网络摄像机（IPC）逐渐代替了模拟摄像机，成为监控前端的主流。作为网络摄像机（IPC）的核心——IPCSoC 通常集成了嵌入式处理器（CPU）、图像信号处理（ISP）模块、视音频编码模块、网络接口模块、安全加密模块和内存子系统，部分芯片还集成了视频智能处理模块。视频原始数据经过 ISP 模块处理后，送到视频编码模块进行压缩，然后通过网络传输到后端 NVR 进行接收处理并存储。后期需要回溯时可调出存储的视音频数据进行检索回放。

一、IPC Soc 主要生产厂商

IPC Soc 芯片主要集成 ISP 技术和视频编解码技术，近些年具备高压缩比的视频编解码技术的 IPC Soc 芯片逐步占领市场。2005 年起，TI、安霸、NXP、TEWELL、SONY、SHARP 等一大批半导体企业或者电子企业将目光投入到了 H.264 编码芯片上，量身打造适合不同领域的视频编解码芯片，大力推动了整个市场的发展。同一时期，中国大陆的 IPC 自研芯片基本处于样机或者自用阶段，市场的接受度非常的低。据粗略数据统计，国产芯片的占比只有 1%左右，国外芯片占比 95%以上，TI 半导体巨头几乎占领了中国一半市场。

随着中国大陆视频监控市场不断扩大，近年来，中国大陆厂家等也不断地在产业上游下功夫，在某些技术领域取得一定的领先地位，通过专利和技术突破构建市场堡垒，形成竞争优势。

中星微电子从2006年开始启动IP视频监控系统的研发和设计，并在网络摄像机专用芯片、解码终端以及在视频监控平台方面持续投入，取得了耀眼的成果。2014年，中星发布新产品——718和736芯片。其中718是第二代SVAC/H.264核心芯片，736是一款大众级DVR核心芯片。

另外一家则是华为海思。海思依托国内安防市场的蓬勃发展，推出一系列视频编解码芯片，从65nm的3518A到28nm的3519，芯片产品囊括了消费市场、商业市场和行业市场；分辨率从D1到最新的4K，帧率高达60FPS。目前，华为海思与美国安霸、日本的索尼在该领域形成了三国鼎立局面。

据粗略数据统计，目前中国大陆市场国产芯片（主要是华为海思）的占比提升到70%左右，国外芯片占比降低到30%左右，海思占领了国内一半以上市场。目前海思已经能够提供成熟的支持H.265标准的IPC Soc芯片。另外，富瀚微通过与海康威视合作紧密，ISP芯片实力强劲，并积极开拓IPC芯片市场。国科微凭借集成电路产业基金加持，已成功在IPC芯片市场站稳脚跟。

现代应用级视频处理器集成度越来越高，以华为海思新一代行业专用Smart HD IP摄像机SOCHi3516DV300为例，集成了新一代ISP、业界最新的H.265视频压缩编码器，同时集成高性能NNIE引擎，使得Hi3516DV300在低码率、高画质、智能处理和分析、低功耗等方面引领行业水平。集成POR、RTC、Audio Codec以及待机唤醒电路，为客户极大地降低了ebom成本。且与海思DVR/NVR芯片相似的接口设计，能方便支撑客户产品开发和量产。

二、关键特性

1. 处理器内核

（1）ARM Cortex A7@ 900MHz，32kb I-Cache，32kb D-Cache /128kb L2 cache。

（2）支持Neon加速，集成FPU处理单元。

2. 视频编码

（1）H.264 BP/MP/HP，支持I/P帧。

（2）H.265 Main Profile，支持I/P帧。

（3）MJPEG/JPEG Baseline编码。

3. 视频编码处理性能

（1）H.264/H.265编码可支持最大分辨率为2688×1520/2592×1944，宽度最大2688。

（2）H.264/H.265多码流实时编码能力：2048×1536@30FPS+720×576@30FPS；2304×1296@30FPS+720×576@30FPS；2688×1520@25FPS+720×576@25FPS；2592×1944@20FPS+720×576@20FPS。

（3）支持JPEG抓拍4M（2688×1520）@5FPS/5M（2592×1944）@5FPS。

（4）支持CBR/VBR/FIXQP/AVBR/QPMAP/CVBR六种码率控制模式。

（5）支持智能编码模式。

（6）输出码率最高60Mb/s。

（7）支持八个目标区域（ROI）编码。

4. 智能视频分析

（1）集成IVE智能分析加速引擎。

（2）支持智能运动侦测、周界防范、视频诊断等多种智能分析应用。

5. 视频与图形处理

（1）支持三维去噪、图像增强、动态对比度增强处理功能。

（2）支持视频、图形输出抗闪烁处理。

（3）支持视频、图形 1/15~16x 缩放功能。

（4）支持视频图形叠加。

（5）支持图像 90°、180°、270°旋转。

（6）支持图像 Mirror、Flip 功能。

（7）八个区域的编码前处理 OSD 叠加。

6. ISP

（1）支持 4×4 Pattern RGB-IR sensor。

（2）3A（AE/AWB/AF），支持第三方 3A 算法。

（3）固定模式噪声消除、坏点校正。

（4）镜头阴影校正、镜头畸变校正、紫边校正。

（5）方向自适应 Demosaic。

（6）伽马校正、动态对比度增强、色彩管理和增强。

（7）区域自适应去雾。

（8）多级降噪（BayerNR、3DNR）以及锐化增强。

（9）Local Tone mapping。

（10）Sensor Built-in WDR。

（11）2F-WDR 行模式/2F-WDR 帧模式。

（12）数字防抖。

（13）支持智能 ISP 调节，提供 PC 端 ISP tuning tools。

7. 音频编解码

（1）通过软件实现多协议语音编解码。

（2）协议支持 G. 711、G. 726、ADPCM。

（3）支持音频 3A（AEC、ANR、AGC）功能。

8. 安全引擎

（1）硬件实现 AES/RSA 多种加解密算法。

（2）硬件实现 HASH（SHA1/SHA256/HMAC_SHA1/HMAC_SHA256）。

（3）内部集成 32kb 一次性编程空间和随机数发生器。

9. 视频接口

（1）输入：支持 8/10/12bit RGB Bayer DC 时序视频输 入，支持 BT. 1120 输入；支持 MIPI、LVDS/Sub-LVDS、HiSPi 接口；支持与 SONY、ON、OmniVision、Panasonic 等主流高清 CMOS sensor 对接；兼容多种 sensor 并行/差分接口电气特性；提供可编程 sensor 时钟输出；支持输入最大分辨率为 2688×1520/2592×1944。

（2）输出：支持 6/8/16bit LCD 输出；支持 BT656/BT1120 输出。

10. 音频接口

（1）集成 Audio codec，支持 16bit 语音输入和输出。

（2）支持双声道 mic/ line in 输入。
（3）支持双声道 line out 输出。
（4）支持 I2S 接口，支持对接外部 Audio codec。

11. 外围接口

（1）支持 POR。
（2）集成高精度 RTC。
（3）集成四通道 LSADC。
（4）三个 UART 接口。
（5）支持 I2C、SPI、GPIO 等接口。
（6）四个 PWM 接口。
（7）两个 SDIO 2.0 接口。
（8）一个 USB 2.0 HOST/Device 接口。
（9）集成 FE PHY；支持 TSO 网络加速。
（10）集成 PMC 待机控制单元。

12. 外部存储器接口

（1）SDRAM 接口：内置 1GB DDR3L。
（2）SPI NOR Flash 接口：支持 1、2、4 线模式；最大容量支持 256MB。
（3）SPI NAND Flash 接口：支持 1、2、4 线模式；最大容量支持 1GB。
（4）eMMC5.0 接口：4/8bit 数据位宽。

13. 启动

（1）可选择从 SPI NOR Flash、SPI NAND Flash 或 eMMC 启动。
（2）支持安全启动。

14. SDK

（1）提供基于 HUAWEI LiteOS/Linux-4.9 SDK 包。
（2）提供 H.264 的高性能 PC 解码库。
（3）提供 H.265 的高性能 PC、Android、iOS 解码库。

15. 芯片物理规格

（1）功耗：3M30/4M15 场景，1W 典型功耗。
（2）工作电压：内核电压为 0.9V；IO 电压为 3.3V（+/-10%）；DDR3L SDRAM 接口电压为 1.35V。
（3）封装：12mm×13.3mm，279pin 0.65mm 管脚间距，TFBGA 封装。

第六节　视频设备接口标准

视频接口种类繁多，可分为模拟接口和数字接口。

一、模拟接口

1. CVBS

CVBS（Composite Video Broadcast Signal），中文翻译为复合视频广播信号。这是最常见的视频接口，最初在广播电视领域应用，后来很多相机输出都支持了 CVBS 接口，CVBS

信号是隔行视频信号，分辨率为720×576（PAL制）或720×480（NTSC制），CVBS是标清模拟视频信号接口，目前已经逐步被数字视频信号接口和高清视频信号接口替换掉。

2. VGA

VGA（Video Graphics Array）是计算机常用的模拟输出接口。常见的分辨率有1024×768、1280×1024、1600×1200。目前一部分工业相机也提供这种输出接口，可以直接接液晶显示器进行显示监看。常见的VGA信号的视频在数字化后时钟主频一般不超过162MHz，传输的图像数据率一般不超过3.7Gbps.

3. 高清模拟接口

CVI、TVI、AHD是近来模拟高清方案中比较强的三个，它们同样都是基于模拟同轴电缆传输，逐行扫描的高清影像传输规格。

CVI，全名为“高清复合影像接口”（High Definition Composite Video Interface，HDC-VI），是由浙江大华技术股份有限公司自主研发，于2012年底公布的规格。

TVI，全名叫“高清影像传输接口”（High Definition Transport Video Interface，HDT-VI），是由来自美国硅谷的Techpoint Inc公司研发，也是目前杭州海康威视数字技术股份有限公司主力推广的规格。

AHD，全名为“模拟高清”（Analog High Definition），是由韩国Nextchip公司推出的模拟高清解决方案。

二、数字接口

1. DVI

DVI（Digital Visual Interface）是计算机的常用输出接口，该接口是数字接口，VGA接口输出的是模拟信号，经过显卡的DA转换，再经过显示器的AD转换后，会有一部分损失，而DVI是纯数字接口，没有信号上的损失。随着时间的推移，DVI接口在计算机领域越来越广泛被使用，目前有部分工业相机也提供DVI接口，可以直接接液晶显示器进行显示监看。单口的DVI最大时钟频率为165MHz，传输的图像数据率一般不超过3.7Gbps.

2. HDMI

HDMI（High Definition Multimedia Interface）是数字高清多媒体接口。HDMI接口一开始主要应用于机顶盒、媒体播放机、电视机、摄像机输出等消费领域，因为HDMI兼容DVI接口，同时HDMI可以内嵌声音，所以HDMI接口应用越来越广泛，同时HDMI接口的连接器体积小，现在很多工业相机也开始使用HDMI作为信号输出口。HDMI 1.2的最大视频带宽为3.96Gbps，这在工业相机中应用比较广泛，但是在消费电子领域HDMI目前已经发展到2.0版本，最大视频带宽为14.4Gbps，随着时间的推移，很多高速相机也会采用该接口作为图像输出口。HDMI接口的最大缺点就是紧固性不好，所以如果相机需要移动的话，容易导致信号接口接触不良。

3. SDI

SDI（Serial Digital Interface）是一种广播级的高清数字输入和输出端口，常用于广播电视的摄像机接口，SDI接口的传输速率上限为2.97Gbps。SDI接口采用和CVBS接口一样的BNC接口，采用单根铜轴进行信号传输，布线施工非常方便，传输距离可达300m，在最初的广播电视领域和安防领域非常受欢迎。

4. Camera Link

Camera Link 标准规范了数字摄像机和图像采集卡之间的接口，采用了统一的物理接插件和线缆定义。Camera Link 包括 Base、Medium、Full 三种规范。Camera Link Base 使用 4 个数据通道；Medium 使用了 8 个数据通道；Full 使用 12 个数据通道。Camera Link 接口的始终速率最快是 85MHz，则 Base 的有效带宽为 2Gbps；Medium 的有效带宽 4Gbps；Full 的有效带宽 5.3Gbps。最近 Camera Link 又新增加了规范 Camera Link Full+，支持 80MHz，传输 80bit 数据，带宽可达 6.4Gbps。

5. HS-Link

HS-Link 接口是由 DALSA 公司牵头定义，支持更高速的传输带宽，单一线缆为 Camera Link 的 4 倍，信号协议与 Camera Link 兼容，也可称为 Camera Link-HS。Camera Link-HS 的最大传输带宽可达 12Gpbs。

6. CoaXPress

CoaXPress 标准容许相机设备通过单根同轴电缆连接到主机，以高达 6.25Gbps 的速度传输数据，4 根线缆可达 25 Gbps。标准同轴电缆和带宽的采用，使得 CoaXPress 不仅可以引起机器视觉应用领域的兴趣，还适合广泛采用同轴电缆的医疗与安保市场的应用。

目前在视频会议领域 CVBS、VGA、DVI、HDMI、SDI 使用最广泛，在广播电视领域 CVBS、HDMI、SDI 使用最广泛，在安防领域 CVBS、SDI 使用最广泛。上述 3 个领域，大部分领域都有图像采集存储的需求，这几个领域的图像主要都是满足娱乐、欣赏、监测等需求，所以图像经过压缩之后，大部分还能满足观看的需求，而图像一旦经过压缩，数据量将大幅减少，比如常见的 1080P，30FPS 的视频，经过 H.264 算法的压缩，码率一般能控制在 8Mbps，亦即 1MB/s 量级，数据带宽很小，所以用常规的嵌入式主控芯片、ARM 等即可实现存储的需求，如果并发路数很多，则只需要用高性能的 ARM 系统或者 PC 系统即可。

第七节　视频设备网络互联协议

在计算机网络与信息通讯领域里，人们经常提及“协议”一词。互联网中常用的协议有 HTTP、TCP、IP 等。

简单来说，协议就是计算机与计算机之间通过网络通信时，事先达成的一种“约定”。这种“约定”使不同厂商的设备、不同的 CPU 以及不同操作系统组成的计算机之间，只要遵循相同的协议就能够实现通信。这就好比一个说汉语的中国人与一个说英语的外国人进行沟通，怎么也无法理解。如果两个人约定好，都说中文或英文，就可以互相沟通。协议分为很多种，每一种协议都明确界定了它的行为规范。两台计算机必须能够支持相同的协议，并遵循相同协议进行处理，才能实现相互通信。

一、TCP/IP 协议

TCP/IP 是用于因特网（Internet）的通信协议。TCP/IP 通信协议是对计算机必须遵守的规则的描述，只有遵守这些规则，计算机之间才能进行通信。

TCP（Transmission Control Protocol）和 UDP（User Datagram Protocol）协议属于传输层协议。其中 TCP 提供 IP 环境下的数据可靠传输，它提供的服务包括数据流传送、可靠性、有效流控、全双工操作和多路复用。通过面向连接、端到端和可靠的数据包发送。通俗说，它是事先为所发送的数据开辟出连接好的通道，然后再进行数据发送。而 UDP 则不为 IP 提供可靠性、流控或差错恢复功能。一般来说，TCP 对应的是可靠性要求高的应用，而 UDP 对应的则是可靠性要求低、传输经济的应用。TCP 支持的应用协议主要有 Telnet、FTP、SMTP 等；UDP 支持的应用层协议主要有 NFS（网络文件系统）、SNMP（简单网络管理协议）、DNS（主域名称系统）、TFTP（通用文件传输协议）等。TCP/IP 协议与低层的数据链路层和物理层无关，这也是 TCP/IP 的重要特点。

TCP/IP 是基于 TCP 和 IP 这两个最初的协议之上的不同的通信协议的大集合（图 3-60）。

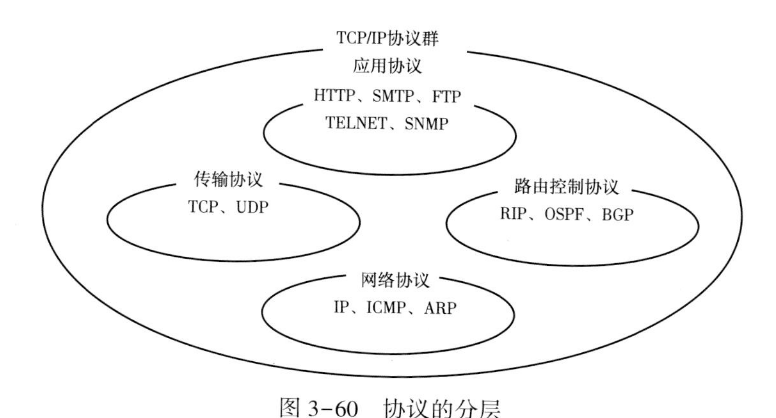

图 3-60　协议的分层

网络协议通常分不同层次进行开发，每一层分别负责不同的通信功能（见图 3-61）。一个协议族，比如 TCP/IP，是一组不同层次上的多个协议的组合。传统上来说 TCP/IP 被认为是一个四层协议，而 ISO（国际标准化组织）制定了一个国际标准 OSI 七层协议模型，OSI 协议以 OSI 参考模型为基础界定了每个阶层的协议和每个阶层之间接口相关的标准。

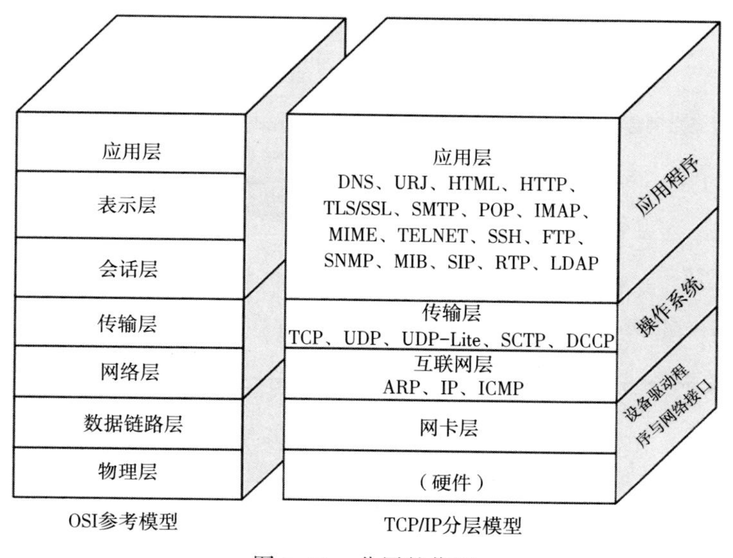

图 3-61　分层的作用

表 3–7 为各层功能的概述。

表 3–7 各层功能概述

分层名称	功能	每层功能概览
应用层	针对特定应用的协议	针对每个应用的协议 电子邮件←→电子邮件协议 远程登录←→远程登录协议 文件传输←→文件传输协议
表示层	设备固有数据格式和网络标准数据格式的转换	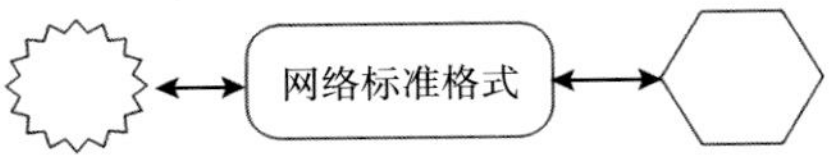 网络标准格式 接收不同表现形式的信息，如文字流、图像、声音等
会话层	通信管理。负责建立和新开通信连接(数据流动的逻辑通路)。管理传输层以下的分层	何时建立连接，何时断开连接以及保持多久的连接 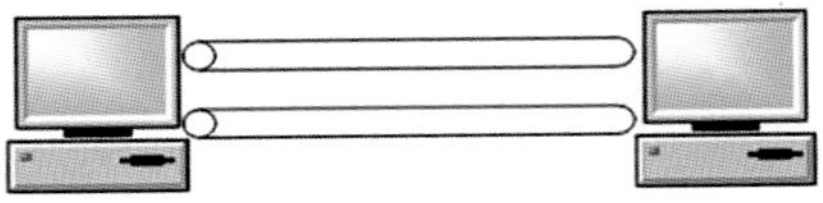
传输层	管理两个节点之间的数据传输。负责可靠传输（确保数据被可靠地传送到目标地址）	是否有数据丢失? 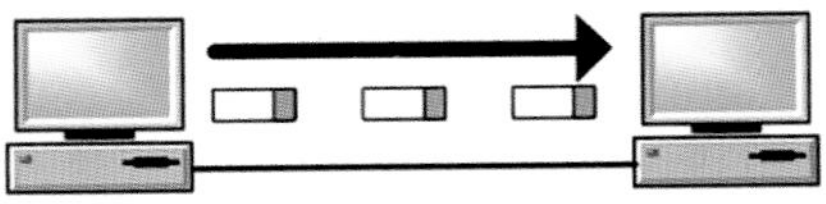
网络层	地址管理与路由选择	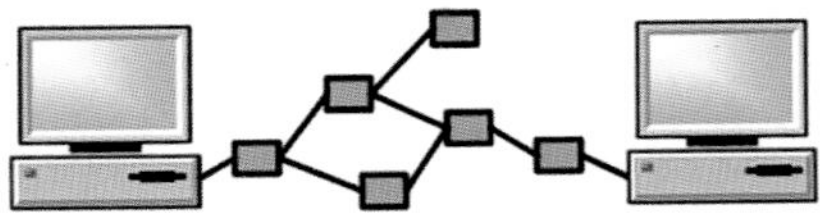
数据链路层	互联设备之间传送和识别数据帧	数据帧与比特流之间的转换 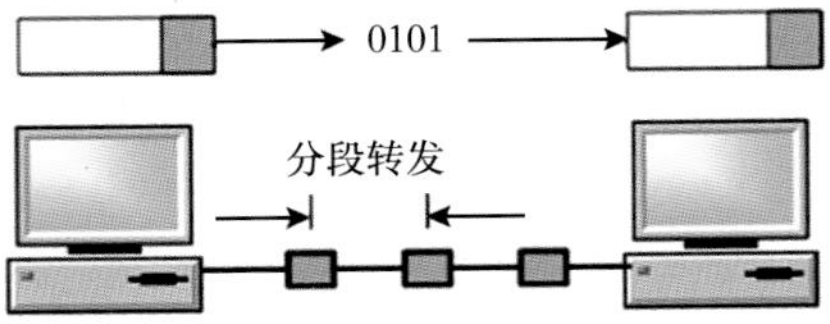 0101 分段转发
物理层	以“0”“1”代表电压的高低、灯光的闪灭。界定连接器和网线的规格	 0101 0101 比特流与电子信号之间的切换，连接器与网线的规格为 RJ45

1. 应用层

应用层为操作系统或网络应用程序提供访问网络服务的接口。应用层协议的代表包括 Telnet、FTP、HTTP、SNMP 等。

2. 表示层

将应用处理的信息转换为适合网络传输的格式，或将来自下一层的数据转换为上层能够处理的格式（数据的表示、安全、压缩）。

3. 会话层

负责建立和断开通信连接（数据流动的逻辑通路）以及数据的分割等数据传输相关的管理。

4. 传输层

管理两个节点之间的数据传输，负责可靠传输（确保数据被可靠地传送到目标地址）。

5. 网络层

地址管理与路由选择，在这一层，数据的单位称为数据包（Packet）（路由器）。

6. 数据链路层

互联设备之间传送和识别数据帧（交换机）。

7. 物理层

以“0”“1”代表电压的高低、灯光的闪灭，在这一层，数据的单位称为比特（bit）（中继器、集线器，还有常说的双绞线也工作在物理层）。

发送方由第七层到第一层，由上到下按照顺序传送数据，每个分层在处理上层传递的数据时，附上当前层协议所必需的“首部”信息。接收方由第1层到第7层，由下到上按照顺序传递数据，每个分层对接收到的数据进行“首部”与“内容”分离，再转发给上一层。最终将发送的数据恢复为原始数据（图3-62）。

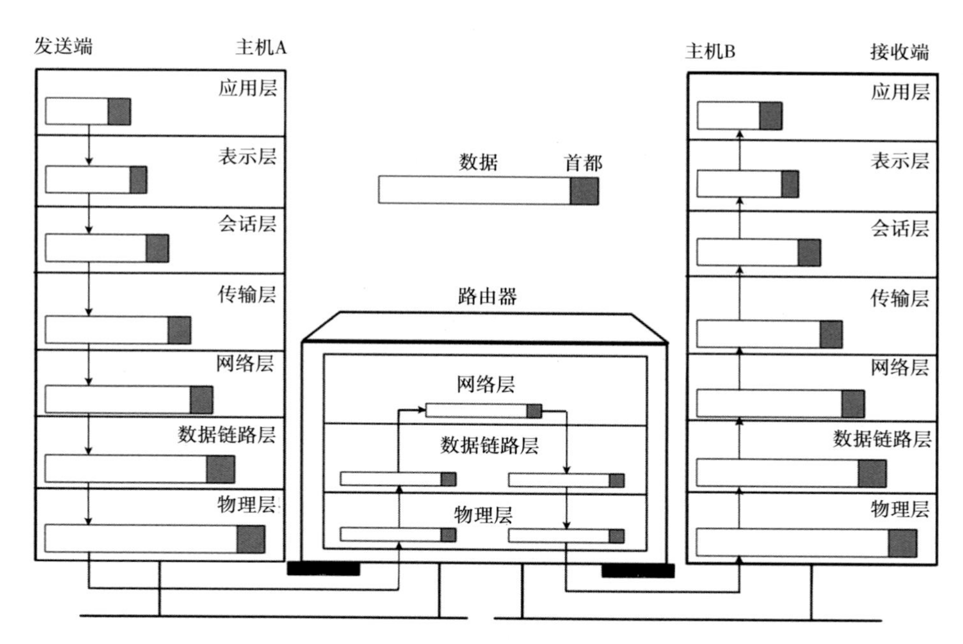

图3-62　七层通信结构图

二、RTSP

RTSP（Real Time Streaming Protocol）是TCP/UDP协议体系中的一个应用层协议，由哥伦比亚大学、网景和RealNetworks公司提交的IETF RFC标准。该协议定义了一对多应用程序如何有效地通过IP网络传输多媒体数据。RTSP在体系结构上位于RTP和RTCP之上，它使用TCP或者RTP完成数据传输，目前市场上大多数采用RTP来传输媒体数据。

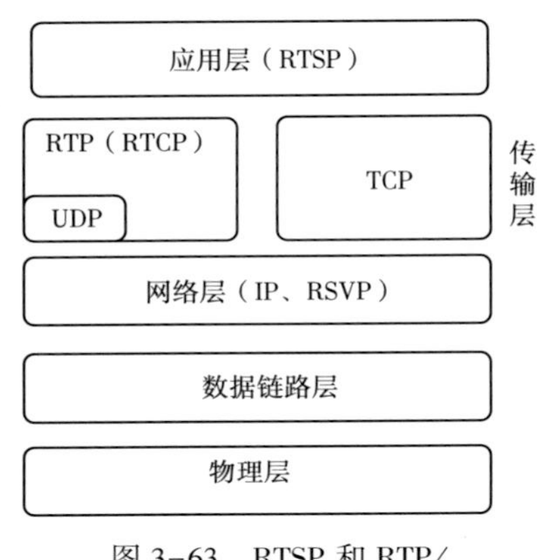

图 3-63　RTSP 和 RTP/RTCP 之间的关系

RTSP 和 RTP/RTCP 之间是什么关系呢？图 3-63 是一个经典的流媒体传输流程图。

1. 一次基本的 RTSP 操作过程

首先，客户端连接到流服务器并发送一个 RTSP 描述命令（DESCRIBE）。

流服务器通过一个 SDP 描述来进行反馈，反馈信息包括流数量、媒体类型等信息。

客户端再分析该 SDP 描述，并为会话中的每一个流发送一个 RTSP 建立命令（SETUP），RTSP 建立命令告诉服务器客户端用于接收媒体数据的端口。流媒体连接建立完成后，客户端发送一个播放命令（PLAY），服务器就开始在 UDP 上传送媒体流（RTP 包）到客户端。在播放过程中客户端还可以向服务器发送命令来控制快进、快退和暂停等。

最后，客户端可发送一个终止命令（TERADOWN）来结束流媒体会话。

由上图可以看出，RTSP 处于应用层，而 RTP/RTCP 处于传输层。RTSP 负责建立以及控制会话，RTP 负责多媒体数据的传输。而 RTCP 是一个实时传输控制协议，配合 RTP 做控制和流量监控。封装发送端及接收端（主要）的统计报表。这些信息包括丢包率，接收抖动等信息。发送端根据接收端的反馈信息做响应处理。RTP 与 RTCP 相结合虽然保证了实时数据的传输，但也有自己的缺点。最显著的是当有许多用户一起加入会话进程的时候，由于每个参与者都周期发送 RTCP 信息包，导致 RTCP 包泛滥（flooding）。

RTSP 的请求报文结构如图 3-64 所示。

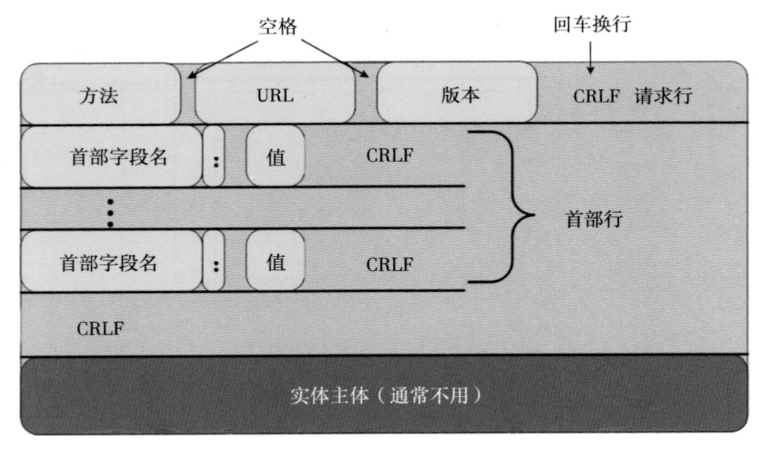

图 3-64　RTSP 请求报文结构图

2. 简单的 RTSP 消息交互过程

下文中“C”表示 RTSP 客户端，“S”表示 RTSP 服务端。

1）第一步：查询服务器端可用方法

C→S OPTION request //询问 S 有哪些方法可用。

S→C OPTION response //S 回应信息的 Public 头字段中包括提供的所有可用方法。

2）第二步：得到媒体描述信息

C→S DESCRIBE request //要求得到 S 提供的媒体描述信息。

S→C DESCRIBE response //S 回应媒体描述信息，一般是 sdp 信息。

3）第三步：建立 RTSP 会话

C→S SETUP request //通过 Transport 头字段列出可接受的传输选项，请求 S 建立会话。

S→C SETUP response //S 建立会话，通过 Transport 头字段返回选择的具体转输选项，并返回建立的 Session ID。

4）第四步：请求开始传送数据

C→S PLAY request //C 请求 S 开始发送数据。

S→C PLAY response //S 回应该请求的信息。

5）第五步：数据传送播放中

S→C 发送流媒体数据 // 通过 RTP 协议传送数据。

6）第六步：关闭会话，退出

C→S EARDOWN request //C 请求关闭会话。

S→C TEARDOWN response //S 回应该请求。

上述的过程只是标准的、友好的 rtsp 流程，但实际的需求中并不一定按此过程。其中第三和第四步是必需的。第一步，只要服务器和客户端约定好有哪些方法可用，则 OPTION 请求可以不要。第二步，如果有其他途径得到媒体初始化描述信息（比如 http 请求等等），则也不需要通过 RTSP 中的 Describe 请求来完成。

三、ONVIF 协议

1. 概述

开放型网络视频接口论坛（Open Network Video Interface Forum）是由安讯士（AXIS）公司联合博世（BOSCH）公司及索尼（SONY）公司共同成立的一个国际开放型网络视频产品标准网络接口开发论坛。

适用于局域网和广域网。将网络视频设备之间的信息交换定义为一套通用规范。使不同设备厂商提供的产品，通过统一的接口通信成为可能。

规范所涵盖的阶段：网络视频设备的部署阶段、配置阶段、实时流阶段等。

规范涉及的主要功能：设备发现、设备配置、事件、PTZ 控制、视频分析、实时媒体直播功能以及搜索、回放、录像管理功能（图 3-65）。目标，实现一个网络视频框架协议，使不同厂商生产的视频设备完全互通。

2. 协议规范实现（Web Service）

ONVIF 所有的管理和配置指令都是基于 Web Service 技术实现。Web Service 是一种服务导向架构技术，通过标准的 Web 协议提供服务，目的是保证不同平台的应用服务可互操作性。主要借助以下几个技术：

XML——用于描述数据。

SOAP（Simple Object Access Protocol）——一种轻量的简单的、基于 XML 的消息传递协议。

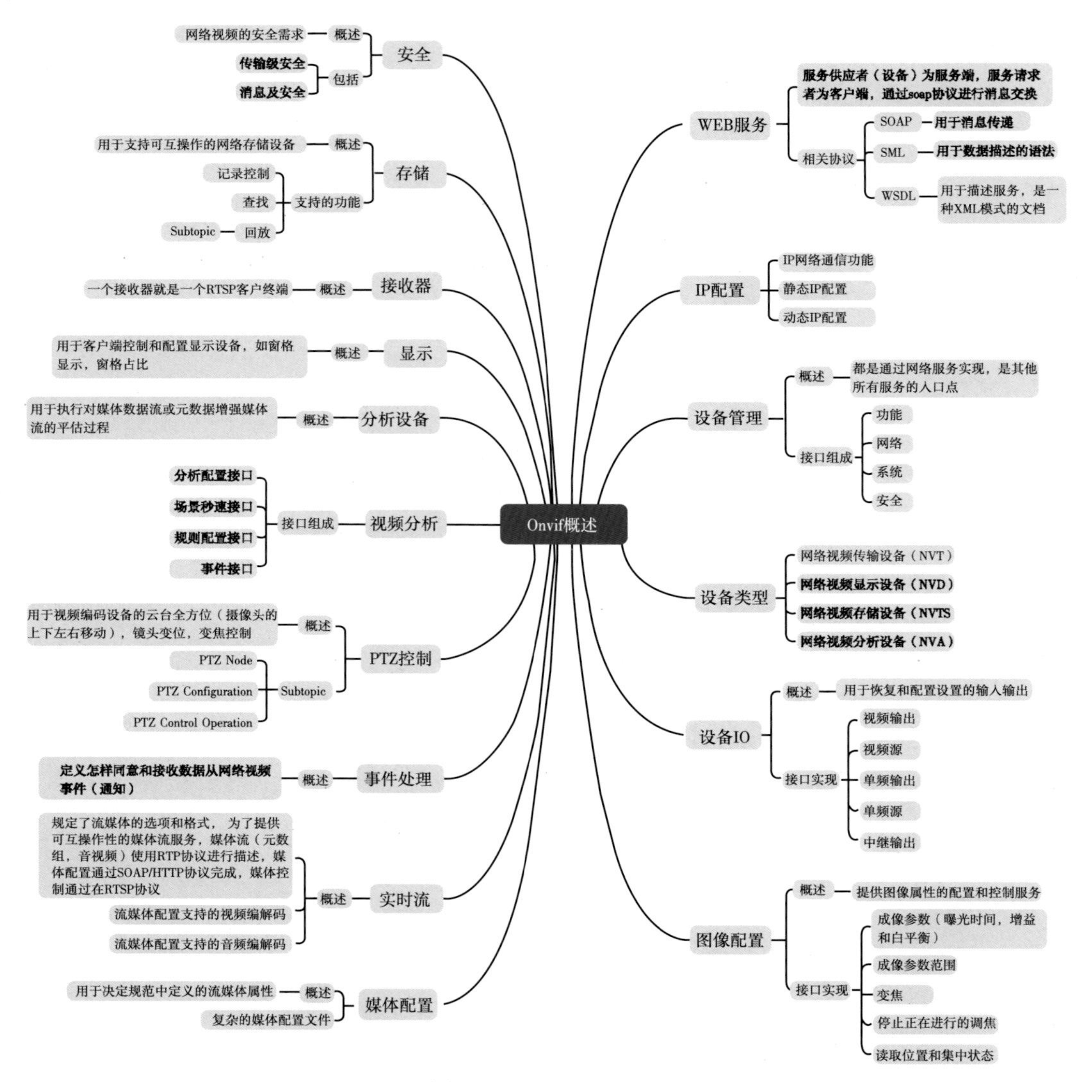

图 3-65　Onvif 概述图

WSDL——用于描述服务（是一种 XML 格式的文档）。

UDDI——统一描述、发现和集成，可以对 Web Service 进行注册和搜索。

简单讲，Web Service 是基于 XML 和 HTTP 的一种服务，客户端和服务端通信协议为 SOAP。客户端根据 WSDL 描述文档，生成一个 SOAP 请求消息，此消息以 XML 的格式嵌在 HTTP 请求的 body 体中，发送到服务端。

ONVIF 所有的媒体流传输都是借助于 RTP/RTSP 实现。

具体的协议结构如图 3-66。

由上节可知，ONVIF 的两端的信令通过 SOAP 消息传递，媒体流通过 RTP/RTSP 传输（见图 3-67）。

借助于 WS-Discovery（Web Services Dynamic Discovery）实现。

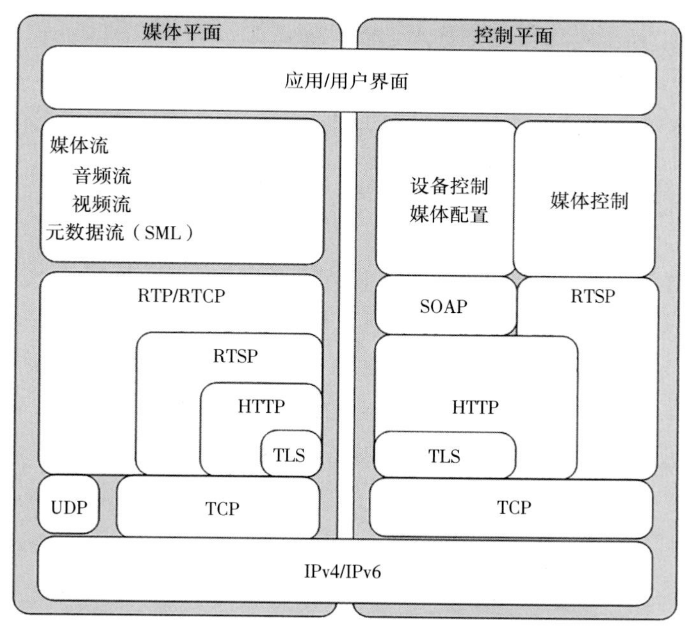

图 3-66　ONVIF 互联方式

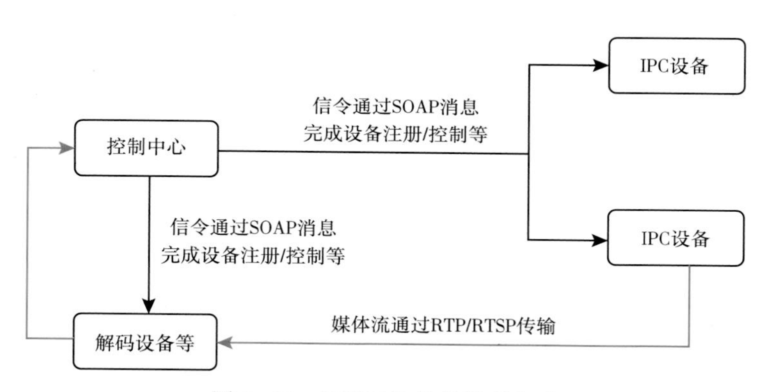

图 3-67　ONVIF 的设备发现方式

3. 两种模式

采用广播形式的 Ad-Hoc 服务发现模式，可用的目标服务的范围往往只能局限于一个较小的网络 Managed 模式。在 Managed 模式下，一个维护所有可用目标服务的中心发现代理（Discovery Proxy）被建立起来，客户端只需要将探测消息发送到该发现代理就可以得到相应的目标服务信息。

1）Ad-Hoc 服务发现模式

图 3-68 为 Ad-Hoc 服务发现模式的具体工作过程。

2）Managed 模式

图 3-69 为 Managed 模式的具体工作过程：

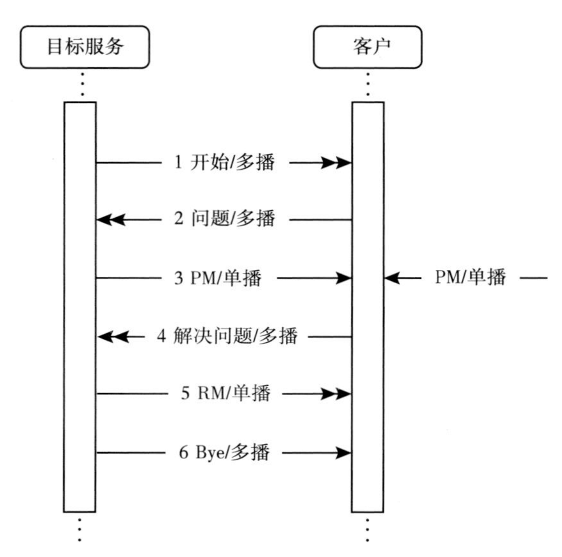

图 3-68　Ad-Hoc 服务发现模式工作流程图

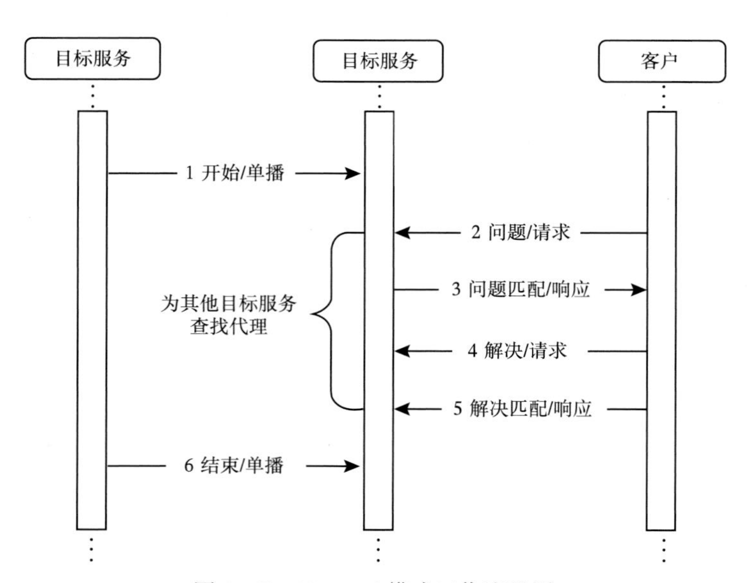

图 3-69　Managed 模式工作流程图

由于可用的服务都注册到发现代理中，客户端只需要和发现代理交互就可以进行可用服务的探测和解析，而目标服务只需要和直接和发现代理交换就能实现自身的注册。优点在于可以解除广播对网络的限制，扩大可用服务的范围。

ONVIF 实时流过程如图 3-70 所示：

媒体配置是通过 SOAP/HTTP 协议完成的。

媒体控制通过在 RFC 2326 中定义的 RTSP 协议完成，这个标准利用了 RTP、RTCP 和 RTSP 协议分析，以及基于 RTP 扩展的 JPEG 和组播控制机制。

ONVIF 协议所定义的媒体流播放遵循 RTSP 协议通信协议过程，主要由 RTSP 协议所

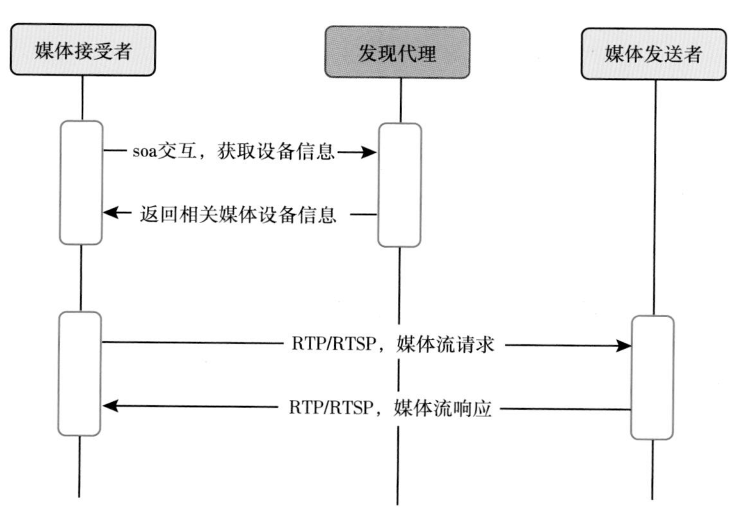

图 3-70　ONVIF 实时流过程图

定义的 OPTIONS、DESCRBIE、SETUP、PLAY、GET_PARMETER/TEARDOWN 几个命令完成服务开发的基本原则。

服务供应者（设备）实现 ONVIF 的服务或者其他服务，这些服务采用基于 XML 的 WSDL 语言进行描述，然后由 WSDL 描述的文档将作为服务请求（客户端）实现或者整合的基础（图 3-71）。

WSDL 编译工具 WSDL Compiler 的使用简化了客户端的整合过程，WSDL 编译工具能生成与平台相关的代码，也就是说，客户端开发者可以通过这些代码把 Web 服务整合到应用程序中。

以上仅对 ONVIF 相关内容进行了简单概述，具体详情可参考官网。

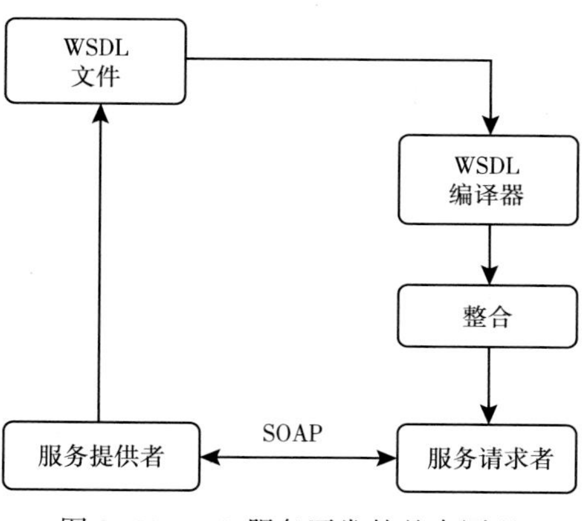

图 3-71　web 服务开发的基本原理

第四章　井下电视电缆高速传输技术

井下电视测井系统的核心技术是数字视频图像的电缆远程传输。由于数字视频图像的数据量非常大，即使经过压缩编码，要传输流畅的高质量视频仍然需要较高的信息传输速率。传统普通铠装测井电缆的信道带宽非常有限，只有100~200kHz，所以采用现代有缆网络通信技术提高普通铠装测井电缆的传输速率是VideoLog可视化测井技术的关键研究内容。

本章主要介绍电缆高速传输系统的相关基础理论、基本概念及基本原理。

第一节　通信系统基本概念

通信的目的是传输消息，通信系统的基本组成是信源（发信者）、信道（消息传输介质）和受信者。消息具有不同的形式，如符号、语音、文字、图像、视频等。

一、通信系统分类

通信系统有不同的分类方法。

1. 按通信对象的数量分类

可根据发信者和收信者数量的不同，分为点对点通信、点对多通信以及多对多通信。

点对点通信实现两个用户之间的通信，点对点通信可以是单一的专用线路两端的两个用户之间的通信（如专线电话），也可以是共享的公共网络中两个特定的用户之间的通信（如网络电话）。点对点通信的关键特征不是通信双方之间有专用的线路连接，而是发信者和收信者都是特定的单一用户。与点对点相对的是广播，广播是点对多的通信，通常要借助通信网络。多对多的通信例如网络视频会议系统。

2. 按信号特征分类

可根据信道传输的是模拟信号还是数字信号将通信系统分为模拟通信系统和数字通信系统。

模拟信号是指信号在时间和幅度上都是连续的信号；数字信号是指信号在时间和幅度上都是离散的信号。

3. 按调制方式分类

可根据是否采用调制将通信系统分为基带传输系统和频带（调制）传输系统。

基带传输系统信号在传输过程中利用原频带直接传送，而频带（调制）系统则需要经过调制进行频带变换和频谱搬移。

4. 按传输媒介分类

可根据传输媒介将通信系统分为有线（包括电缆和光纤）通信系统和无线通信系统。

5. 按信号复用方式分类

可根据多路信号对信道的复用方式分为频分复用（FDM）、时分复用（TDM）和码分复用（CDM）。

频分复用（FDM，Frequency Division Multiplexing）是用频谱搬移的方法使多路信号占据不同的频率范围而实现多路信号的同时传输。频分复用时传输信道的总带宽被划分成若干个子频带（子信道），每一个子频带传输 1 路信号。频分复用要求总频带宽度大于各个子频带之和，同时为了保证各子频带中所传输的信号不发生频谱混叠，应在各子频带之间设立隔离带。频分复用技术的特点是所有子频带传输的信号以并行的方式工作，提高了传输效率。频分复用技术除传统意义上的频分复用（FDM）外，还有一种正交频分复用（OFDM，Orthogonal Frequency Division Multiplexing），是一种频率、相位二维复用的信道复用方式，极大地提高了频带复用效率。

时分复用（TDM，Time-division Multiplexing）采用同一物理连接的不同时段来传输不同的信号，也能达到多路传输的目的。时分多路复用以时间作为信号分割的参量，故必须使各路信号在时间轴上互不重叠。时分复用就是将提供给整个信道传输信息的时间划分成若干时间片（简称时隙），并将这些时隙分配给每一个信号源使用。

时分多路复用适用于数字信号的传输。由于信道的位传输率超过每一路信号的数据传输率，因此可将信道按时间分成若干片段轮换地给多个信号使用。每一时间片段由复用的一个信号单独占用，在规定的时间内，多个数字信号都可按要求传输到达，从而也实现了在一条物理信道上传输多路数字信号。假设每个输入的数据比特率是 9.6kbps，线路的最大比特率为 80kbps ，则可传输 8 路信号。

码分复用（CDM，Code Division Multiplexing）是用一组包含正交码字的码组携带多路信号的信道复用方式，例如码分多址（CDMA，Code Division Multiple Acces）技术。码分多址各发送端用各不相同的、相互正交的地址码调制其所发送的信号。在接收端利用码型的正交性，通过地址识别（相关检测），从混合信号中选出相应的信号。一般选择虚拟随机码（PN 码）作地址码。由于 PN 码的码元宽度远小于信号码元宽度，这就使得加了虚拟随机码的信号频谱大大加宽。采用这种技术的通信系统也称为扩频通信系统。

6. 按通信方式分类

对于点对点的通信系统，按消息传送的方向与时间关系，可分为单工通信、半双工通信及全双工通信三种。

单工通信是指消息只能单方向传输的通信系统，通信双方只能发送或只能接收消息。例如无线电广播系统，电台只能发送消息，听众只能接收消息。

半双工通信是指通信双方都能收发消息，但不能同时收发消息，在某一特定的时刻，通信双发只能处于发送与接收二者之一的状态，为了保证有效的通信，通信双方只能有一方处于发送状态。例如，采用同一载频工作的无线对讲机，就是按这种方式工作。

全双工通信是指通信双方可同时进行收发消息的工作方式，例如固定电话就是最常见的全双工通信方式。

二、通信系统的主要性能指标

1. 传输速率

传输速率通常以码元传输速率来衡量。码元传输速率，又称码元速率或传码率，它被定义为每秒钟传送码元的数目，单位为“波特”，常用符号“B”表示。传输速率也可用信息传输速率来表征。信息传输速率又称为信息速率或传信率，它被定义为每秒钟传递的信息量，单位为比特/秒，或记为 bit/s（或可写成 bps）。

如果信道中传输的码元只有“0”和“1”两种，称为二进制码元，如果信道中传输的码元多于两种，称为多进制码元，码元数量 n 通常取 2 的整数次幂，即 $n=2$，4，8，16 …

n 进制码元的信息速率 R_b 与码元速率 R_B 之间的关系为

$$R_b = R_B \log_2 n \tag{4-1}$$

2. 差错率

差错率是衡量系统正常工作时，传输消息可靠程度的重要性能指标。差错率有两种表述方法，即误码率及误信率。

误码率，是指错误接收的码元数在传送总码元数中所占的比例，或者更确切地说，误码率即是码元在传输系统中被传错的概率。

所谓误信率，又称误比特率，它是错误接收的信息量在传送信息总量中所占的比例，或者说，它是码元的信息量在传输系统中被丢失的概率。

三、信道及信道容量

1. 信道

信道是信号的传输介质，信道的特性对信号的传输有重要影响。根据信道参数是否随时间变化，可将信道分为恒参信道和随参信道。有线信道属于恒参信道。测井电缆盘绕在测井绞车上，在测井过程中其等效参数受其展开长度变化的影响，但通常看作是恒参信道。

信道的特性通常用幅频特性和相频特性来表征，相频特性还经常用群延迟—频率特性来衡量。所谓群延迟—频率特性就是相位—频率特性对频率的导数。如果信道的相位—频率特性是 $\varphi(\omega)$，群延迟特性—频率特性是 $\tau(\omega)$，则有：

$$\tau(\omega) = \mathrm{d}\varphi(\omega)/\mathrm{d}\omega \tag{4-2}$$

1）理想信道

理想信道是指信号经过信道传输不产生畸变的信道，信道输入信号 $x(t)$，输出 $y(t)$，信道无失真传输条件为：$y(t) = Kx(t-t_0)$，其中 K 为常数，传输时延 t_0 为常数，其频域表示为：

$$Y(\omega) = Kx(\omega)\mathrm{e}^{-j\omega t_0} \tag{4-3}$$

信道的频域传递函数为：$H(\omega) = y(\omega)/x(\omega) = K\mathrm{e}^{-j\omega t_0}$。

信道的时域冲击响应为：$h(t) = K\delta(t-t_0)$。

理想信道传输特性：

（1）幅度—频率特性 $|H_{(\omega)}| = K$；

（2）相位—频率特性 $\varphi_{(\omega)} = \omega t_0$；

（3）群延迟—频率特性 $\tau(\omega) = \mathrm{d}\varphi(\omega)/\mathrm{d}\omega = t_0$。

理想信道的传输特性如图 4-1 所示。

频谱弥散而保持稳恒，并能改善帧同步和自适应均衡等子系统的性能。扰乱器和解扰器在数据传输系统中的位置如图 4-6 所示。

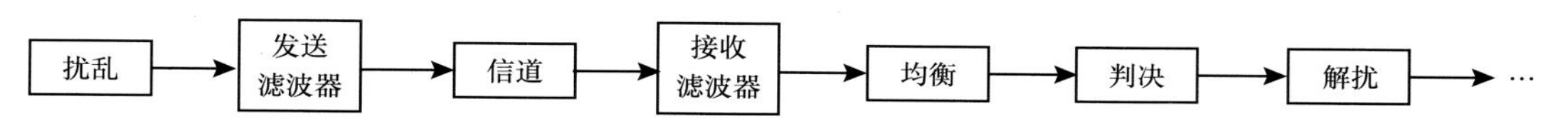

图 4-6　扰乱器与解扰器在传输系统中的位置

最简单、最常用的扰乱器可由 m 序列发生器构成。

扰乱的目的是使随机性较小的数据序列变换为长周期的信道传输序列，以增大输入序列的随机性。因此，可用一个长周期的序列叠加到输入序列上的方法实现扰码。从概率统计的观点出发，若一个周期序列足够长，则可以认为该序列是近似随机的。因此，m 序列又称为伪随机码。

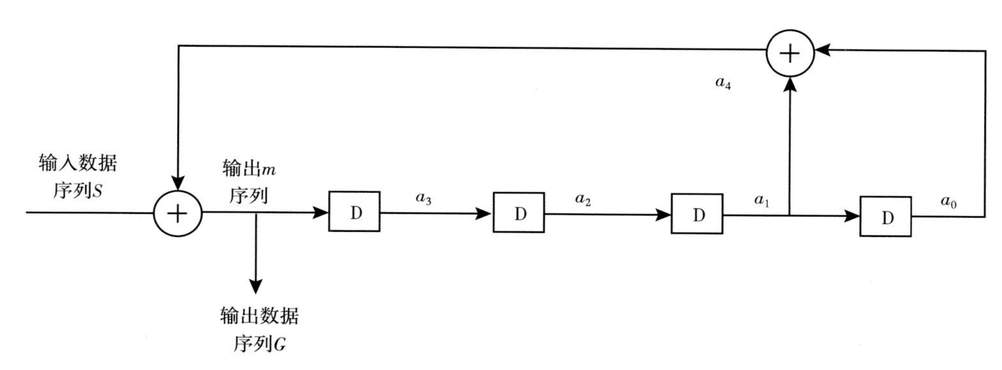

图 4-7　四级 m 序列发生器

m 序列由一个带反馈网络的线性移位寄存器产生，并具有最长的周期。图 4-7 为四级 m 序列发生器，图中，D 表示序列延时一位；$a_4=a_1+a_0$（模二加）。该移位寄存器输出的周期长度为 $2^n-1=2^4-1=15$。m 序列有如下性质。

（1）由 n 级移位寄存器产生的 m 序列，其周期为 2^n-1。

（2）除全 0 状态外，n 级移位寄存器可能出现的各种不同状态都在 m 序列的一个周期内出现，而且只出现一次。由此可知，m 序列中“1”和“0”出现的概率大致相同，“1”码只比“0”码多一个。

（3）通常将一个序列中连续出现的相同码称为一个游程。m 序列中共有 2^n-1 个游程，其中长度为 1 的游程占 1/2，长度为 2 的游程占 1/4，长度为 k 的游程占 $1/2k$。最后还有一个长度为 n 的连“1”码游程和一个长度为 n—1 的连“0”码游程。

2. 解扰

解扰器是一种前馈移位寄存器结构，其原理图如图 4-8 所示。

输入序列经扰码器后变为周期较长的伪随机序列。对数据序列进行扰码也会带来一些负面效应。在传输扰码序列过程中产生的单个误码会导致接收端解扰器误码的增殖，产生更多误码。一般说来，误码增殖系数与线性反馈移位寄存器的特征方程式项数相等。另外，当输入序列为某些伪随机码形式时，扰码器的输出可能是全“0”码或全“1”码，但实际的输入数据序列出现这种码组的可能性很小。

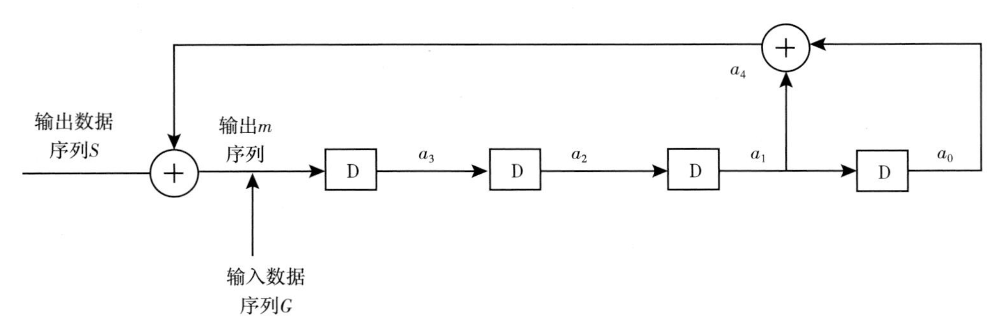

图 4-8　m 序列解扰器

第二节　数字通信系统

一、系统模型

数字通信系统框图如图 4-9 所示。在数字通信系统中，将模拟或数字信源的输出有效地变换成二进制数字序列的处理过程称为信源编码。信源编码的主要任务是提高数字信号传输的有效性，提高通信效率。

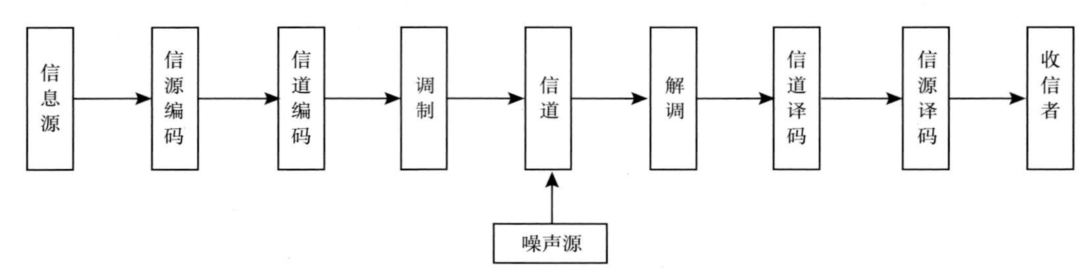

图 4-9　数字通信系统框图

由信源编码器输出的二进制数字序列称为信息序列，它被传送到信道编码器中。信道编码器在二进制信息序列中以受控方式引入一些冗余来克服信号在信道传输时遭噪声和干扰的影响，提高数据的可靠性。其基本方法是：在数字化的信息码中，按一定的规则附加一些码字，接收者根据这些附加的码字，对信息进行检验，以确定信息的准确性。

信道编码器的输出送至调制器。调制器是通信信道的接口，它将二进制信息序列映 射成信号波形。对电信号进行调制的三个基本要素是调幅、调频和调相。在模拟通信系统中，通常只是孤立地对其中某个要素进行调制，而在数字通信系统中，根据实际信道的特性综合使用几种调制手段，如正交调幅技术（QAM）、多进制移频（MFSK）键控技术和多相相移（MPSK）键控技术等，利用数字信号的离散特性对幅度、频率和相位分别进行调制。

在通信过程中，由于噪声的干扰和信号的自然损耗，为保证通信质量，必须对信号进行中继放大。在数字载波通信的传输过程中，还可利用离散特性实现各种信道复用技术，如频分复用（FDM）、时分复用（TDM）、码分复用（CDM）及时分频分混合复用（TFDM）等。由于数字信号的离散性，通过这些复用技术可以在一个公共信道上，对信息分散地进行处理。

在数字通信系统的接收端，解调器对受到噪声和干扰影响的信号波形进行处理，并将该波形还原成数字序列，该序列表示发送数据符号的估计值，输出序列进入译码器重构初始的信息序列。

由消息变换来的原始信号具有频率较低的频谱分量，在许多信道中不适宜直接传输，这就需要调制。调制就是按调制信号（基带信号）的变化规律去控制载波的某些参数，使这些参数随基带信号的变化而变化的过程。通过调制，不仅可以实现频谱搬移，把调制信号的频谱搬移到所希望的位置，即将调制信号转换成适合于信道传输或便于信道多路复用的信号，而且对系统的有效性和传输的可靠性还有着很大的影响。调制方式往往决定了一个通信系统的性能。

根据是否采用调制，可将通信系统传输方式分为基带传输和调制传输。基带传输是将未经调制的信号直接传送，如音频市内电话、数字信号基带传输等；调制传输是对各种信号变换方式后传输的总称。根据信道中所传送的是模拟信号还是数字信号，还可分为模拟调制和数字调制。模拟调制是对载波信号的参量进行连续调制，而数字调制是用载波信号的某些离散状态来表征所传送的信息。数字调制根据已调信号的频谱相对未调基带信号频谱的关系，分为线性调制和非线性调制。在线性调制中，已调信号频谱结构与基带信号频谱相同（谱结构形状是相似形），无新的频谱结构产生，仅发生了频谱搬移。在非线性调制之中，已调信号频谱已不是简单的基带信号频谱搬移，而是产生了新的频率成分。

在调制过程中，一般对载波的幅度、频率、相位三个分量进行调制。表 4-1 列出一些常用的调制方式。

表 4-1　常用的调制方式及用途

调制方式			用途
连续载波调制	线性调制	常规双边调幅（AM）	广播
		抑制载波双边带调幅（DSB）	立体声广播
		单边带调幅（SSB）	载波通信、无线电台、数传
		残留边带调幅 Q（VSB）	电视广播、数传、传真
	非线性调制	频率调制（FM）	微波中继、卫星通信、广播
		相位调制（PM）	中间调制方式
	数字调制	幅度键控（ASK）	数据传输
		频率键控（FSK）	数据传输
		相位键控（PSK、DPSK、QPSK 等）	数据传输、数字微波、空间通信
		其他高效数字调制（QAM、MSK 等）	提高频带利用率、数字微波、空间通信
脉冲调制	脉冲模拟调制	脉冲振幅调制（PAM）	中间调制方式、遥测
		脉宽调制 PDM（PWM）	中间调制方式
		脉冲相位调制（PPM）	遥测
	脉冲数字调制	脉冲编码调制（PCM）	市话、卫星、空间通信
		增量调制（DM、CVSD、DVSD 等）	军用、民用电话
		差分脉冲编码调制（DPCM）	电视电话、图像编码
		其他语言编码方式（ADPCM、APC、LPC 等）	中、低速数字电话

二、二进制数字调制

1. 二进制振幅键控（2ASK）

1）调制

振幅键控是正弦载波的幅度随数字基带信号而变化的数字调制。当数字基带信号为二进制时，则为二进制振幅键控。

二进制振幅键控信号的产生方法如图 4-10 所示，图 4-10a 是采用模拟相乘的方法实现，图 4-10b 是采用数字键控的方法实现，2ASK 调制信号由开关的通断控制，所以又称为通断键控（OOK）。

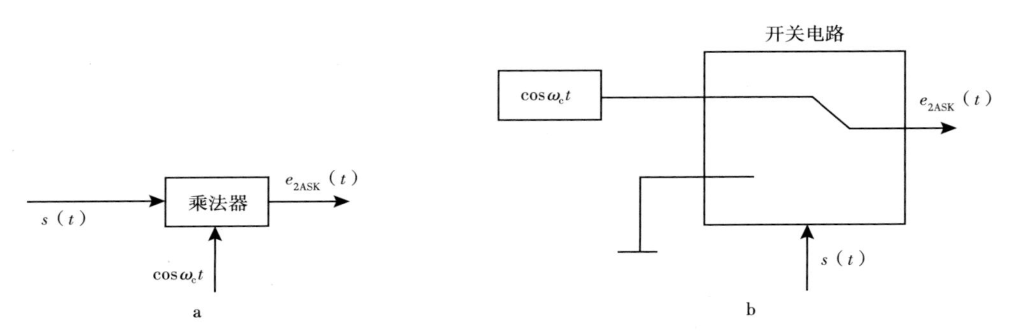

图 4-10　2ASK 信号的产生框图

设发送的二进制符号序列由“0”“1”组成，发送“0”符号的概率为 P，发送“1”符号的概率为 $1-P$。且相互独立。该二进制序列可表示为：

$$s(t)=\sum_{n}a_{n}g(t-nT_{s}) \tag{4-11}$$

其中：

$$a_{n}=\begin{cases}0，\text{发送概率为} P\\1，\text{发送概率为} 1-P\end{cases} \tag{4-12}$$

T_s 是二进制基带信号码元宽度，$g(t)$ 是持续时间为 T_s 的矩形脉冲：

$$g(t)=0\begin{cases}1，0\leqslant t\leqslant T_{s}\\1，\quad \text{其他} t\end{cases} \tag{4-13}$$

则二进制振幅键控信号可表示为：

$$e_{2ASK}(t)=\sum_{n}a_{n}g(t-nT_{s})\cos\omega_{c}t \tag{4-14}$$

图 4-11 为 2ASK 信号波形：

2）解调

对 2ASK 信号能够采用非相干解调（包络检波法）和相干解调（同步检测法），其相应原理方框图如图 4-12 所示，图 4-12a 为非相干方式，图 4-12b 为相干方式。2ASK 信号非相干解调过程的时间波形如图（4-13）所示。

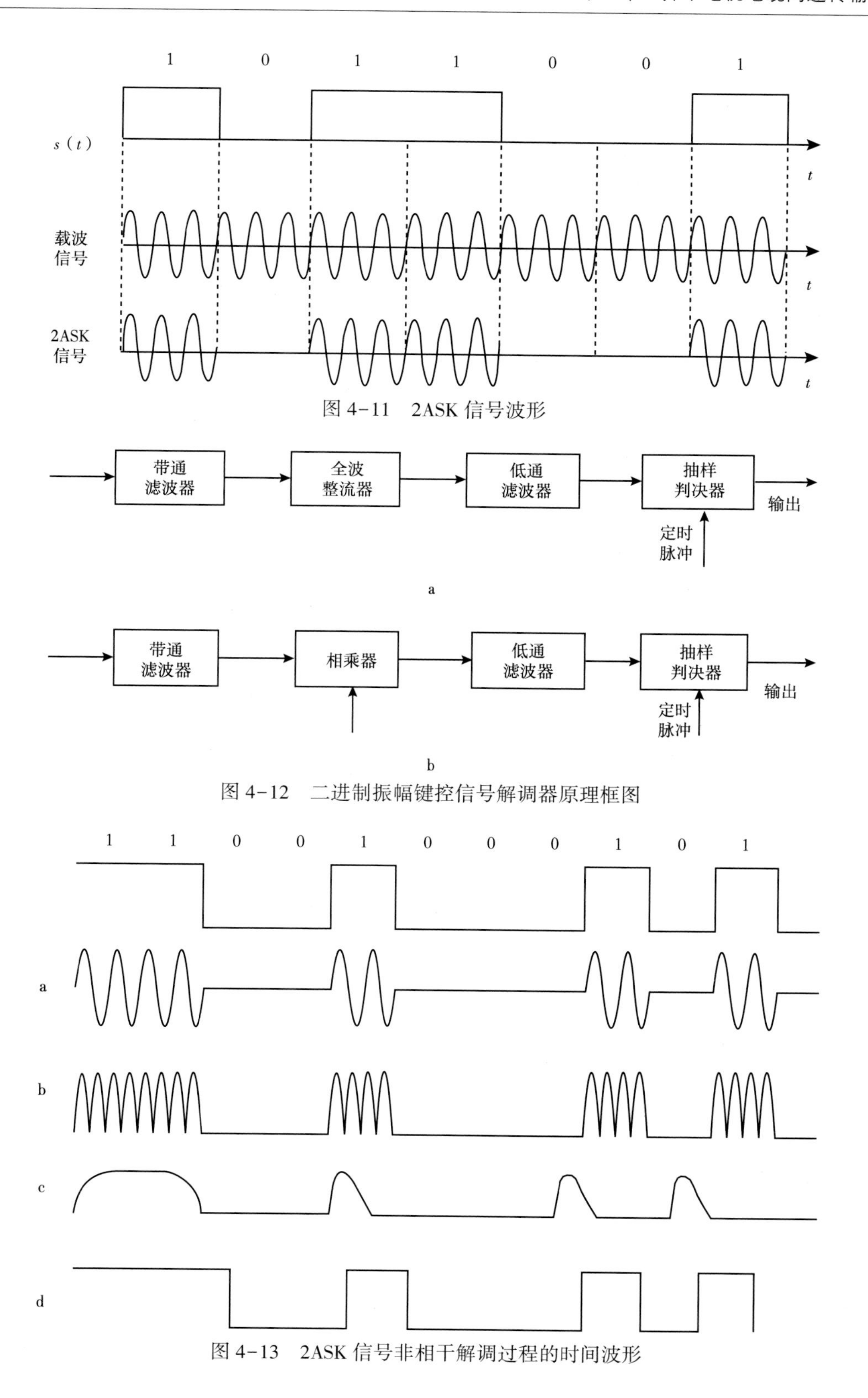

图 4-11　2ASK 信号波形

图 4-12　二进制振幅键控信号解调器原理框图

图 4-13　2ASK 信号非相干解调过程的时间波形

3）频谱和带宽

2ASK 信号的功率谱密度为：

$$
\begin{aligned}
p_{2ASK}(f) &= \frac{T_s}{16}\left[\left|\frac{\sin\pi(f+f_e)T_s}{\pi(f+f_e)T_s}\right|^2 + \left|\frac{\sin\pi(f-f_e)T_s}{\pi(f-f_e)T_s}\right|^2\right] + \frac{1}{16}[\delta(f+f_e) + \delta(f-f_e)] \\
&= \left|\frac{T_s}{16}[Sa\pi(f+f_e)T_s]\right|^2 + \frac{T_s}{16}|Sa\pi(f-f_e)T_s|^2 + \frac{1}{16}[\delta(f+f_e) + \delta(f-f_e)]
\end{aligned}
\tag{4-15}
$$

2ASK 信号的频谱宽度理论上为无穷大（图 4-14），但是由于 2ASK 信号的功率主要集中在以载波 f_c 为中心频率的第一对过零点之间，因此常取第一对过零点的带宽为传输带宽，称之为谱零点带宽。所以 2ASK 信号的带宽 B2ASK 为基带信号谱零点带宽 f_s 的两倍：

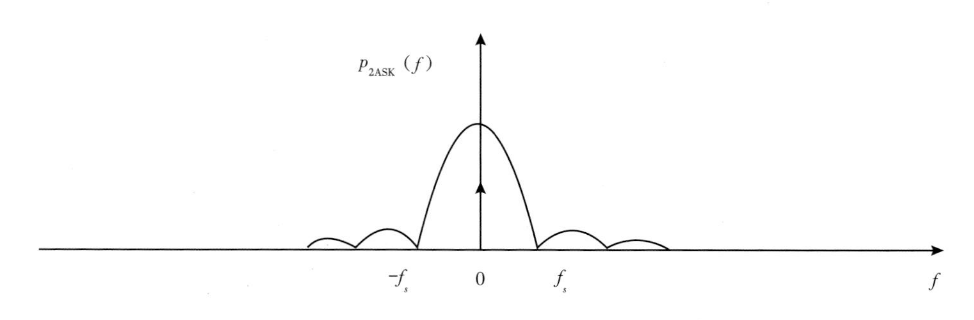

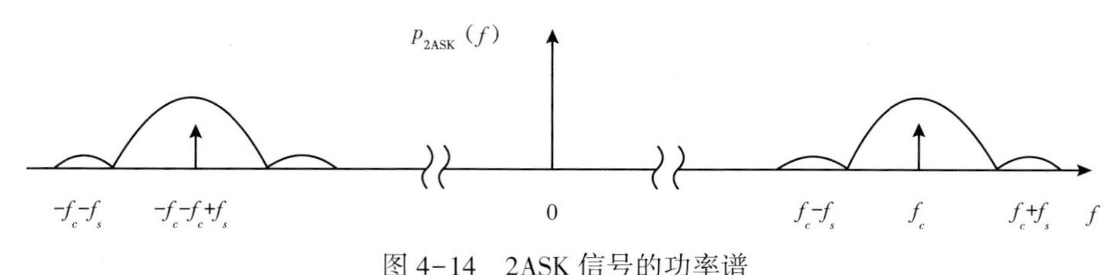

图 4-14　2ASK 信号的功率谱

$$
B_{2ASK} = 2f_s \tag{4-16}
$$

2. 二进制移频键控（2FSK）

在二进制数字调制中，若正弦载波的频率随二进制基带信号在 f_1 和 f_2 两个频率点间变化，则产生二进制移频键控信号（2FSK 信号）。其表达式为：

$$
e_{2FSK}(t) = \begin{cases} \cos\omega_1 t, & \text{发送 0 时} \\ \cos\omega_2 t, & \text{发送 1 时} \end{cases} \tag{4-17}
$$

其中，ω_1、ω_2 为两个载波的角频率。

1）调制

2FSK 信号的产生有两种方法，一种是模拟调频电路实现（图 4-15），而另一种就是数字键控法来实现（图 4-16）。

这两种方法产生 2FSK 信号的差异在于：由调频法产生的 2FSK 信号在相邻码元之间

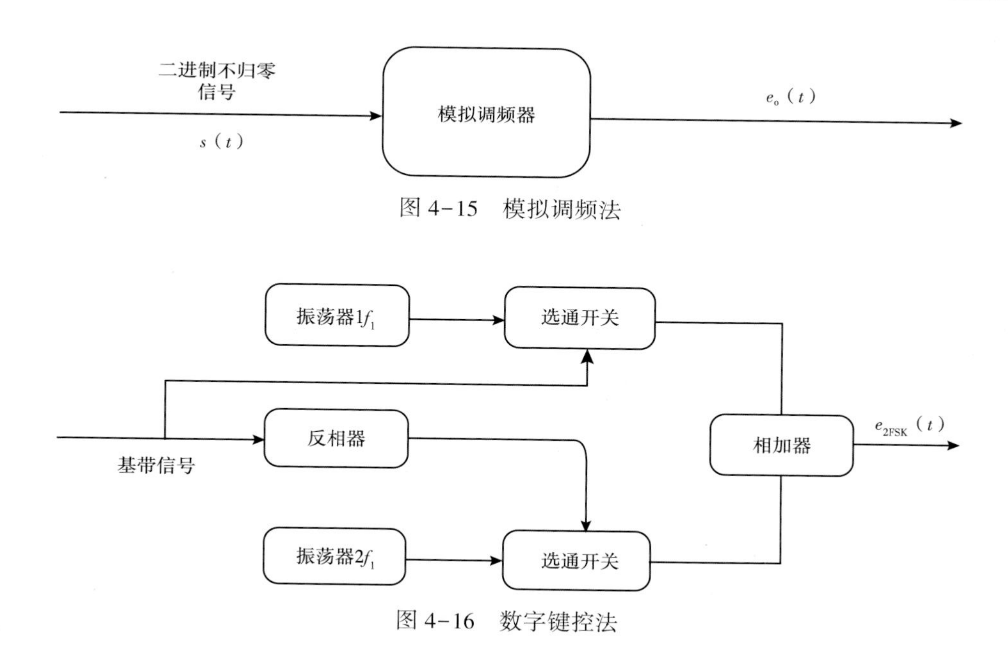

图 4-15　模拟调频法

图 4-16　数字键控法

的相位是连续变化的，这是一类特殊的 FSK，称为连续相位 FSK（CPFSK）；而键控法产生的 2FSK 信号，是由电子开关在两个独立的频率源之间转换形成，故相邻码元之间的相位不一定连续。

2）波形

连续相位 2FSK 信号的波形如图 4-17 所示。

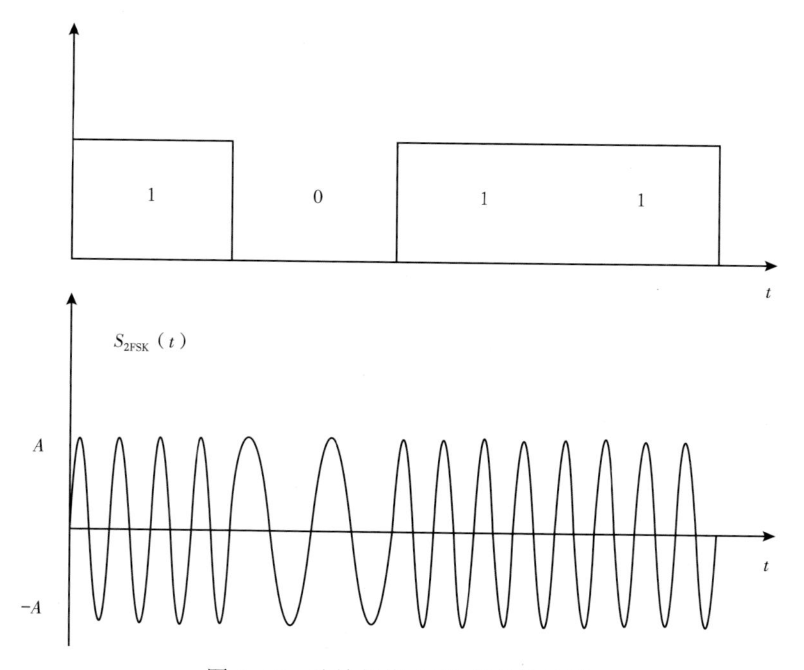

图 4-17　连续相位 2FSK 信号的波形

3）解调

2FSK 解调方法分为非相干解调（包络检波）和相干解调。其原理框图如图 4-18 和图 4-19 所示。

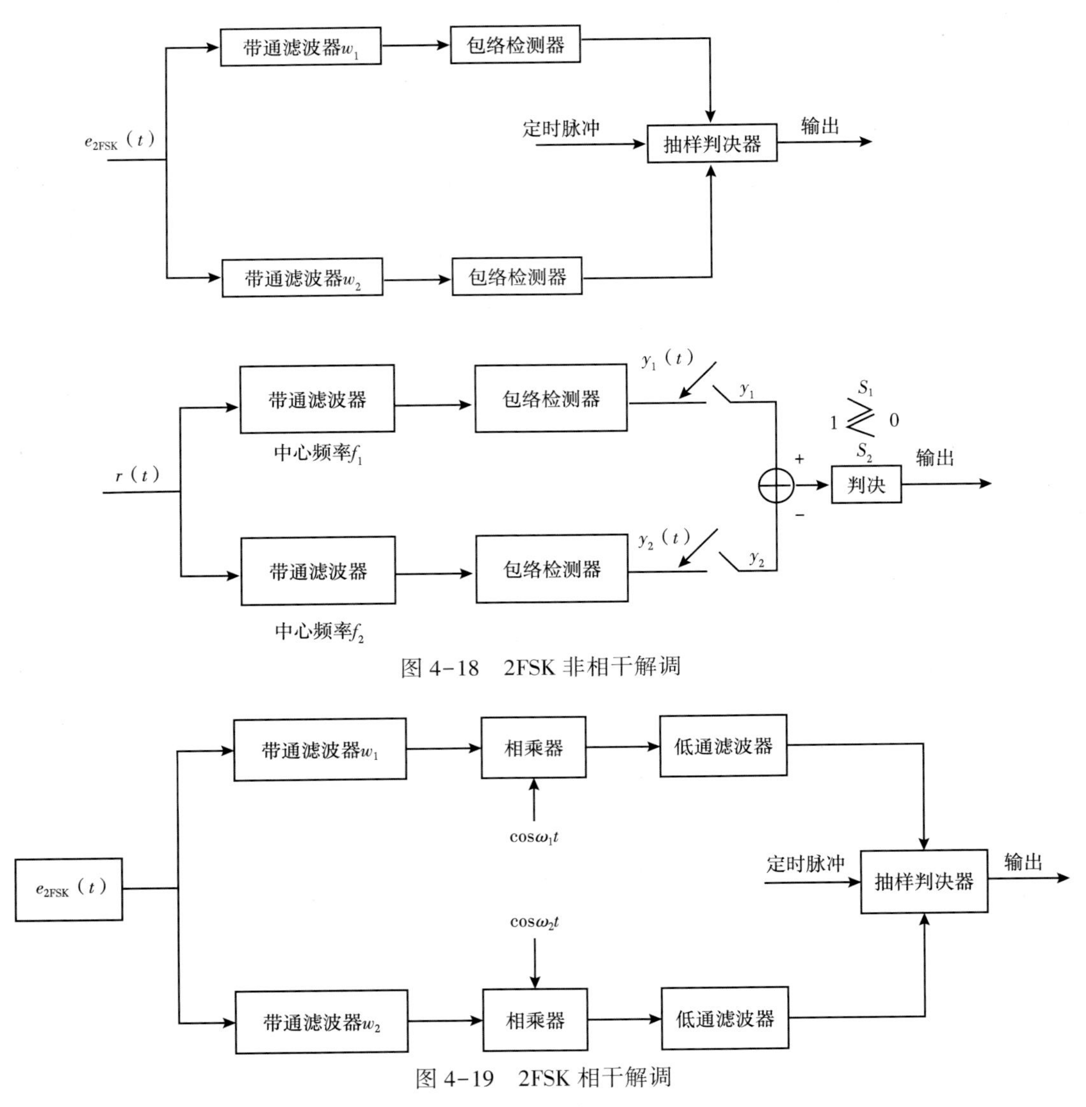

图 4-18　2FSK 非相干解调

图 4-19　2FSK 相干解调

4）频谱和带宽

2FSK 信号的功率谱由连续谱和离散谱组成。其中，连续谱由两个双边谱叠加而成，而离散谱出现在两个载频位置上（图 4-20）。

$$
\begin{aligned}
p_{2FSK} &= \frac{T_s}{16}\left[\left|\frac{\sin\pi(f+f_1)T_s}{\pi(f+f_1)T_s}\right|^2 + \left|\frac{\sin\pi(f+f_1)T_s}{\pi(f+f_1)T_s}\right|^2\right] \\
&+ \frac{T_s}{16}\left[\left|\frac{\sin\pi(f-f_1)T_s}{\pi(f+f_1)T_s}\right|^2 + \left|\frac{\sin(f+f_1)T_s}{\pi(f+f_1)T_s}\right|^2\right] \\
&+ \left[\delta(f+f_1) + \delta(f-f_1) + \delta(f+f_2) + \delta(f-f_2)\right]
\end{aligned}
\tag{4-18}
$$

态范围和带宽条件下，多进制调制的信号之间的距离变小，相应的信号判决区域也随之减小，为了保证传输的可靠性和误码率要求，对信号在信道中的畸变和抗噪声性能提出了更高的要求，多进制数字调制系统的设备复杂度相比二进制系统大大提高。可以说，多进制数字调制及其后续发展出来的QAM，DMT等高性能调制系统就是通过不断地提升系统的复杂度来换取性能的提升。

多进制数字振幅调制又称多电平调制。相较于2ASK载波幅度只有两种可能，MASK的载波幅度有M种可能。例如4MASK载波幅度有四种，8MASK载波幅度有八种等。同理，多进制数字频率调制（简称多频制）载波频率有M种，多进制数字相位调制（简称多相制）载波相位有M种。二进制数字调制和多进制数字调制信号位置及其距离如图4-31至图4-33所示。

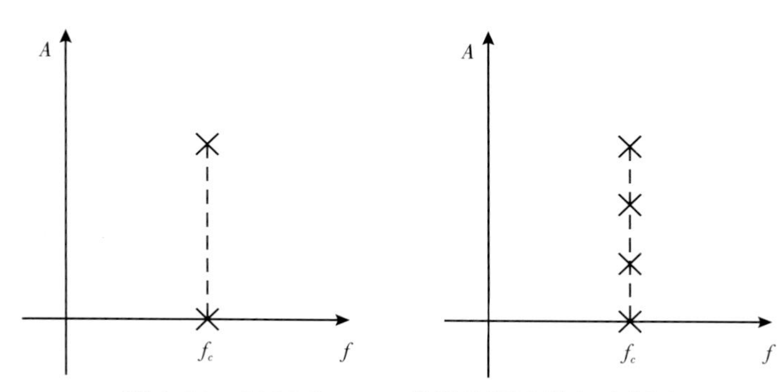

图4-31　2ASK和4ASK信号位置及距离示意图

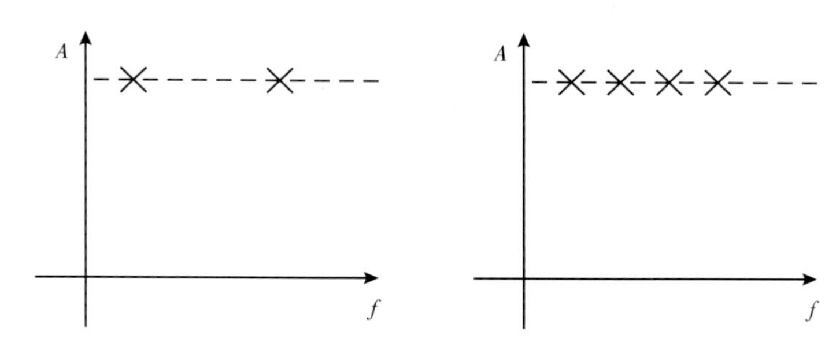

图4-32　2FSK和4FSK信号位置及距离示意图

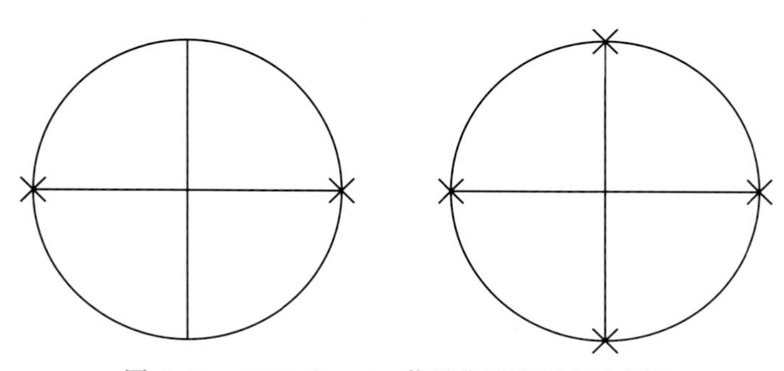
图4-33　2PSK和4PSK信号位置及距离示意图

四、振幅相位联合调制 APK

多进制数字调制只是在幅度、频率和相位其中一个维度进行信号数目的扩展，当信号数量增大时，信号间的距离变小，给接收端的信号接收判决带来困难，所以一个维度的扩展数量有限。为了进一步扩大信号数量，同时保证信号的有效距离，发展出了采用二维扩展的数字调制方法。振幅相位联合调制就是在振幅和相位两个维度进行信号扩展，在信号距离相等的情况下，APK 的信号数量可以成倍增加；在信号总数相等的情况下，APK 的信号距离可以成倍增大。同时，在提高信息传输速率和频带利用率的情况下，APK 系统的复杂度也成倍增加。

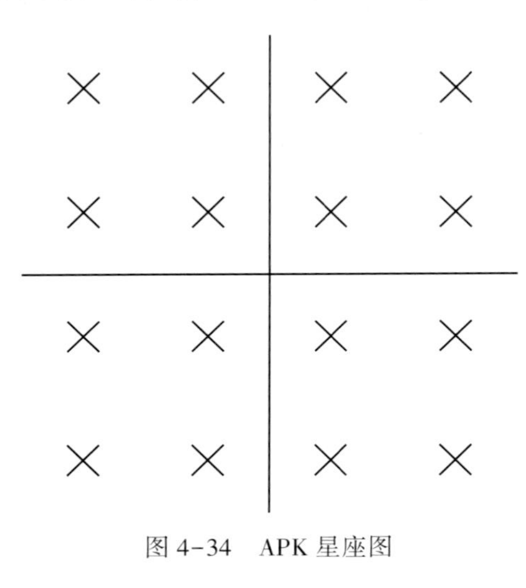

图 4-34　APK 星座图

APK 有时也被称为星座调制，因为其信号在矢量平面的分布如同星座。QAM（正交振幅调制）就是一种 APK 信号。16QAM 的星座图如图 4-34 所示。

第三节　xDSL 数据接入技术及其中的调制与编码技术

xDSL 是各种类型 DSL（Digital Subscribe Line，数字用户线）的总称，包括 ADSL、VDSL、SDSL、HDSL、SHDSL 和 ESHDSL 等。xDSL 是电信宽带网络接入发展起来的有线数据接入技术，其利用现有的铜制电话线，实现高速率、高带宽的数据接入，它采用特殊的调制技术，在保证不影响正常电话使用的前提下，利用原有的电话双绞线进行高速数据传输。

各种 DSL 技术最大的区别体现在信号传输速率和距离的不同，以及上行信道和下行信道的对称性不同两个方面。不同 DSL 的性能对比见表 4-2。

表 4-2　xDSL 性能对比

技术名称		调制方式	最大理论传输速率/Mbps		最大传输距离/km	支持线对数
			上行速率/Mbps	下行速率/Mbps		
非对称	ADSL	QAM/CAP/DMT	1	8	5	1
	VSDL	QAM/CAP/DMT	19.2	55.2	1	1
对称	HDSL	2B1Q	2.048/1.544（E1/T1）		3.4	1/2/4
	SDSL	2B1Q	1.544		6.7	1
	SHDSL	16-TCPAM	单对线 2.312		7	1/2/4
	ESHDSL	TCPAM16/32	单对线 5.6		10	1/2/4

迄今，xDSL 采用的调制解调技术仍未形成较为集中的统一标准，加之光纤数据接入技术的快速发展，其性能和成本相较于 xDSL 优势突出，基于电话线的 xDSL 数据接入技术逐渐被电信宽带接入市场抛弃，目前，xDSL 仅在某些不方便光纤铺设的特殊应用场合下使用。新一代测井电缆高速传输技术发展中，xDSL 中的高性能编码和调制技术得到了应用。

xDSL 技术中较为重要和实用的是 HDSL、ADSL 和 VDSL 技术等。HDSL 系统的线路编码方法有很多种，如 2B1Q、3B2T、4B3T、QAM 和 CAP 等，目前常用的有两种，即脉冲幅度调制编码（2B1Q，2 Binary I Quarternary）和无载波调幅调相编码（CAP，Carrierless Amplitude/Phase rrodu-lation）。ADSL 采用了 QAM、CAP 和 DMT 调制。

一、2B1Q

续载波调制中采用连续振荡波形（正弦信号）作为载波，除此之外，时间上离散的脉冲串也可以作为载波，这时的调制是用基带信号改变脉冲的某些参数而达到的，称为脉冲调制。通常，按基带信号改变脉冲参数（幅度、宽度、时间位置）的不同，脉冲调制又分为脉冲振幅调制（PAM）、脉宽调制（PDM）和脉冲相位调制（PPM）等。脉冲振幅调制即脉冲载波的幅度随基带信号变化的一种调制方式，简单地说就是按一定时间间隔对模拟信号进行采样，产生一个振幅等于采样信号的脉冲。在 PAM 调制方式中，设定 M 个电平的符号，每一符号可以代表的比特数为 N，则 $N=\log_2 M$，那么线路上的比特率就压缩为 $1/N$。容易看出，M 越大，其压缩率越大。

2B1Q 码属于基带传输的 4PAM 码，是一种无冗余度的四电平脉冲幅度调制码。它将每两个比特映像为一个四进制幅度信号，然后调制在载波上。使得线路传输的符号速率降低至比特速率的一半，频带利用率提高一倍。达到 2 bps/Hz。但是，为达到同样的误比特率，必须有较二进制传输方案更高的信噪比。表 4-3 给出 32B1Q 编码和信息流的对应关系。

表 4-3　2B1O 编码规则

第一位（符号位）	第二位（幅度位）	码元相对值
1	0	+3
1	1	+1
0	1	-1
0	0	-3

图 4-35 中，比特值的高位为线路码的比特位，而低位为幅度位。实际线路信号的脉冲，峰值为 2. 5V，这是权衡防止脉冲噪声和近端串音后的取值。

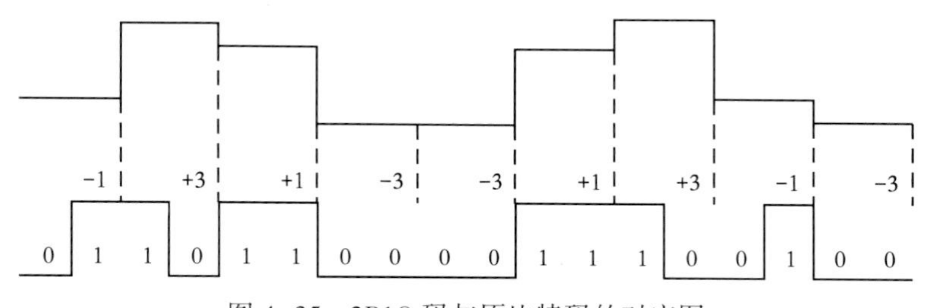

图 4-35　2B1Q 码与原比特码的对应图

2B1Q 码通过电平等级的增加而使比特率降低，这无疑是一个好处。但是，由于四级电平，判决门限就有所降低；又因发送信号的电平较高，也增加了对临近线对的电耦合干扰。

由图 4-36 可见，2B1Q 码的功率谱有以下特点：

由于 2B1Q 码是不归零码，因此功率谱中除基带（0~392kHz）以外，还存在有许多旁瓣，一直延伸至 1.5MHz 以上。392~500kHz 以上出现的许多旁瓣会引起码间干扰。

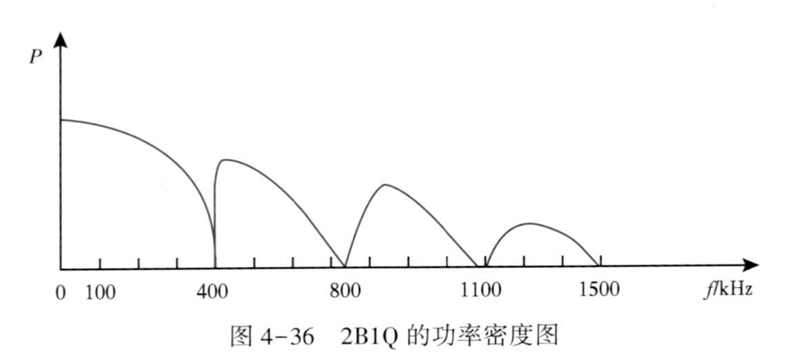

图 4-36　2B1Q 的功率密度图

2B1Q 码基带中含有较多的低频成分，易造成群时延失真，引起码间干扰。铜电缆线的有用频带的上限频率一般确定在使近端串音与介入衰耗相等的频率点上。对于线径为 0.5mm，长度约 4km 的双绞线来说，它的有用频带的上限频率约在 400kHz 处。这就限制了基带型传输码（如 2B1Q）在很高数据速率传输系统上的应用。

2B1Q 的传输特性与模拟信号在铜线上的传输特性相同。要求所用的传输线具有较好的线性幅频特性。实际应用中，通过使用高性能的自适应均衡滤波器、回波抵消器和强有力的纠错编码技术，即使在两对线或三对线上以全双工方式传送 T1（1.544Mbps）/E1（2.048Mbps）速率的数据信号，仍能使其误比特率非常低。

2B1Q 码的优点是简单成熟，但频带利用率不高，制约了传输速率的进一步提高。

二、QAM

正交幅度调制 QAM（Quadrature Amplitude Modulation）可以提高系统可靠性，且能获得较高的频带利用率，是目前应用较为广泛的一种数字调制方式。

1. QAM 的信号表示

正交幅度 QAM 源自幅度和相位联合键控 APK（Arnplitucde Phase Keying）。与 MPSK 对比可知，采用 MPSK 调制方式后，虽然系统的有效性明显提高，但可靠性却降低了，这是因为在 MPSK 体制中，随着 M 的增大，MPSK 信号相邻相位之差逐渐减小。导致信号空间中各状态点之间的最小距离逐渐减小，因而，系统噪声容限随之减小，受到干扰后，判决时更容易出错，为了提高系统的可靠性，应设法增加信号空间中各状态点之间的距离。一种普遍使用的改进方法就是幅度和相位联合键控 APK。

2. QAM 信号的时域表示

所谓 APK 就是对载波的幅度和相位同时进行调制的一种方法。APK 信号的一般表示式为

$$s_{\mathrm{APK}}(t) = \sum_{n} a_n g(t - nT_b)\cos(\omega_c t + \varphi_n) \tag{4-24}$$

式中，a_n 是基带信号第 n 个码元的幅度，可有 L 种不同的电平取值；φ_n 是第 n 个信号码元的初始相位，可有 n 种不同的相位取值；g（t）是高度为 1、宽度为 T_b 的矩形脉冲。

显然，APK 信号的可能状态数为 $l\times n$。如果 $l=n=4$，则可合成 16APK 信号。

式（4-23）可展开为：

$$s_{\text{APK}}(t)=\left[\sum_n a_n g(t-nT_b)\cos\varphi_n\right]\cos\omega_c t-\left[\sum_n a_n g(t-nT_b)\sin\varphi_n\right]\sin\omega_c t \quad (4-25)$$

令

$$x_n=a_n\cos\varphi_n$$
$$y_n=-\alpha_n\sin\varphi_n$$

则式（4-25）可写成：

$$s_{\text{APK}}(t)=\left[\sum_n x_n g(t-nT_b)\right]\cos\omega_c t-\left[\sum_n y_n g(t-nT_b)\right]\sin\omega_c t \quad (4-26)$$

可见，APK 信号可看作两个正交的幅度键控信号之和，故 APK 又称为正交幅度调制，记为 QAM。即 QAM 信号的表达式可表示为：

$$s_{\text{QAM}}(t)=x(t)\cos\omega_c t+y(t)\sin\omega_c t \quad (4-27)$$

式中

$$\begin{aligned}x(t)&=\sum_{n=-\infty}^{\infty}x_n g(t-nT_b)\\y(t)&=\sum_{n=-\infty}^{\infty}y_n g(t-nT_b)\end{aligned} \quad (4-28)$$

分别为同相和正交之路的基带信号，为了传输和检测方便，x_n 和 y_n 一般为双极性 m 进制码元，例如取为±1，±3，…，±（$m-1$）等，x_n，y_n 决定已调 QAM 信号在信号空间的 M 个坐标点。

3. QAM 信号的星座图

正交幅度调制方式通常有二进制 QAM（4QAM）、四进制 QAM（16QAM）、八进制 QAM（64QAM）、…，对应的空间信号矢量端点分布图称为星座图，如图 4-37 所示，分别有 4、16、64、…个矢量端点。由图 4-37b 可以看出，电平数 m 和信号状态 M 之间的关系是 $M=m^2$。对于 4QAM，当两路信号幅相等时，其产生、调解、性能及相关矢量均与 4PSK 相同。

利用星座可以方便地说明。当 $M>4$ 时 MQAM 比 MPSK 具有更好的抗干扰能力，下面以 $M=16$ 为例予以介绍。

图 4-38 给出了 16QAM 和 16PSK 信号的星座图，假设这两个星座图表示的信号最大功率相等，则相邻信号点的最小距离分别为

$$d_{16\text{QAM}}=\frac{\sqrt{2}A}{\sqrt{M}-1}=\frac{\sqrt{2}A}{\sqrt{16}-1}=0.471A \quad (4-29)$$

$$d_{16\text{PSK}}=2A\sin\frac{\pi}{16}=0.39A \quad (4-30)$$

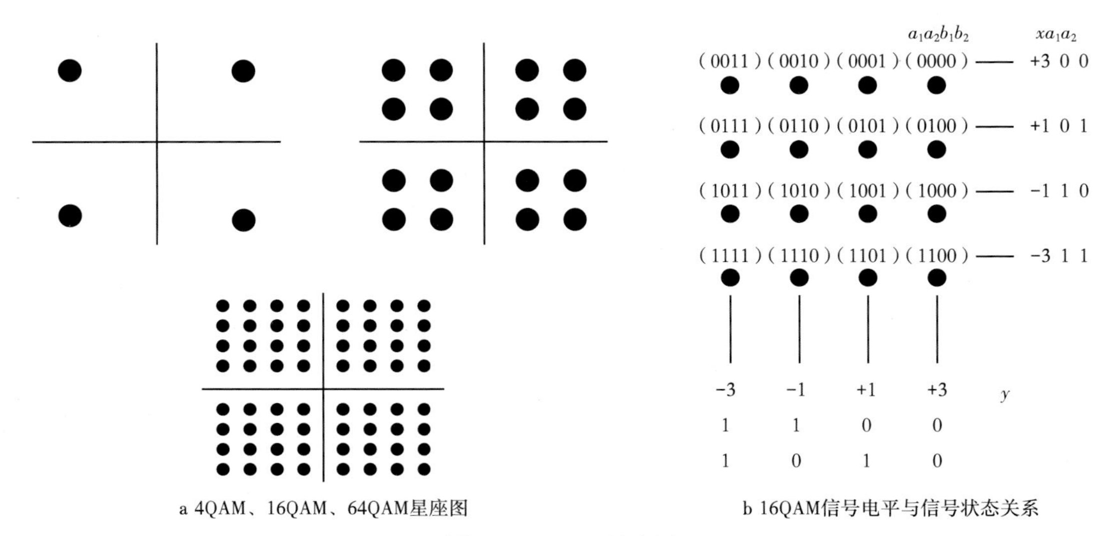

a 4QAM、16QAM、64QAM星座图　　b 16QAM信号电平与信号状态关系

图 4-37　QAM 星座图

结果表明，$d_{16QAM}>d_{16PSK}$，大约超过 1.64dB。实际上，合理地比较两星座图的最小距离应该是以平均功率相等为条件。可以证明，在平均功率相等条件下，16QAM 的相邻信号距离超过 16PSK 约 4.19dB。星座图中（图 4-38），两个信号点距离越大，在噪声干扰使星座图模糊的情况下，要求分开两个信号点越容易办到。因此，16QAM 方式抗干扰能力优于 16PSK。

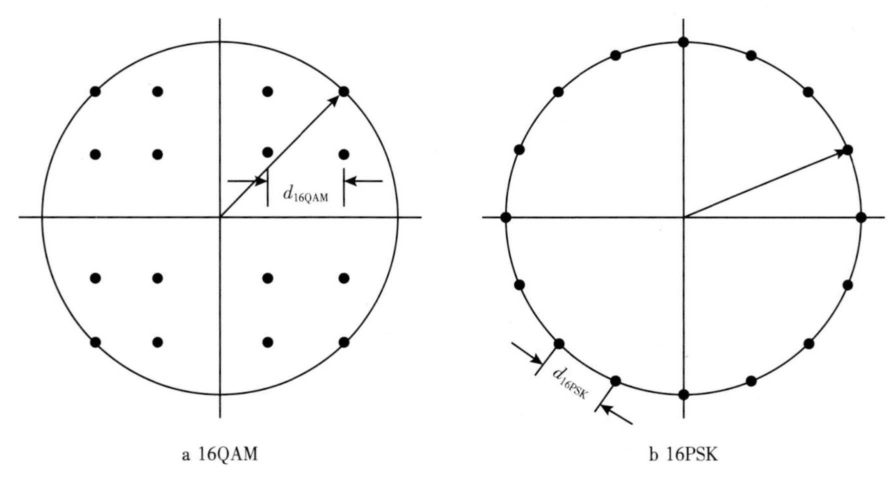

a 16QAM　　b 16PSK

图 4-38　16QAM 和 16PSK 信号的星座图

4. QAM 信号的产生和解调

QAM 的信号可以用正交调制的方法产生，信号产生原理框图如图 4-39 所示。

信号产生原理框图。图中串/并变换器将速率为 R_b 的二进制输入信息序列分成上、下两路速率为 $R_b/2$ 的二进制序列，经 2-m 电平转换变为 m 进制信号 $x(t)$ 和 $y(t)$，正交调制组合后输出 MQAM 信号。

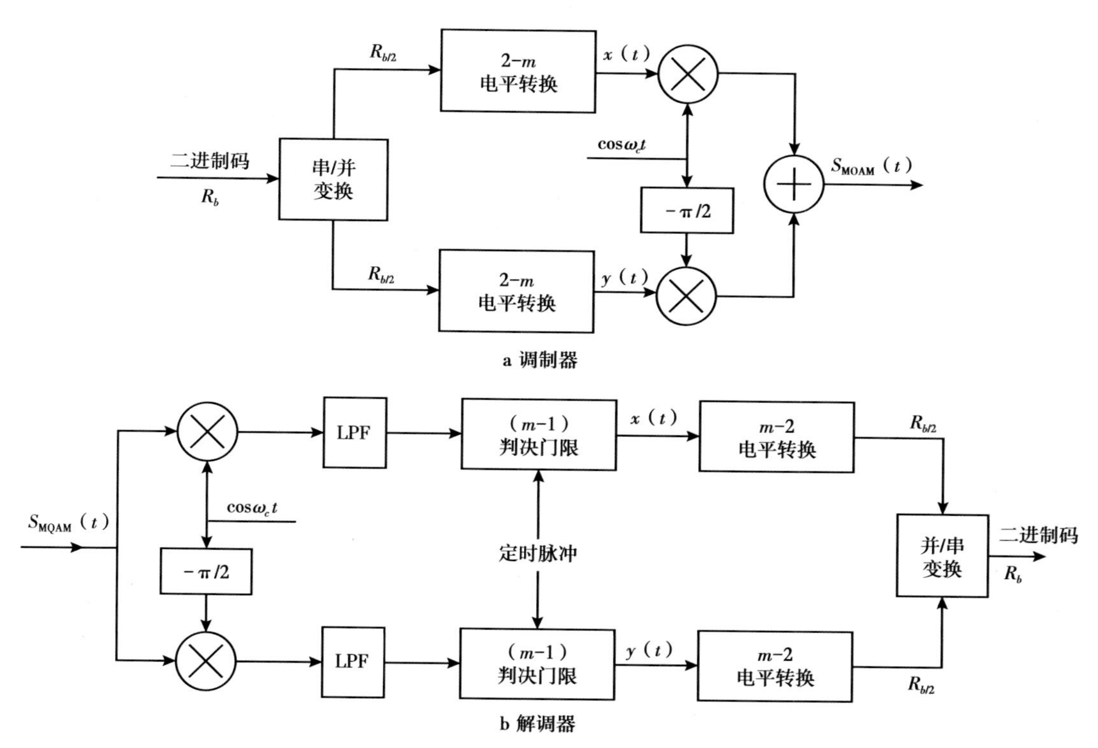

图 4-39　MQAM 信号调制解调

MQAM 信号可以采取正交相干方法解调，其原理如图 4-39b 所示。解调器首先对收到的 MQAM 信号进行正交相干解调，输出经 $m-1$ 电平判决恢复出 m 电平信号 x（t）和 y（t）。再经过 $m-2$ 电平转换，分别得到速率为 $R_b/2$ 的二进制序列，最后经并/串变换器合并后输出速率为的二进制信息。

5. QAM 的性能

对比 MPSK 和 MQAM 可以发现，MQAM 信号的带宽与 MPSK 信号的带宽相同，因此，QAM 是一种高效的信息传输方式，且 MQAM 信号具有和 MPSK 信号相同的最大频带利用率，均为 $\log_2 M$［(bit/s)/Hz］。例如，16QAM（或 16PSK）的最大频带利用率为 4［(bit/s)/Hz］。但如前所述，在信号平均功率相等的条件下，MQAM 的抗干扰性能优于 MPSK。因此，近年来 QAM 方式得到了广泛的应用。

由于 QAM 信号采用正交相干解调，所以它的噪声性能分析与 ASK 系统相干解调分析类似。图 4-40 给出了几种系统的误码率 P_e-$\bar{r}$（平均输入信噪比，即在所有码元间进行平均的输入信噪比）关系曲线。

由图（4-40）可见，在相同的平均输入信噪比情况下，随着 M 的增大，QAM 的误码率增大；当 M>4 时，MQAM 的误符率小于 MPSK 的误码率。所以，在实际通信系统中，在 M>8 的情况下，往往采用 MQAM 调制方式。

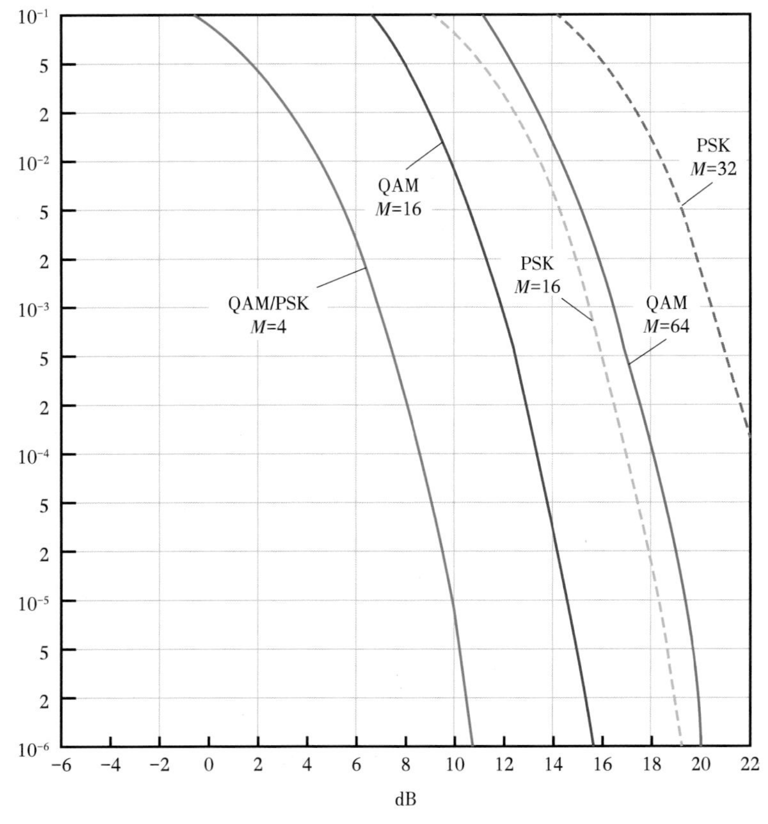

图 4-40　p_e-$\bar{r}$ 关系曲线

三、DMT

离散多频调制（DMT，Discrete Multitone）是 ADSL 所采用的线路编码标准，VDSL 也采用这种技术。离散多频调制（DMT）又称为正交频分多路复用（OFDM，Orthogonal Frequency Division Multiplexing），但一般多称为 DMT。

DMT 技术的发展比 QAM 晚得多，其基本概念也是从 QAM 衍生而来，但 DMT 为了更有效地利用传输带宽资源，将整个带宽分割成 256 个子频道，从 0Hz 开始，每个子频道占据的频率为 4. 3125kHz，总共是 1. 104MHz，如图 4-41 所示。

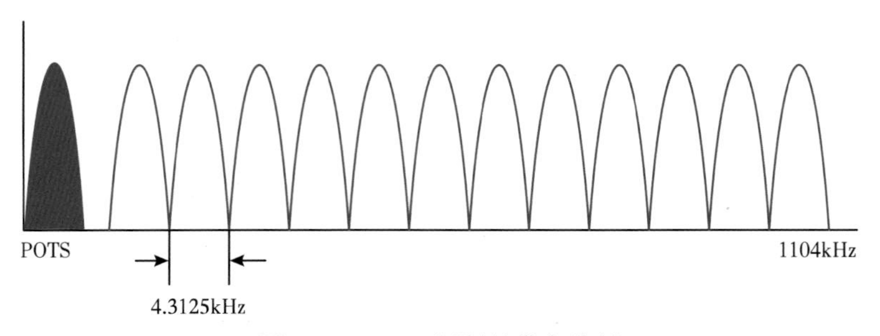

图 4-41　DMT 调制的带宽分割

与 QAM 技术不同的是，DMT 使用多个坐标编码器，理论上每个坐标编码器均对应一个子频道，而坐标图所使用的点数则视输入的数据位数而定，最少为 0，最多可达 215 个点，也就是说最多可一次将 15 个位长的数据编码、译码。输入的位数据先经过加扰之后，再分配给发送端的各坐标编码，经过编码后取得各个星座的 x 及 y 值，再合并送往接收端解调，还原成位数据在数出。图 4-42 所示为 DMT 调制的示意图。

早期多数 DMT 系统只使用 249 或 250 个子频道来装载信息，下面所叙述的只是其中一种子频道的分配方式，各厂家之间或多或少有所差别，但一般都将#1～#6 子频道保留作为 4kHz 的模拟声音频道，#6 频道为 25. 875kHz，所以多输 ADSL 服务系统的起始频率均为 25kHz。上行传输一共使用 32 个子频道，下行传输则使用 218 个子频道，上下行方向相加总和便是 250 个子频道。

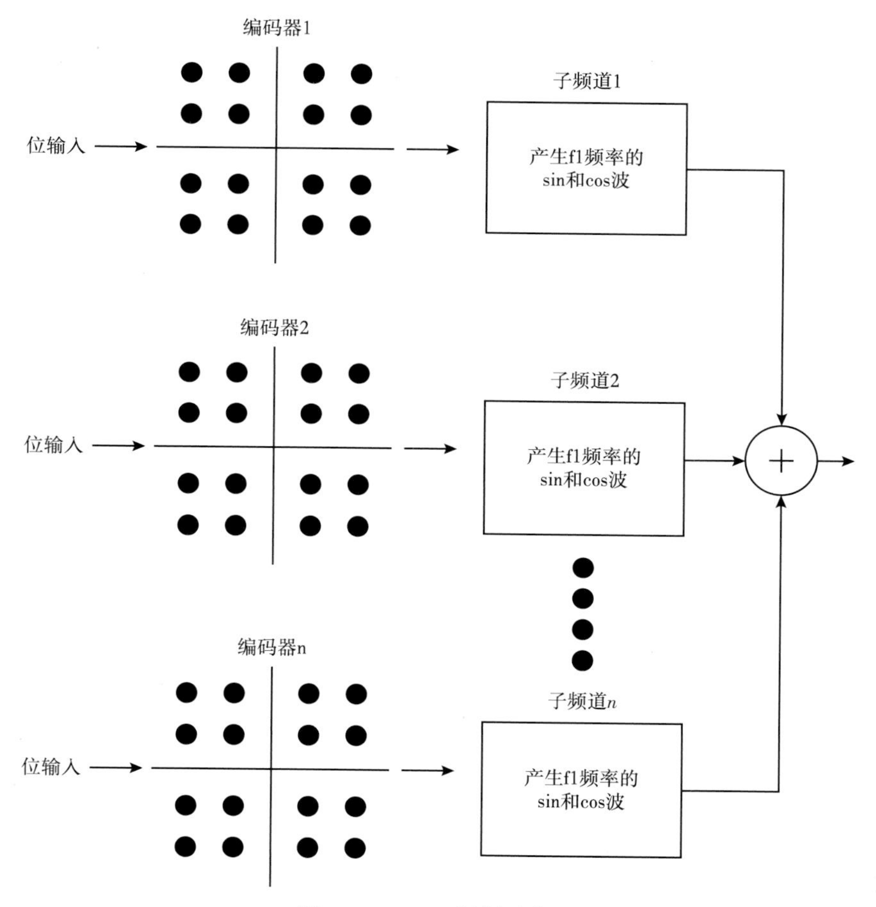

图 4-42　DMT 调制示意图

在位处理能力方面，其速度为每秒 0～16bit/Hz，亦即每一 4kHz（4. 3125kHz 号称 4kHz）的子频道最高可达 64kbps（所以，下行速度最高可为 16Mbps，即 250×64 = 16000kbps，但事实上，由于传输距离的限制以及线路质量和噪声的影响，以目前的技术是很难达到的）。低频时铜线上的衰减较少，信噪比（SNR）较好，可以达到每秒 10bit/Hz 以上，但在高频以及线路质量不良时，可能只有每秒 4bits/Hz 甚至更低。

上述的 4. 3125kHz 即为每一子频道的载波，各个子频道之间是完全独立的，在频率上也是分离的。每个子频道内的信号功率只集中在非常窄的带宽内，并且只和其相邻的子频道有重叠，每个子频道只占整个传输带宽的一小部分（图 4-43）所示。

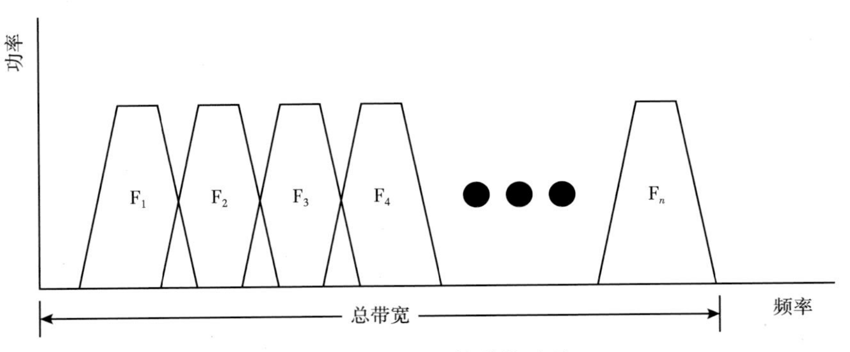

图 4-43　DMT 子频道的重叠

传输线路上高频衰减远大于低频衰减，相差约可达 10dB，此外无线电广播等电磁波也会对信号造成窄频噪声，所以当图 4-43 所示的多频调制信号在长距离铜线上传输时，其所接收的信号大致如图 4-44 所示。这样可以以自适配的方式分配各子频道的速率，以达到最佳的传输线利用率，例如让信噪比（SNR）较高的子频道传送更多的位，而关闭被窄频噪声所遮盖的子频道。

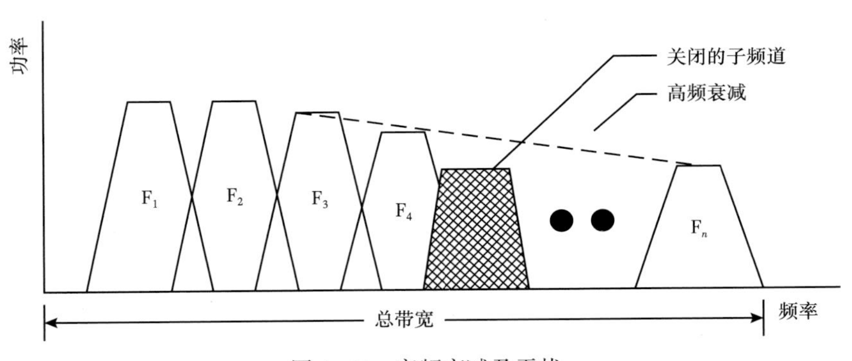

图 4-44　高频衰减及干扰

就技术及运用而言，DMT 有下列优点。

（1）更好的带宽利用率：通过自适配功能，可以调整各个子频道的速率，可以达到比单频调制高得多的频道速率。

（2）可以动态分配带宽：由于所有的传输带宽被分成许多子频道，因此可根据服务的带宽需要，灵活地决定子频道的数目，按实际需要来分配带宽。

（3）抗窄频噪声：只要关闭被窄频噪声所覆盖的子频道，就可克服窄频噪声的干扰。

（4）抗脉冲噪声：在频率上越窄的信号，在时域上便越宽，由于各子频道的带宽都非常窄，所以各子频道的信号在时域上位持续时间较长的符号，相对之下，一个短短的脉冲信号对它的影响自然非常小了。

第四节 测井电缆高速遥传系统性能比较

随着测井技术向着阵列化、成像化的方向发展，测井系统对电缆数传速率提出了越来越高的要求，国内外主要的测井公司纷纷推出了自己的新一代测井电缆高速遥传系统，采用正交载波调制和信道复用技术，提高频带利用率和传输速率。其中，中国的长城钻探公司推出的 LEAP800 测井系统，将测井电缆的传输速率提高到 1Mbps（表 4-4）。

表 4-4 几种测井电缆高速遥传系统的性能

	TECL	Wellnet	Insite-Fastlink	WTS	DTS
公司	中油测井	长城钻探	哈里伯顿	西方阿特拉斯	斯伦贝谢
地面系统	EILOG06	LEAP800	LQG-IQ	ECLIPS5700	MAXIS500
调制方式	COFDM	DMT	DMT	QAM	QAM，BPSK
均衡特性	固定	自适应	自适应	固定	自适应
最高速率	430kbps	1Mbps	上行：800kbps 下行：30kbps	上行：230kbps 下行：20.83kbps	上行：840kbps 下行：70kbps
井下总线	CAN 总线	以太网	10M 以太网	WTS 专用总线	WITM 专用总线

第五章　井下电视视频图像处理技术

油气井井下高温、高压、复杂的介质环境等导致井下电视获取的原始视频图像质量可能并不尽如人意，需要通过对图像进行后处理，以满足视觉质量以及分析测量的要求。

井下电视的图像处理主要包括改善图像画质、消除图像失真、图像变换、三维井筒建模、定量分析等。

第一节　图像处理技术基础

数字图像是连续的光信号经过传感器的采样在空间域上的表达。一张图像可以看作是由一个包含若干个像素点的矩形框组成的，试着把一张图在“画图”软件中放大会有更直观的感受（图5-1）。可以看到图像是由很多个小格子组成的，每个小格子都只有一种颜色，这是构成图像的最小单元——像素（Pixel）。不同的像素值代表了不同的颜色，像素值的值域一般在0~255之间，也就是256个整数。但0~255并不能映射到像图5-1所示的彩色图，而只是对应黑色到白色之间的灰度值（Grayscale）（图5-2）。

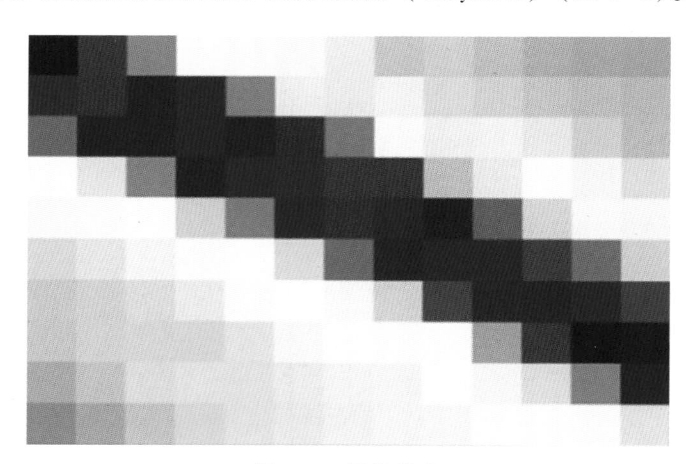

图5-1　图像放大

要表示彩色像素，首先要知道自然界常见的各种颜色光，都是由红（Red）、绿（Green）、蓝（Blue）三种颜色光按不同比例相配而成，同样绝大多数颜色也可以分解成红、绿、蓝三种色光，这就是色度学中最基本的原理——三基色原理。饱和的红、绿、蓝三种颜色叠加起来就是白色，假如其中一种颜色不那么“饱和”，则可以表示其他的颜色，调节三种颜色的比例则可以表示常看到的24位色，如（255,255,255）表示白色；（255,0,0）表示红色；（255,255,0）表示黄色等。

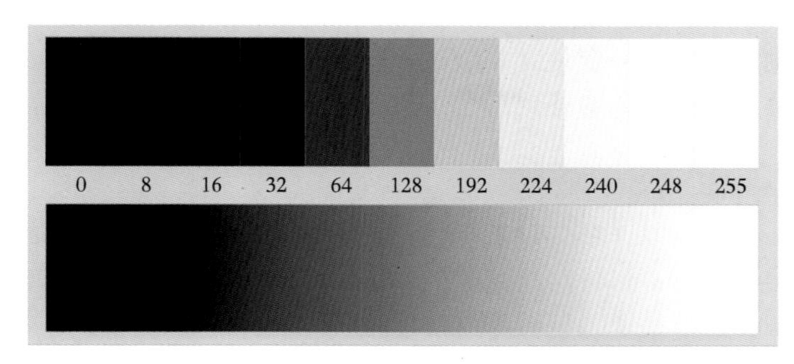

图 5-2 灰度渐变图

一、颜色空间及其变换

颜色是人对光的感知，也是图像呈现给人类视觉最为直接的感知特征。世界上不存在两片相同的叶子，每个人对颜色的界定都有些许差异，因此人眼对颜色的区分是相对主观的，所以要采用相对客观的方法对颜色进行界定。颜色空间是用数学方法形象化表示颜色的一种量化手段，以确定的数值来描述颜色在图像中的分布，人们用它来界定不同的颜色。

颜色空间（又称颜色模型），即以特定规范标准为约束，借助某种通常可接受方式对颜色予以阐明，其本质是三维坐标系统和颜色子空间的抽象模型的体现，所看到的颜色都可以由颜色模型产生，每一种颜色都与颜色空间中的单个点相对应，不同颜色空间只是从不同的角度去衡量同一个对象。

1. RGB 颜色空间

RGB 颜色空间由三基色（图 5-3）红色（Red），绿色（Green）和蓝色（Blue）构成。三种颜色可以进行不同比例调配，相互叠加而生成其他颜色。在一幅 RGB 图像中，每个像素点由三个颜色分量构成，也可以被看成是三幅灰度图像。而一幅灰度图像有 256 个亮度等级（灰度级）。所以，这里的三种颜色相互叠加就能形成 1760 万种颜色，也就是“真彩色”。

通常用彩色立方体对 RGB 加以图解，如图 5-4 所示，图中对所有数据进行了归一化，

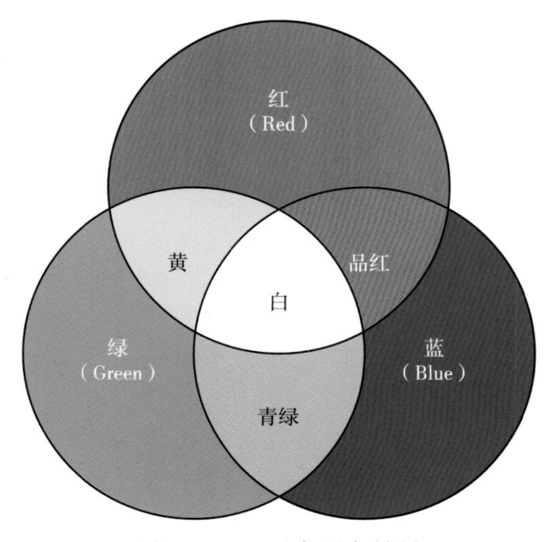

图 5-3 三基色混色效果

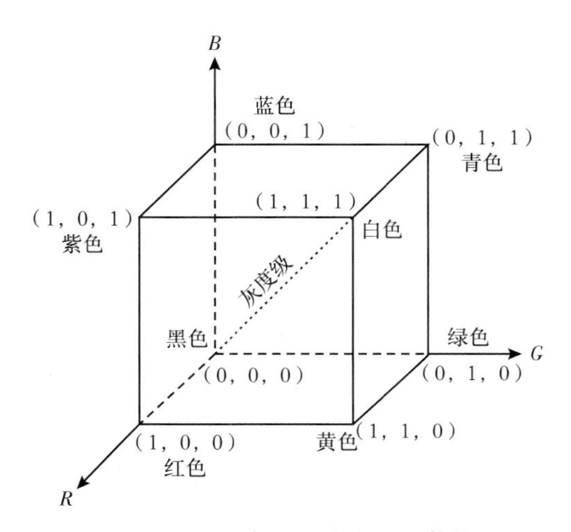

图 5-4 RGB 颜色空间彩色立方体模型

取值范围为［0,1］。原点是黑色，对角顶点（1,1,1）是白色，原点和对角的连接线为灰度级。位于坐标轴三个顶点分别是（1,0,0）为红色、（0,1,0）为绿色、（0,0,1）为蓝色，剩下的三个顶点为三原色的补色，（1,1,0）为黄色、（1,0,1）为紫色，（0,1,1）为青色。

2. HSV 颜色空间

HSV 颜色空间是一种基于感知的颜色模型。它将彩色信号分为三种属性：分别是色调 H（Hue）、饱和度 S（Saturation）、明度 V（Value）。色调表示从一个物体反射过来的或透过物体的光波长，也就是说，色调是由颜色的名称来辨别的，如红、黄、蓝；饱和度是颜色的深浅，如深红、浅红；明度是颜色的明暗程度。

HSV 颜色空间反映了人观察色彩的方式，具有两个显著的特点：明度分量与图像的彩色信息无关。“色调”和“饱和度”分量与人感受颜色的方式是紧密相连的。

归一化的 RGB 模型中，R、G、B 这三个分量值在［0,1］之间，对应的 HSV 模型中的 H、S、V 分量可以由 R、G、B 表示为：

$$
\begin{aligned}
V &= \frac{1}{3}(R+G+B) \\
S &= 1-\frac{3}{(R+G+B)}[\min(R,\ G,\ B)] \\
H &= \arccos\left\{\frac{[(R-G)+(R-B)]/2}{[(R-G)^2+(R-G)(G-B)]^{\frac{1}{2}}}\right\}
\end{aligned}
\tag{5-1}
$$

3. HSI 颜色空间

HSI 颜色空间是从人的视觉系统出发，用色调（Hue）、色饱和度（Saturation）和亮度（Intensity）来描述色彩。它的三种属性和 HSV 很相似。色调表示人的感官对不同颜色的感受，如红色、绿色、蓝色等，它也可以表示一定范围的颜色，如暖色、冷色等；饱和度表示颜色的纯度，饱和度越大，颜色看起来就会越鲜艳；亮度是颜色的明亮程度。

将 RGB 转换成 HIS 的公式如下：

$$
\begin{aligned}
H &= \begin{cases} 0, & B \leqslant G \\ 360-\theta, & B > G \end{cases} \\
\theta &= \arccos\left\{\frac{[(R-G)+(R-B)]/2}{[(R-G)^2+(R-G)(G-B)]^{\frac{1}{2}}}\right\} \\
S &= 1-\frac{3}{(R+G+B)}[\min(R,\ G,\ B)] \\
I &= \frac{1}{3}(R+G+B)
\end{aligned}
\tag{5-2}
$$

4. CMYK 颜色空间

CMYK 颜色空间是一种减色模型，主要适用于印刷油墨和调色剂等实体物质产生颜色的场合，如彩色印刷领域。C 表示青色、M 表示品红色、Y 表示黄色、而 K 表示黑色。实际上在 CMYK 颜色空间之前，就有了 CMY 颜色空间，彩色图像的每个像素值都已经归一化到区间［0，1］，将 RGB 转换成 CMY 的公式如式（5-3）所示。

理论上，青色、品红和黄色可以吸收所有的颜色并产生黑色。但是，在打印时，由于油墨杂质的加入，它只能产生土灰色，因此，必须加入黑色（K）才能产生真正的黑色。从而出现了 CMYK 颜色空间，也就是人们常说的“四色印刷”。

$$\begin{aligned} C &= 1 - R \\ M &= 1 - G \\ Y &= 1 - B \end{aligned} \tag{5-3}$$

5. YUV 颜色空间

YUV 是一种欧洲电视系统所采用颜色编码方法，其中 Y 分量表示明亮度（Luminance 或 Luma），而 U 分量和 V 分量表示的是色度（Chrominance 或 Chroma）。YUV 与 RGB 之间的转换公式见式（5-4）。

$$\begin{bmatrix} Y \\ U \\ V \end{bmatrix} = \begin{bmatrix} 0.299 & 0.587 & 0.114 \\ -0.299 & -0.587 & 0.886 \\ 0.701 & -0.587 & -0.114 \end{bmatrix} \begin{bmatrix} R \\ G \\ B \end{bmatrix}$$

$$\begin{cases} Y = 0.299R + 0.587G + 0.114B \\ U = -0.147R - 0.289G + 0.426B \\ V = 0.615R - 0.515G - 0.100B \end{cases} \tag{5-4}$$

$$\begin{cases} R = Y + 1.14V \\ G = Y - 0.39U - 0.58V \\ B = Y + 2.03U \end{cases}$$

6. YC_bC_r 颜色空间

与 YUV 彩色空间具有数字等价性的 YC_bC_r 颜色空间是在以演播室质量标准为目标的 CCIR601 编码方案中采用的彩色表示模型，它的亮度信息是用分量 Y 来表示，而彩色信息是用两个色差分量 C_b 和 C_r 来表示。C_b 分量表示蓝色分量与某一参考值的差，C_r 分量表示红色分量与某一参考值的差。YC_bC_r 是在计算机系统中应用最多的成员之一，其应用领域很广泛，JPEG、MPEG 均采用此类型编码。

YC_bC_r 与 RGB 之间的转换公式如下：

$$\begin{bmatrix} Y \\ C_b \\ C_r \end{bmatrix} = \begin{bmatrix} 16 \\ 128 \\ 128 \end{bmatrix} + \begin{bmatrix} 0.299 & 0.587 & 0.114 \\ -0.299 & -0.587 & 0.886 \\ 0.701 & -0.587 & -0.114 \end{bmatrix} \begin{bmatrix} R \\ G \\ B \end{bmatrix}$$

$$\begin{cases} Y = 0.257R + 0.564G + 0.098B + 16 \\ C_b = -0.148R - 0.291G + 0.439B + 128 \\ C_r = 0.439R - 0.368G - 0.071B + 128 \end{cases} \tag{5-5}$$

$$\begin{cases} R = 1.164Y + 1.196C_r - 222.912 \\ G = 1.164Y - 0.391C_b - 0.813C_r + 135.488 \\ B = 1.164Y + 2.018C_b - 276.928 \end{cases}$$

二、图像格式

图像格式即计算机存储图片文件的格式，常见的存储格式有 BMP、JPG、PNG、GIF、TIFF、EPS 等。由于数码相机拍下的图像文件很大，储存容量却有限，因此图像通常都会经过压缩再储存。网络上的图像格式多种多样，在此文中主要介绍当前主流的几种常见图像格式。

1. BMP 图像文件格式

典型的 BMP 图像文件由三部分组成：（1）位图文件头数据结构，它包含 BMP 图像文件的类型、显示内容等信息；（2）位图信息数据结构，它包含有 BMP 图像的宽、高、压缩方法；（3）定义颜色等信息。BMP 是一种与硬件设备无关的图像文件格式，它采用位映射存储格式，除了图像深度可选以外，不采用其他任何压缩。因此，BMP 文件所占用的空间很大。BMP 文件的图像深度可选 1bit、4bit、8bit 及 24bit，BMP 文件存储数据时，图像的扫描方式是按从左到右，从下到上的顺序。

BMP 格式保存为 ARGB8888 格式。由于 BMP 文件格式是 Windows 环境中交换与图有关的数据的一种标准，因此在 Windows 环境中运行的图形图像软件都支持 BMP 图像格式。它包括 Windows 在内的多种操作系统图像展现的终极形式，能够被多种 Windows 应用程序所支持。这种格式的特点是包含的图像信息较丰富，BMP 不进行压缩，并可以直接还原 16 进制和 2 进制代码，但由此导致了它与生俱来的缺点——占用磁盘空间过大。正因如此，目前 BMP 在单机上比较流行。网络上使用非常少。

2. JPEG 文件格式

JPEG 是 Joint Photographic Experts Group（联合图像专家组）的缩写，文件后缀名为“. jpg”或“. jpeg”，是最常用的图像文件格式，由一个软件开发联合会组织制定，是一种有损压缩格式，能够将图像压缩在很小的储存空间，图像中重复或不重要的资料会被丢失，因此容易造成图像数据的损伤。尤其是使用过高的压缩比例，将使最终解压缩后恢复的图像质量明显降低，如果追求高品质画面，不宜采用过高压缩比例。但是 JPEG 压缩技术十分先进，它用有损压缩方式去除冗余的图像数据，在获得极高的压缩率的同时能展现十分丰富生动的画面，换句话说，就是可以用最少的磁盘空间得到较好的图像品质。而且 JPEG 是一种很灵活的格式，具有调节图像质量的功能，允许用不同的压缩比例对文件进行压缩，支持多种压缩级别，压缩比率通常在 10:1 到 40:1 之间，压缩比越大，品质就越低；相反地，压缩比越小，品质就越好。比如可以把 1. 37MB 的 BMP 位图文件压缩至 20. 3kB。当然也可以在图像质量和文件尺寸之间找到平衡点。JPEG 格式压缩的主要是高频信息，对色彩的信息保留较好，适合应用于互联网，可减少图像的传输时间，可以支持 24bit 真彩色，也普遍应用于需要连续色调的图像。

JPEG 格式是目前网络上最流行的图像格式，是可以把文件压缩到最小的格式，在 Photoshop 软件中以 JPEG 格式储存时，提供 11 级压缩级别，以 0~10 级表示。其中 0 级压缩比最高，图像品质最差。即使采用细节几乎无损的 10 级质量保存时，压缩比也可达 5:1。以 BMP 格式保存时得到 4. 28MB 图像文件，在采用 JPG 格式保存时，其文件仅为 178kB，压缩比达到 24:1。经过多次比较，采用第 8 级压缩为存储空间与图像质量兼得的最佳比例。

JPEG2000 作为 JPEG 的升级版，其压缩率比 JPEG 高约 30%左右，同时支持有损和无损压缩。JPEG2000 格式有一个极其重要的特征在于它能实现渐进传输，即先传输图像的轮廓，然后逐步传输数据，不断提高图像质量，让图像由朦胧到清晰显示。此外，JPEG2000 还支持所谓的“目标区域”特性，可以任意指定影像上目标区域的压缩质量，还可以选择指定的部分先解压缩。JPEG2000 和 JPEG 相比优势明显，且向下兼容，因此可取代传统的 JPEG 格式。JPEG2000 即可应用于传统的 JPEG 市场，如扫描仪、数码相机等，又可应用于新兴领域，如网络传输、无线通信等。

但是从长远来看，JPG 随着带宽的不断提高和存储介质的发展，它也应该是一种被淘汰的图片格式，因为有损压缩对图像会产生不可恢复的损失。所以经过压缩的 JPG 图片一般不适合打印，在备份重要图片时也最好不要使用 JPG。还有，JPG 也不如 GIF 图像那么灵活，它不支持图形渐进、背景透明，更不支持动画。

3. GIF 文件格式

GIF（Graphics Interchange Format）的原义是“图像互换格式”，是 CompuServe 公司在 1987 年开发的图像文件格式。GIF 文件的数据，是一种基于 LZW 算法的连续色调的无损压缩格式。其压缩率一般在 50%左右，它不属于任何应用程序。目前几乎所有相关软件都支持它，公共领域有大量的软件在使用 GIF 图像。

GIF 图像文件的数据是经过压缩的，而且是采用了可变长度等压缩算法。所以 GIF 的图像深度从 1bit 到 8bit，即 GIF 最多支持 256 种色彩的图像。GIF 格式的另一个特点是其在一个 GIF 文件中可以存多幅彩色图像，如果把存于一个文件中的多幅图像数据逐幅读出并显示到屏幕上，就可构成一种最简单的动画。GIF 解码较快，因为采用隔行存放的 GIF 图像，在边解码边显示的时候可分成四遍扫描。第一遍扫描虽然只显示了整个图像的 1/8，第二遍的扫描后也只显示了 1/4，但这已经把整幅图像的概貌显示出来了。在显示 GIF 图像时，隔行存放的图像会给人感觉到它的显示速度似乎要比其他图像快一些。

GIF 图像分为静态 GIF 和动画 GIF 两种，支持透明背景图像，适用于多种操作系统，“体型”很小，网上很多小动画都是 GIF 格式。其实 GIF 是将多幅图像保存为一个图像文件，从而形成动画，所以归根到底 GIF 仍然是图片文件格式。尽管 GIF 图像有些缺点，但这种格式仍在网络上大行其道，这和 GIF 图像文件短小、下载速度快、可用许多具有同样大小的图像文件组成动画等优势是分不开的。

4. PNG 图像文件格式

PNG（Portable Network Graphics）的原名为“可移植性网络图像”，是网上接受的最新图像文件格式。PNG 能够提供长度比 GIF 小 30%的无损压缩图像文件。它同时提供 24 位和 48 位真彩色图像支持以及其他诸多技术性支持。由于 PNG 非常新，所以目前并不是所有的程序都可以用它来存储图像文件，Photoshop 不但可以处理 PNG 图像文件，也可以用 PNG 图像文件格式存储。

PNG 是 20 世纪 90 年代中期开始开发的图像文件存储格式，其目的是替代 GIF 和 TIFF 文件格式，同时增加一些 GIF 文件格式所不具备的特性。流式网络图形格式（Portable Network Graphic Format，PNG）名称来源于非官方的“PNG's Not GIF”，是一种位图文件（Bitmap File）存储格式，读成“ping”。PNG 用来存储灰度图像时，灰度图像的深度可多到 16 位，存储彩色图像时，彩色图像的深度可多到 48 位，并且还可存储多到 16 位的 α

通道数据。PNG 使用从 LZ77 派生的无损数据压缩算法。PNG 文件格式保留 GIF 文件格式的下列特性：

（1）使用彩色查找表（也称为调色板），可支持 256 种颜色的彩色图像。

（2）流式读/写性能（Stream Ability）：图像文件格式允许连续读出和写入图像数据，这个特性很适合于在通信过程中生成和显示图像。

（3）逐次逼近显示（Progressive Display）：这种特性可使在通信链路上传输图像文件的同时就在终端上显示图像，把整个轮廓显示出来之后逐步显示图像的细节，也就是先用低分辨率显示图像，然后逐步提高它的分辨率。

（4）透明性（Transparency）：这个性能可使图像中某些部分不显示出来，用来创建一些有特色的图像。

5. TIFF 图像文件格式

TIFF（Tag-mage File Format）图像文件是由 Aldus 和 Microsoft 公司为桌上出版系统研制开发的一种较为通用的图像文件格式。TIFF 格式灵活易变，其主要定义了四类不同的格式，如表 5-1 所示。

表 5-1　TIFF 四种格式说明

类型	适用范围
TIFF-B	适用于二值图像
TIFF-G	适用于黑白灰度图像
TIFF-P	适用于带调色板的彩色图像
TIFF-R	适用于 RGB 真彩图像

TIFF 是现存图像文件格式中最复杂的一种，具有扩展性、方便性、可改性，可以提供给 IBMPC 等环境中运行、图像编辑程序、支持多种编码方法，其中包括 RGB 无压缩、RLE 压缩及 JPEG 压缩等。TIFF 图像文件由三个数据结构组成，分别为文件头、一个或多个称为 IFD 的包含标记指针的目录以及数据本身。

TIFF 图像文件中的第一个数据结构称为图像文件头或 IFH。这个结构是一个 TIFF 文件中唯一的、有固定位置的部分；IFD 图像文件目录是一个字节长度可变的信息块，Tag 标记是 TIFF 文件的核心部分，在图像文件目录中定义了要用的所有图像参数，目录中的每一目录条目就包含图像的一个参数。

6. TGA 格式

TGA 格式（Tagged Graphics）是由美国 True vision 公司为其显示卡开发的一种图像文件格式，文件后缀为“. tga”，已被国际上的图形、图像工业所接受。TGA 格式支持压缩，使用不失真的压缩算法，其结构比较简单，属于一种图形、图像数据的通用格式，在多媒体领域有很大影响，是计算机生成图像向电视转换的一种首选格式。

TGA 图像格式最大的特点是可以做出不规则形状的图形、图像文件。一般图形、图像文件都为四方形，若需要有圆形、菱形甚至是镂空的图像文件时，TGA 展现出更强的适用性。

第二节　图像增强

图像增强的定义并没有明确规定，一般来说，图像增强是有目的地强调图像的整体或局部特性，同时削弱或去除某些不需要的信息的处理方法。例如针对某一图像，改善其颜色、亮度和对比度等，将原来不清晰的图像变得清晰或强调某些感兴趣的特征，扩大图像中不同物体特征之间的差别，抑制不感兴趣的特征，提高图像的视觉效果。图像增强的主要目的是使处理后的图像对某种特定的应用，比原始图像更适合，处理的结果使图像更适合于人的视觉特性或机器的识别系统。

传统的图像增强技术已经被研究了很长时间，现有的方法可大致分为三类（图 5-5）。

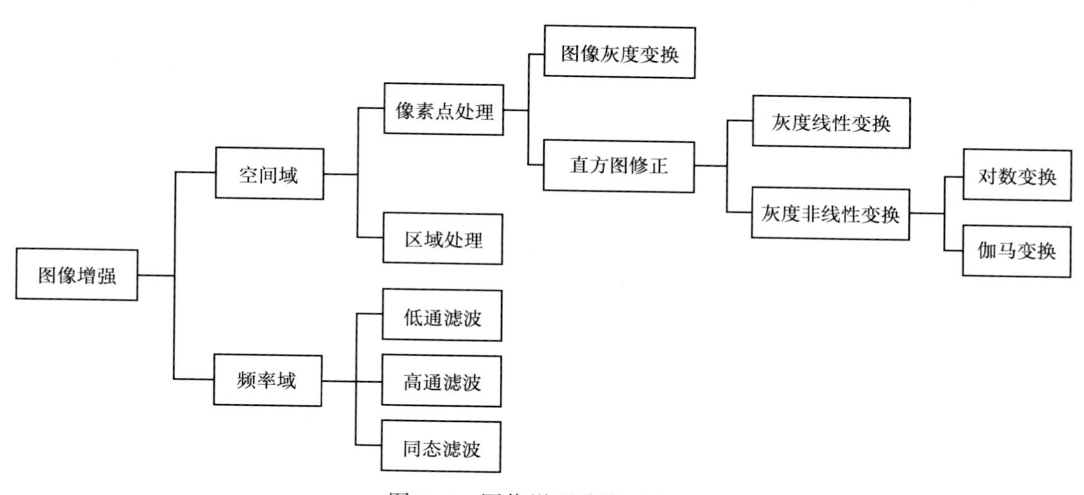

图 5-5　图像增强分类示意图

（1）空域法。这种方法是直接对像素值进行处理，如直方图均衡，伽马变换等。空域可以简单地理解为包含图像像素的空间，空域法是指空域中，也就是图像本身，直接对图像进行各种线性或非线性运算，对图像的像素灰度值做增强处理的算法。空域法又分为点运算和模板处理两个方向，点运算是作用于单个像素领域的处理方法，包括图像灰度变换、直方图修正、伪彩色增强技术等。模板处理是作用于像素领域的处理方法，包括图像平滑、图像锐化等技术。

（2）频域法。频域法常用的方法包括低通滤波、高通滤波以及同态滤波等。是在某种变换域内操作，如小波变换等。频域法在图像的变换域中把图像看成一种二维信号，对其进行基于二维傅里叶变换的信号增强。

（3）混合域法。结合空域和频域综合研究的一种方法。

图像增强的研究少不了算法的融入，这些算法常见于对图像的亮度、对比度、饱和度、色调等进行调节，增加其清晰度、减少噪点等。图像增强往往经过多个算法的组合，完成上述功能，比如图像去噪等同于低通滤波器，增加清晰度则为高通滤波器，当然增强一幅图像是为最后获取图像有用信息服务为主。一般的算法流程可分为：图像去燥、增加清晰度（对比度）、灰度化或者获取图像边缘特征或者对图像进行卷积、二值化等，上述流程往往可以通过不同的步骤进行实现。

算法的实现看似简单，一旦将其融入实际工程之中往往没有那么容易。依据工程实例，可视化测井仪大部分情况在水中观测，由于水对光的吸收作用，光线在传输过程中就会发生能量衰减，在一般情况下，红光在水中衰减最快，衰减最慢的是蓝绿色光线；另外，由于光在水中的散射作用也会造成水下图像成像效果不好。除水质影响之外，油气井自身成分也会对图像观测产生强干扰。油气井井液成分复杂，即使用大量清水洗净，也无法保证井液良好的透光性，无法达到在空气中的观测效果。因此，对于图像增强技术的要求不仅要适用于一般空气介质，也要适用于复杂多变的环境。

本章介绍几个传统的图像增强算法，并结合工程实例介绍图像增强技术在井下电视中的实际应用，最后再通过 MATLAB 代码，比较不同算法具体应用的效果。

一、对比度增强

图像对比度增强的方法可以分为两种：直接对比度增强方法和间接对比度增强方法。直方图拉伸和直方图均衡化是常见的间接对比度增强的两种方法。直方图拉伸是利用对比度拉伸对直方图进行调整，从而“扩大”前景和背景灰度的差别，以达到增强对比度的目的，这种方法可以通过线性和非线性的方法来实现，其中 PS 中就是利用此方法提高对比度；直方图均衡化则是利用累积函数对灰度值进行调整，实现对比度的增强。

1. 灰度变换

灰度变换是指根据某种目标条件按一定变换关系逐点改变源图像中每一个像素灰度值的方法。目的是为了改善画质，使图像的显示效果更加清晰。图像的灰度变换处理是图像增强处理技术中的一种非常基础、直接的空间域图像处理方法，也是图像数字化软件和图像显示软件的一个重要组成部分。采用灰度变换法对图像进行处理可以大大改善图像的视觉效果。

1）线性变换

灰度变换可使图像动态范围增大，对比度得到扩展，使图像清晰、特征明显，是图像增强的重要手段之一。它主要利用了点运算来修正像素灰度，由输入像素点的灰度值确定相应输出点的灰度值，是一种基于图像变换的操作。灰度变换不改变图像内的空间关系，除了灰度级的改变是根据某种特定的灰度变换函数进行以外，灰度变换可以看作是“从像素到像素”的复制操作。基于点运算的灰度变换可表示为：

$$g(x, y) = T[f(x, y)] \tag{5-6}$$

其中 T 被称为灰度变换函数，它描述了输入灰度值和输出灰度值之间的转换关系。一旦灰度变换函数确定，该灰度变换就被完全确定下来。

灰度变换包含的方法很多，如逆反处理、阈值变换、灰度拉伸、灰度切分、灰度级修正、动态范围调整等。虽然它们对图像的处理效果不同，但处理过程中都运用了点运算，通常可分为线性变换、分段线性变换、非线性变换。为了突出图像中的目标区域或灰度区间，相对抑制那些不感兴趣的灰度区间，可采用分段线性变化，把 0~255 整个灰度值区间分为若干线段，每一个直线段都对应一个局部的线性变换关系，常用的是三段线性变换方法（图 5-6）。

其中$f(x, y)$、$g(x, y)$分别为原图像和变换后的图像的灰度级，$\max f$、$\max g$分别为原图像和变换后的图像的最大灰度级。

灰度区间［a，b］为要增强的目标所对应的灰度范围，变换后灰度范围扩展至［c，d］。变换时对［a，b］进行了线性拉伸，［0，a］和［b，max］则被压缩，这两部分对应的细节信息损失了。若这两部分对应的像素数较少，则损失的信息也相应较少。其数学表达式如下：

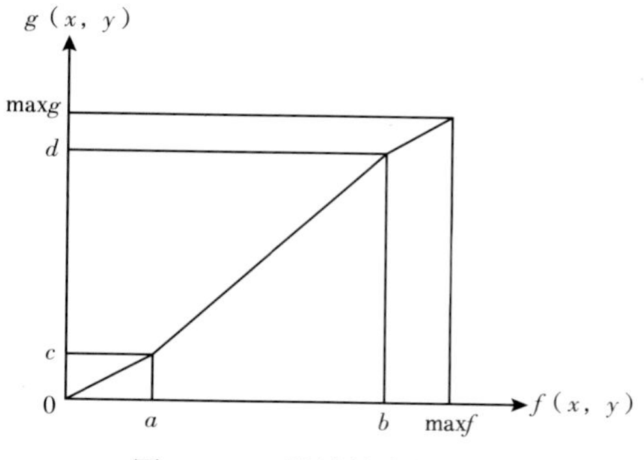

图 5-6　三段线性变换关系

$$g(x,y)=\begin{cases}\dfrac{c}{a}f(x,y) & 0\leqslant f(x,y)\leqslant b\\[2mm] \dfrac{d-c}{b-a}[f(x,y)-a]+c & a\leqslant f(x,y)\leqslant b\\[2mm] \dfrac{\max g-d}{\max f-b}[f(x,y)-b]+d & b<f(x,y)\leqslant \max f\end{cases} \tag{5-7}$$

分段线性变换可以根据用户的需要，拉伸特征物体的灰度细节，虽然其他灰度区间对应的细节信息有所损失，这对于识别目标来说没有什么影响。

2）非线性变换

非线性变换就是将非线性函数应用到图像上进行灰度变换的方法，其输入输出之间按照非线性进行。常用的几种方法主要有对数变换、伽马变换等。

对数变换主要用于将图像的低灰度值部分扩展，将其高灰度值部分压缩，以达到强调图像低灰度部分的目的。图像灰度对数变换一般表示如下所示：

$$s = c\log_{v+1}(1 + vr) \qquad r \in [0,\ 1] \tag{5-8}$$

其中，r表示原始图像的灰度级，s表示变换后的灰度级，c为常数。

这里的对数变换，底数为v+1，实际计算的时候，需要用换底公式。其输入为［0,1］，其输出也为［0,1］。

假设原始图像的灰度级，该变换将输入中范围较窄的低灰度值映射为输出中较宽范围的灰度值。相反的，对高的输入灰度值也是如此。使用这种类型的变换来扩展图像中暗像素的值，同时压缩更高灰度级的值，反对数变换的作用与此相反。

伽马变换又称为指数变换或幂次变换，是另一种常用的灰度非线性变换。主要用于图像的校正，将漂白的图片或者是过黑的图片，进行修正。伽马变换也常常用于显示屏的校正，其变化所用数学式如下所示：

$$s = cr^{\gamma} \qquad r \in [0,1] \tag{5-9}$$

式中，r表示原始图像的灰度级，s表示变换后的灰度级，c表示常数。

上式输入为［0,1］，其输出也为［0,1］。伽马可以选取任意的值，并以$\gamma=1$为分界线，其达到三种不同的效果：

（1）当 $\gamma>1$ 时，会拉伸图像中灰度级较高的区域，压缩灰度级较低的部分。

（2）当 $\gamma<1$ 时，会拉伸图像中灰度级较低的区域，压缩灰度级较高的部分。

（3）当 $\gamma=1$ 时，该灰度变换是线性的，此时通过线性方式改变原图像。

【例 5-1】对数非线性灰度变换。

```
clear all;clc;
f = imread('1haha. png');
f = mat2gray(f,[0 255]);
v = 10;                                  %设置 log 的底为 10+1
g1 = log2(1+v * f)/log2(v+1);
v = 30;                                  %设置 log 的底为 30+1
g2 = log2(1+v * f)/log2(v+1);
figure('color','white');                 %figure 背景变为白色
subplot(1,3,1);                          %设置图片显示位置
imshow(f,[0 1]);
title('原始图像');
axis([50,540,50,540]);                   %设置坐标轴范围和纵横比
axis on;
subplot(1,3,2);
imshow(g1,[0 1]);
title('对数变换图像 v=10');
axis([50,540,50,540]);
axis on;
% figure();
subplot(1,3,3);
imshow(g2,[0 1]);
title('对数变化图像 v=100');
axis([50,540,50,540]);
axis on;
```

运行结果如图 5-7 所示。

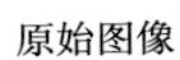

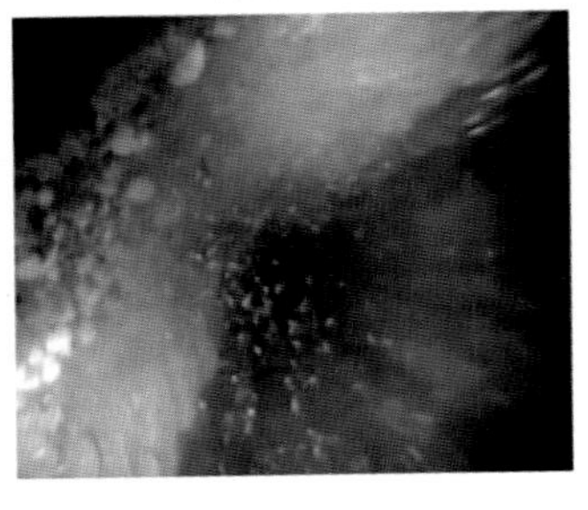

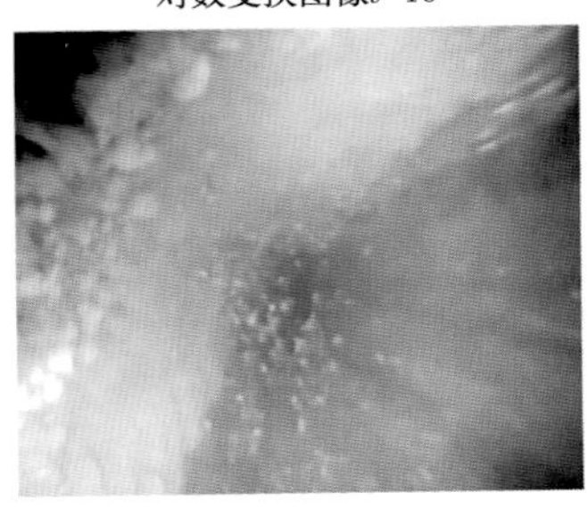

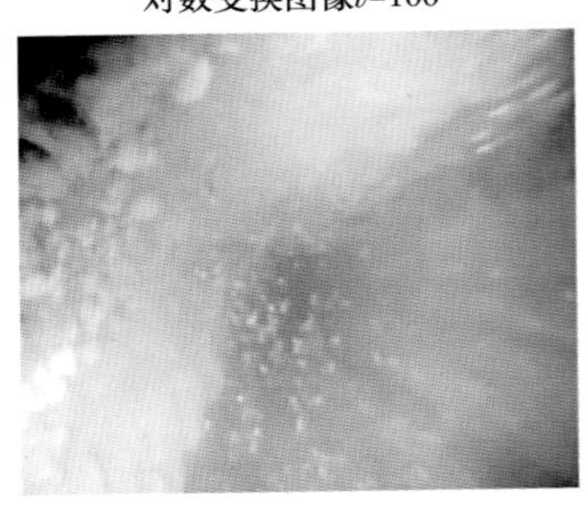

图 5-7　底数不同时非线性灰度变换图像增强

【例 5-2】采用伽马变换进行非线性处理，并显示增强效果图。

```
f=imread('1haha.png');
f=mat2gray(f,[0 255]);
C=1;
Gamma=0.4;
g2=C*(f.^Gamma);
figure('color','white');
subplot(1,2,1);
imshow(f,[0 1]);
title('原始图像');
axis([50,540,50,540]);
axis on;
subplot(1,2,2);
imshow(g2,[0 1]);
title('伽马变换 gamma = 0.4');
axis([50,540,50,540]);
axis on;
```

运行结果如图 5-8 所示。

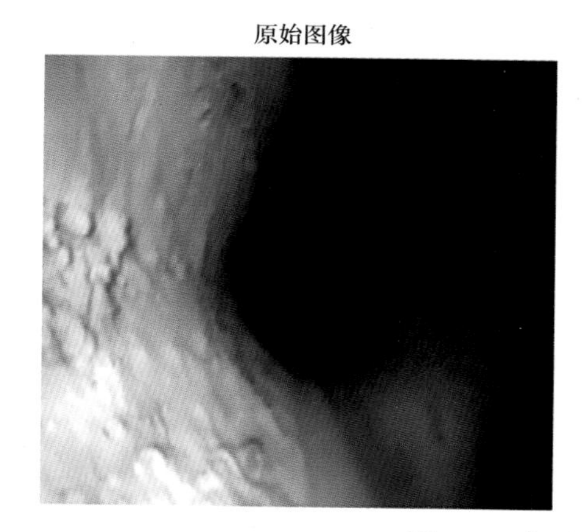

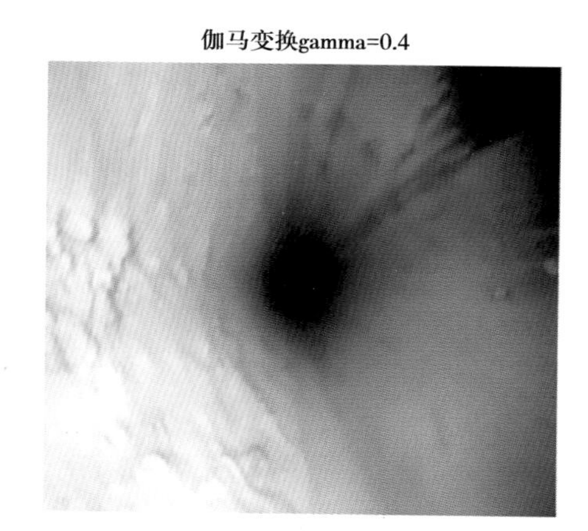

图 5-8 伽马变换增强效果图

3）灰度调整函数

在 MATLAB 中，imadjust 是一个计算机函数，该函数用于调节灰度图像的亮度或彩色图像的颜色矩阵，该函数调用格式如下。

J=imadjust（I）对图像 I 进行灰度调整，对比度默认拉伸，将灰度图像 I 中的亮度值映射到 J 中的新值，使得图像中 1%的数据饱和至最低和最高亮度，这可以增加输出图像 J 的对比度值。此用法相当于 imadjust［I，stretchlim（I）］。

J=imadjust（I，［low_in；high_in］，［low_out；high_out］）：将图像 1 中的亮值映射到 J 中的新值，即将 low_in 至 high_in 之间的值映射到 low_out 至 high_out 之间的值。low_in 以下与 high_in 以上的值被剪切掉，也就是说 low_in 以下的值映射到 low_out，high _in 以下的值映射到 high_out。

J=imadjust（I，[low_in；high_in]，[low_out；high_out]，gamma）：将图像 1 中的亮值映射到 J 中的新值，该 gamma 参数为映射的方式，默认值为 1，即线性映射。当 gamma 不等于 1 时为非线性映射，如果 gamma 小于 1，此映射偏重更高数值输出，gamma 大于 1 此映射偏重更低数值输出。

RGB2=imadjust（RGB1,……）：该函数对彩色图像的 RGB1 进行调整。Gamma 曲线是一种特殊的色调曲线，当 Gamma 值等于 1 的时候，曲线为与坐标轴成 45°的直线，这个时候表示输入和输出密度相同。高于 1 的 Gamma 值将会造成输出亮化。低于 1 的 Gamma 值将会造成输出暗化。

【例 5-3】 通过 imadjust 函数调节图像灰度来增加对比度。

```
I=imread('1haha.png');
figure('color','white');
subplot(2,2,1);
imshow(I);
title('原始图像');
subplot(2,2,2);
imhist(I);
title('原图像直方图');
subplot(2,2,3);
J=imadjust(I,[],[0.4 0.6]);
imshow(J);
title('调整灰度后的图像');
subplot(2,2,4);
imhist(J);
title('调整灰度后的直方图')
```

运行结果如图 5-9 所示，通过对比可以发现对比度明显增强。

2. 直方图均衡化

直方图均衡化是一种最常用的直方图修正，它将原始图像的灰度图从比较集中的某个灰度区间均匀分布在整个灰度空间中，实现对图像的非线性拉伸，重新分配图像像素值。由信息学的理论来解释，具有最大熵信息量的图像为均衡化图像。直观来说，直方图均衡化对于图像中的灰度点做映射，使得整体图像的灰度大致符合均匀分布，增强图像的对比度。

直方图基本的做法是将每个灰度区间等概率分布代替原来的随机分布。对于灰度值连续的情况，使用灰度的累积分布函数 CDF 做转换函数，可以使得输出图像的灰度符合均匀分布。对于灰度值不连续的情况，存在舍入误差，得到的灰度分布大致符合均匀分布。直方图均衡化可以使面积最大的物体细节得以增强，而面积小的与灰度接近的物体进行合并，形成一个物体。

均衡化处理过的图像只能是随机分布的，如果某一个灰度范围（如 200~201）的像素点很少，那么它的概率密度值就会很小，所以 CDF 在 200~201 附近的增长变化就会很小；

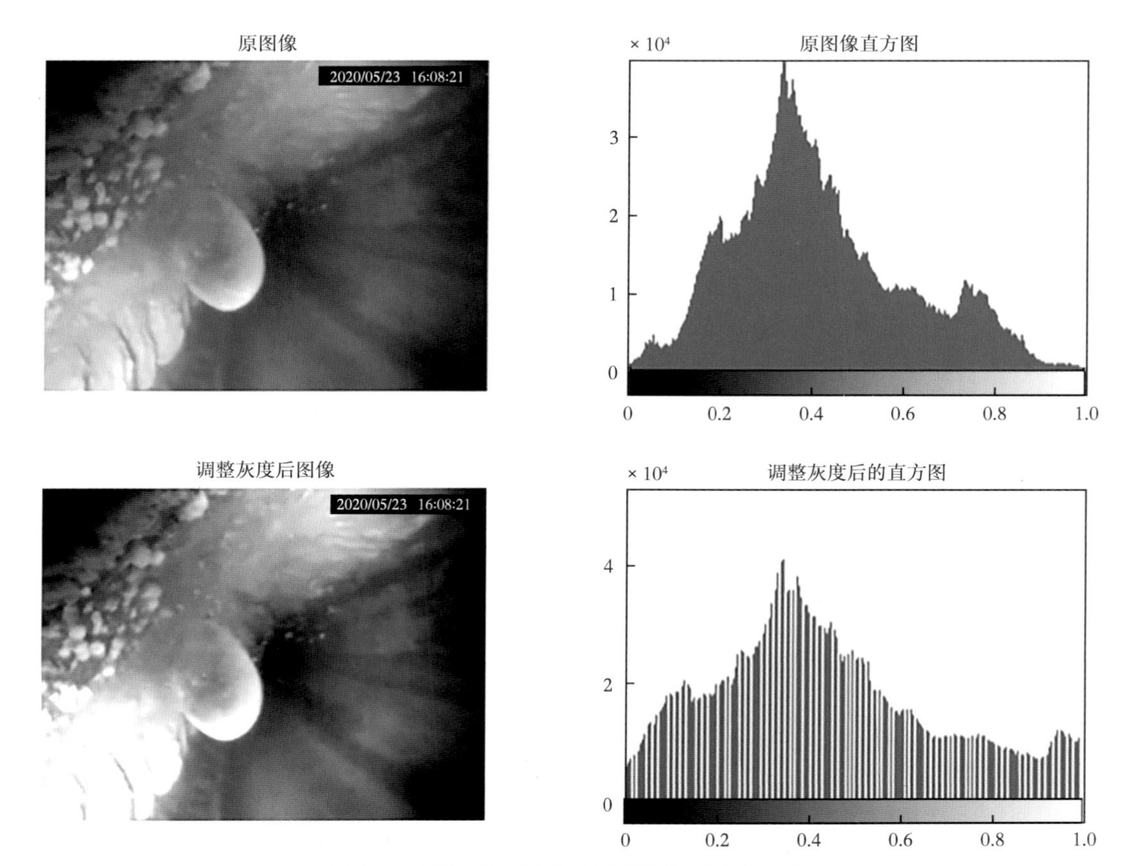

图 5-9　原图像与调整后灰度图像及其直方图

反之，如果某一个灰度范围（如 100~101）的像素点很多，CDF 在 100~101 附近的增长变化会很大。总体来看，以灰度为横轴，CDF 为纵轴画曲线。这种向上凸的曲线，很像 gamma 变换的 $s=cr^{\gamma}$ 中 $\gamma<1$ 的情形。将灰度集中的部分拉伸，而将灰度不集中的部分压缩，达到提高对比度的效果。直方图均衡可以看作自适应的 gamma 变换或者分段变换。前者的优势在于，不需要指定任何参数，所有运算都是基于图像本身的。

直方图均衡化保证在图像像素映射过程中原来的大小关系保持不变，保证像素映射函数的值域为 0~255，累积分布函数的值域是 0~1 之间。即较亮的区域依旧较亮，较暗的依旧较暗，只是对比度增加，不能明暗颠倒。直方图均衡化的计算过程如下。

（1）列出原始图像和变换后图像的灰度级 f_k：$k=0$，1，2，…，$L-1$，其中 L 是灰度级总数。

（2）统计原图像个灰度级像素个数 n_k，$k=0$，1，…，$L-1$。

（3）计算原始图像直方图各灰度级的频数。

$$p_r(r_k)=\frac{n_k}{n} \tag{5-10}$$

$k=0$，1，2，…，$L-1$，n 为原始图像像素总个数。

（4）计算累计直方图

$$P_k = T(r_k) = \sum_{k=0}^{L-1} p(r_k) = \sum_{k=0}^{L-1} \frac{n_k}{n} \tag{5-11}$$

式中，n 是图像中像素的总和，n_k 是当前灰度级的像素个数，L 是图像中可能的灰度级总数。

（5）应用以下公式计算映射后输出图像的灰度级 g_i，$i=0$，1，2，…，$P-1$，P 为输出图像灰度级的个数。

$$g_i = \mathrm{INT}\pi[(g_{\max} - g_{\min})P_K + g_{\min} + 0.5] \tag{5-12}$$

式中，INT 为取整符号。

（6）统计映射后个灰度级的像素数目 n_i，$i=0$，1，…，$P-1$。

（7）计算输出图像直方图：

$$p_g(g_i) = \frac{n_i}{n},\ i = 0,\ 1,\ 2,\ \cdots,\ P - 1 \tag{5-13}$$

（8）用 f_k 和 g_k 得映射关系修改原始图像的灰度级，从而获得直方图近似为均匀分布的输出图像。

通过上述步骤来看具体实现过程。假设有如下图像像素点分布（表 5-2）：

表 5-2　图像像素点分布

255	128	200	50
50	200	255	50
255	200	128	128
200	200	255	20

得图像的统计信息如下表 5-3 所示，并根据统计信息完成灰度值映射：

表 5-3　累计分布处理后灰度值

灰度值	像素个数	概率	累计概率	根据函数映射后灰度值	取整
50	4	0.25	0.25	0.25×（255-0）=63.75	64
128	3	0.1875	0.4375	0.4375×（255-0）=111.5625	112
200	5	0.3125	0.75	191.25	191
255	4	0.25	1	255	255

映射后的图像像素点分布如表 5-4 所示：

表 5-4　映射和图像像素点

255	112	191	64
64	191	255	64
255	191	112	112
191	191	255	64

在 MATLAB 工具箱中提供了函数 histeq（）执行直方图均衡化。它通过转换强度图像中的值来增强图像的对比度，以使输出图像的直方图近似匹配指定的直方图（默认情况下为均匀分布）。

J=histeq（I，hgram）改变灰度图像以达到输出图像 J 的直方图接近于参数 hgram。向量 hgram 应该包含等区间的适当灰度值的数目，当规定直方图 J 的长度比原图像 I 的灰度级数目小时，J 的直方图将会更好地匹配规定直方图 hgram。

J=histed（I，n）该函数中 I 为输入的原图像，J 为直方图均衡化处理后得到的图像，n 为均衡化后的灰度技术，默认情况下为 64。

【例 5-4】 利用 histed（）函数对图像进行均衡化处理，具体实现的 MATLAB 如下：

```
clear all; clc;
I = imread('videolog.png');
figure('color','white');
subplot(221);
imshow(I);%(显示原始图像)
title('原始图像');
axis([100,1340,100,835]);
axis on;
subplot(222);
imhist(I)%(显示原始图像直方图)
title('原始图像直方图');
I1=histeq(I);
subplot(223);
imshow(I);%显示均衡化后的图像
axis([100,1340,100,835]);
axis on;
title('图像均衡化');
subplot(224);
imhist(I1);%显显示均衡化后的图像的直方图
title('直方图均衡化');
```

在程序中通过 histed（）函数对图像进行均衡化处理，通过函数 imhist（）显示图像的直方图。程序执行完成之后如图 5-10 所示，左上图为原始灰度图像，像素大小为 1250×850，其下图为均衡化后的灰度图像。右上图为原始灰度图像直方图，其下图为均衡化后的直方图。可以看出处理后的图像更为清晰，能够看出更多的细节，经处理后的直方图看起来也更为均匀。

3. 限制对比度自适应直方图均衡化

为了避免由于 AHE 产生的图像不连续和过度增强的结果，引入一种限制直方图分布的办法，即限制对比度自适应直方图均衡化。普通的 AHE 倾向于在图像的近恒定区域过度放大对比度，因为这些区域的直方图高度集中。因此，AHE 可能会导致噪声在接近恒定的区域被放大。对比度受限自适应直方图均衡化（CLAHE）是自适应直方图均衡化的一

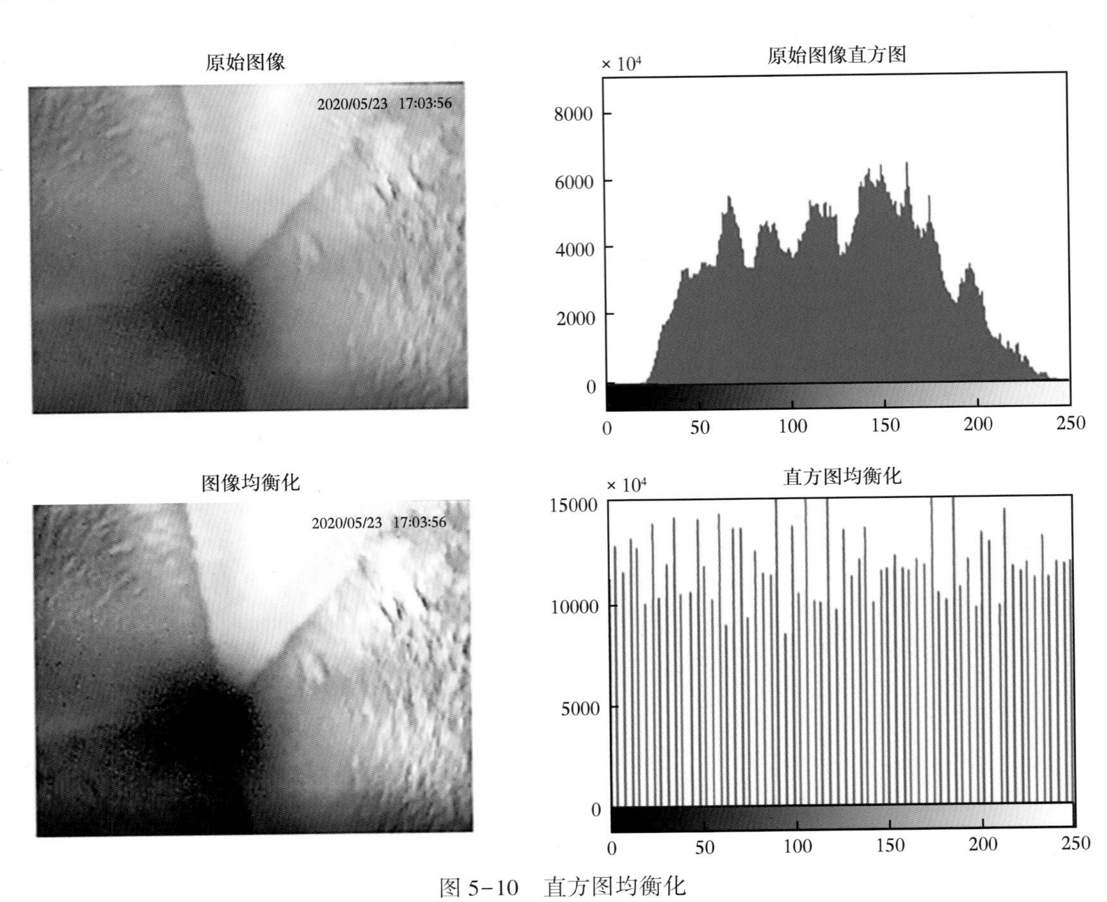

图 5-10 直方图均衡化

种变体，它限制了对比度的放大，从而减少了噪声放大的问题。

CLAHE 同普通的自适应直方图均衡不同的地方主要是其对比度限幅。在网格中，给定像素值附近的对比度放大由变换函数的斜率给出。这与邻域累积分布函数（CDF）的斜率成正比，因此与该像素值处的直方图值成正比。CLAHE 通过在计算 CDF 之前将直方图裁剪到预定义值来限制放大。这限制了 CDF 的斜率，因此也限制了变换函数的斜率。

1）设定阈值限制直方图均衡化

设定一个阈值，假定直方图某个灰度级超过了阈值，就对之进行裁剪，然后将超出阈值的部分平均分配到各个灰度级，这个过程可以用图 5-11 来进行解释。图 5-11a 是原来的直方图分布，其对应的 CDF 有两段梯度比较大，变化剧烈。对于之前频率超过了阈值的灰度级，那么就把这些超过阈值的部分裁剪掉平均分配到各个灰度级上，那么这会使得 CDF 变得较为平缓（图 5-11b）。通常阈值的设定可以直接设定灰度级出现频数，也可以设定为占总像素比例，后者更容易使用。由于均衡之后 CDF 不会有太大的剧烈变化，所以可以避免过度增强噪声点。

2）采用插值法加速直方图均衡化

主要思想是将图像分块，每块计算一个直方图 CDF，图 5-12 中的表示是黑色实线边框的小块，这里简称为窗口。其次，对于图像的每一个像素点，找到其邻近的四个窗口

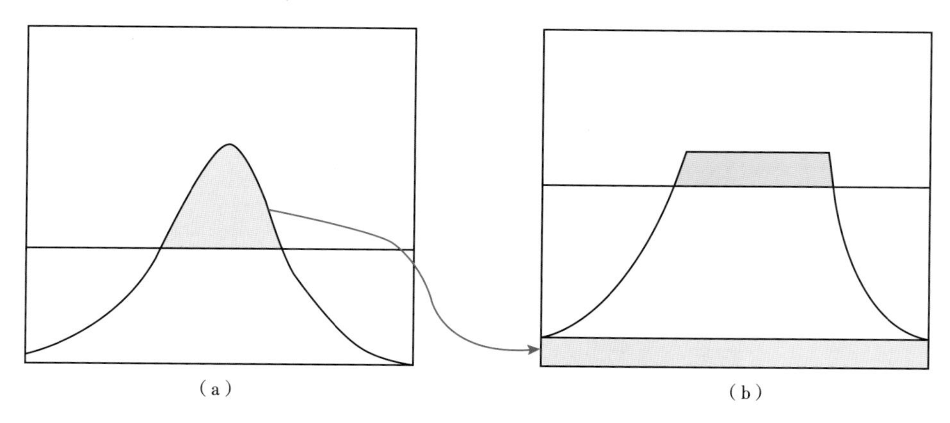

图 5-11　灰度平均分配示意图

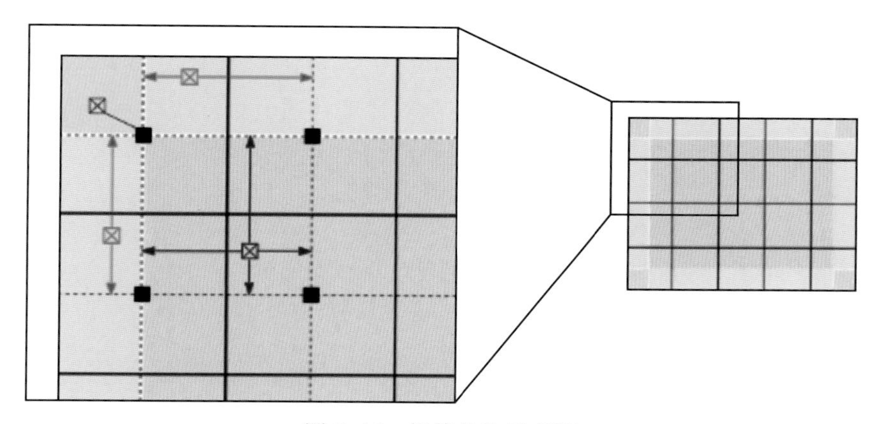

图 5-12　插值分块示意图

（边界先不讨论），就如图中蓝色像素点，分别计算四个窗口直方图 CDF 对蓝色像素点的映射值，记作$f_{ul}(D)$，$f_{bl}(D)$，$f_{ur}(D)$，$f_{dr}(D)$，然后进行双线性插值得到最终该像素点的映射值，双线性插值（BiLinear）公式为：

$$f(D)=(1-\Delta y)(1-\Delta x)f_{ul}(D)+\Delta x f_{bl}(D)+\Delta y(1-\Delta y)f_{ur}(D)+\Delta x f_{dr}(D)$$

Δx，Δy 是蓝色像素点相对于左上角窗口中心，即左上角黑色像素点的距离与窗口大小的比值。上面没有考虑边界情况，对于图中红色像素点，只使用其最近的窗口的 CDF 进行映射；对于图中绿色像素点，采用邻近的两个窗口的 CDF 映射值进行线性插值。

在 MATLAB 图像处理工具箱中函数 adapthisteq（）可以进行限制对比度直方图均衡化处理，具体调用方法如下。

adapthisteq 通过转换强度图像中的值来改变图像的对比度。与 histeq 不同的是，它在较小的数据区域（图块）而不是整个图像上运行。增强每个图块的对比度，以使每个输出区域的直方图近似匹配指定的直方图。

G=adapthisteq（I，param1，val1，param2，val2，……）I 是输入图像，G 是输出图像，param/vall 是表 5-5 中所列的内容：

表 5-5 adapthisteq 函数成员功能表

参数	值
‘NumTiles’	一个有正整数组成的两元素向量［r，c］，由向量的行和列指定小片数。r 和 c 都必须至少是 2，小片总数等于 r×c。默认值是［8,8］
‘ClipLimit	范围是［0,1］内的标量，用于指定对比度增强的限制。较高的值产生较强的对比度。默认值是 0.01
‘NBins’	针对建立对比度增强变黄所用的直方图容器数目指定的正整数标量。较高的值会在较慢的处理速度下导致较大的动态范围。默认值是 256
‘Range’	规定输出图像数据范围的字符串：‘original’——范围被限制到原始图像的范围，［min（f（：））max（f（：））］。‘full’——使用输出图像类的整个范围。例如，对于 uint8 类的数据，范围是［0，255］。这是默认值
‘Distribution’	字符串，用于指定图像小片所需的直方图形状：‘uniform’——平坦的直方图（默认值），‘rayleigh’——钟形直方图，‘exponential’——曲线直方图
‘Alpha’	适用于瑞利和指数分布的非负标量。默认值为 0.4

【例 5-5】 通过 adapthisteq( ) 函数进行限制对比度自适应直方图均衡化处理。

```
f=imread('1haha.png');
f=rgb2gray(f);
g1 = adapthisteq(f);
g2 = adapthisteq(f, 'NumTiles', [50 50]);
g3 = adapthisteq(f, 'NumTiles', [50 50], 'ClipLimit', 0.05);
subplot(221),imshow(f),title('原图像');
subplot(222),imshow(g1),title('默认值图像');
subplot(223),imshow(g2),title('设置参数 NumTiles 为[25 25]的图像');
subplot(224),imshow(g3),title('使用小片数量,ClipLimit=0.05 的图像');
```

程序运行处理效果如图 5-13 所示。

二、暗通道去雾

图像去雾是一种常见的图像增强手段，在实际的测井视频中，由于大部分油气井的井况不佳，井筒中经常存在较为浑浊的井液，影响可视化测井图像的清晰程度，不利于特征信息的获取。因此对测井视频运用图像去雾技术提高图像质量就必不可少。

1. 暗通道先验理论

2009 年香港中文大学何恺明等人提出了一种基于暗通道先验的图像去雾方法。根据对大量无雾清晰图像的研究和统计，总结了暗通道先验理论，并依据该理论推导出了对应的去雾算法，取得了非常良好的去雾效果。具体如下。

对于户外无雾图像，每一幅图像的 R、G、B 三个颜色通道中总有一个值的灰度值很低，趋近于 0。对于一幅图像，其暗通道可以定义为式（5-14）：

$$J^{\text{dark}}(x) = \min_{y \in \Omega(x)} \left(\min_{c \in \{r,g,b\}} J^{c}(y) \right) \tag{5-14}$$

式中，$J(x)$ 为输入的有雾图像，$J^{\text{dark}}(x)$ 为暗通道图像，c 是图像 R、G、B 三个通道，J^{c}

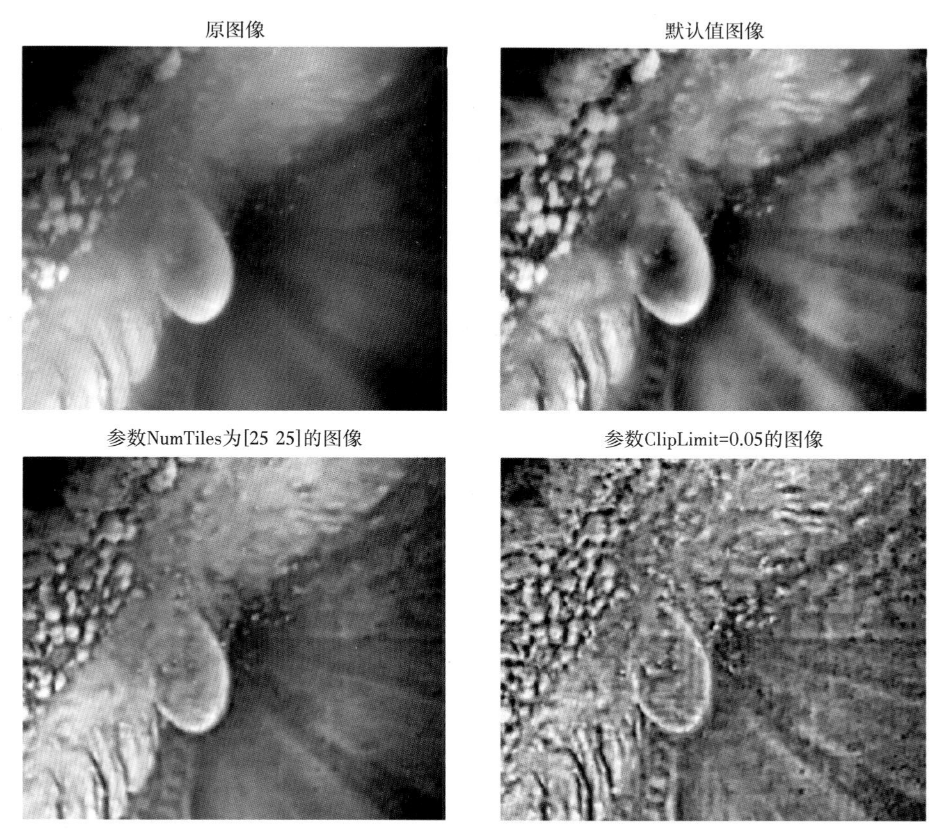

图 5-13　限制对比度自适应均衡化处理效果

(y)为图像的每个通道，x是图像的像素点，$\Omega(x)$是以x为中心的区域。

暗通道理论认为，除了天空区域之外暗通道的值接近为零，即$J^{dark}(x)\rightarrow 0$。图 5-14 和 5-15 分别给出了两幅原始图及其暗通道图像。

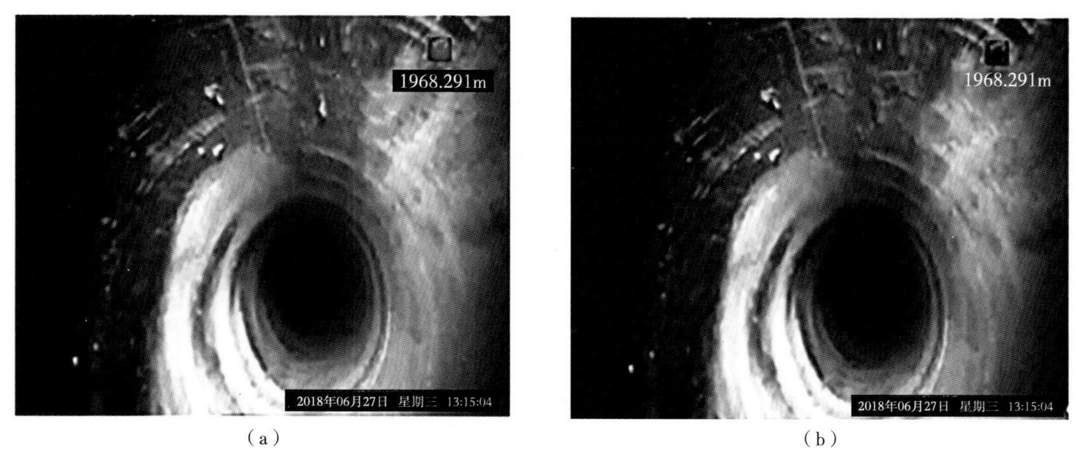

图 5-14　无雾图像及其暗通道图像

(a) 原图；(b) 暗通道图像

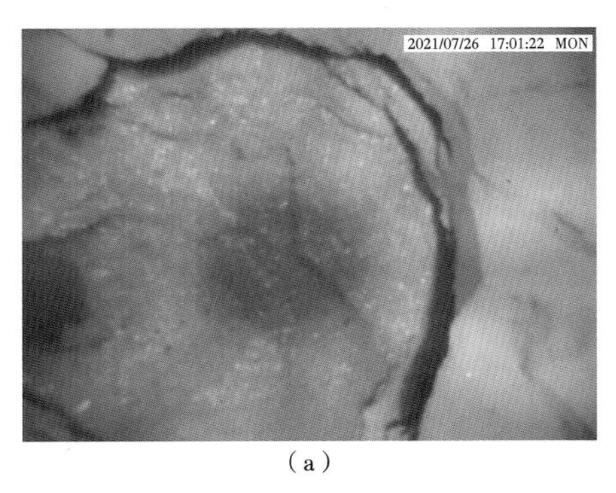

(a)

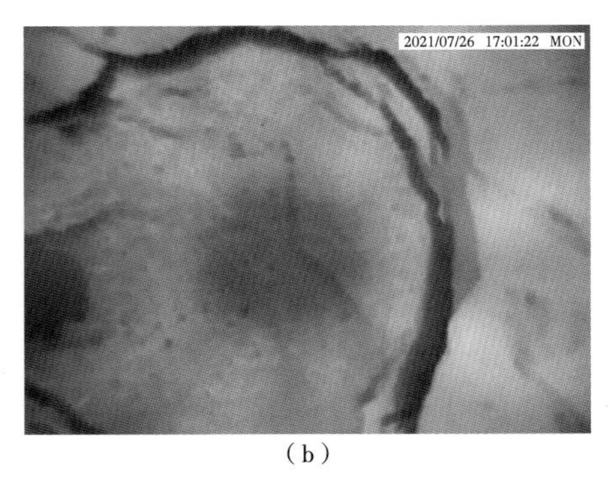

(b)

图 5-15　大雾图像及其暗通道图像

(a) 原图；(b) 暗通道图像

从图中可以看出，无雾的图像会呈现大量的黑色，其像素接近 0，而有雾的图像则会呈现大量的灰色。正是因为自然界充满了色彩和阴影，才导致图像的暗通道总是很暗，通过大量的图像实验证明暗通道理论具有普遍性。

2. 基于暗通道先验的去雾算法

从暗通道先验理论中可以看出，无雾和有雾图像的暗通道图像有很大的差别，因此去雾算法的实现应着重于二者的暗通道图像之间的区别。基于暗通道先验的去雾算法的算法主要由以下几步构成：

(1) 在计算机视觉领域，常将有雾图像用式 (5-15) 表示：

$$I(x)=J(x)t(x)+A(1-t(x)) \tag{5-15}$$

式中，$I(x)$ 是有雾图像，$J(x)$ 是去雾处理后的效果图像，A 是全球大气光成分，$t(x)$ 是光线透射率。

假设此时 A 是已知的，对式 (5-15) 两边同除以 A，得到式 (5-16)：

$$\frac{I^c(x)}{A^c}=t(x)\frac{J^c(x)}{A^c}+1-t(x) \tag{5-16}$$

式中，c 是图像 R、G、B 的三个通道。

(2) 假设在同一区域 $\Omega(x)$ 中透射率 $t(x)$ 为常数，记为 $t(x)$，对式 (5-16) 两边计算暗通道，得到式 (5-17)：

$$\min_{y\in\Omega(x)}\left(\min_c\frac{I^c(y)}{A^c}\right)=\tilde{t}(x)\min_{y\in\Omega(x)}\left(\min_c\frac{J^c(y)}{A^c}\right)+1-\tilde{t}(x) \tag{5-17}$$

根据暗通道先验理论，$J^{\text{dark}}\rightarrow 0$，即如式 (5-18) 所示：

$$J^{\text{dark}}(x)=\min_{y\in\Omega(x)}(\min_c J^c(y))=0 \tag{5-18}$$

又因为 A^c 总为整数，故可以得到式 (5-19)：

$$J^{\text{dark}}(x)=\min_{y\in\Omega(x)}\left(\frac{J^c(y)}{A^c}\right)=0 \tag{5-19}$$

再将式（5-19）代入式（5-17），可以得到 $\tilde{t}(x)$ 的值：

$$\tilde{t}(x)=1-\min_{y\in\Omega(x)}\left(\min_{c}\frac{J^{c}(y)}{A^{c}}\right) \tag{5-20}$$

上式中 $\min_{y\in\Omega(x)}\left(\min_{c}\frac{J^{c}(y)}{A^{c}}\right)$ 即为有雾图像的暗通道。

（3）在实际生活中，即使是大晴天还是存在着少量雾气，为了保持去雾后图像的真实和层次感，故引入常数 $\omega(0<\omega<1)$ 调整去雾的效果，该值建议为 0.95，得到的透射率如式（5-21）所示：

$$\tilde{t}(x)=1-\omega\min_{y\in\Omega(x)}\left(\min_{c}\frac{J^{c}(y)}{A^{c}}\right) \tag{5-21}$$

（4）在算法的第一步中我们假设 A 是已知的，为了得到 A 的具体值，应在暗通道中找出前 0.1%最亮的点，随后在原图中找到相同位置对应的像素点，取该像素点的 R、G、B 三个通道的最大值作为大气光成分 A 的值。

（5）此时在第一步的式（5-15）中，有雾图像 $I(x)$、大气光成分 A 和透射率 $t(x)$ 均为已知，故求得的去雾效果图像 $J(x)$ 如式（5-22）所示：

$$J(x)=\frac{I(x)-A}{\max(t(x),t_0)+A} \tag{5-22}$$

式中 t_0 是透射率下界。

因为当透射率 $t(x)$ 接近 0 时，会给去雾后的图像引入很大的噪声干扰，故在此设置一个下界，t_0 一般取 0.1。

3. 图像去雾

图像去雾是基于前面所说的暗通道去雾算法，其实现过程也基本与算法的思路相同，主要由以下四步构成：

1）求图像暗通道

首先输入原始图像，遍历该图像的每一个像素点，求出每个像素 RGB 分量的最小值。随后将这些最小值存入一幅和原始图像大小相同的灰度图像中，最终通过最小值滤波对该灰度图像进行处理。

2）利用暗通道估计大气光成分

根据上一步求出的暗通道图，选取最亮的 0.1%的像素，这些像素即为原图中浓度最大的地方，根据去雾算法的原理求大气光成分 A，此时 A 应为一个包含 RGB 三个分量值的数组。

3）利用暗通道计算透射率图

利用求出的大气光成分值与暗通道图像，通过去雾算法中的公式进行计算，此时求得的透射率图也应包含 RGB 三个分量。

4. 求去雾图像

根据原图、透射率图和大气光成分值计算去雾图，随后保存去雾后的图像。在求去雾图像的整个过程中，可以通过降低输入图像的采样率来提高程序的运算效率，最终能显著缩小图像去雾功能的运行时间，暗通道去雾效果如图 5-16 所示。

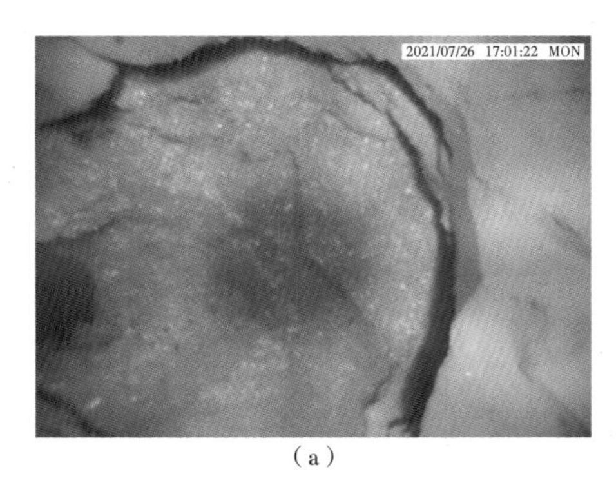

（a）

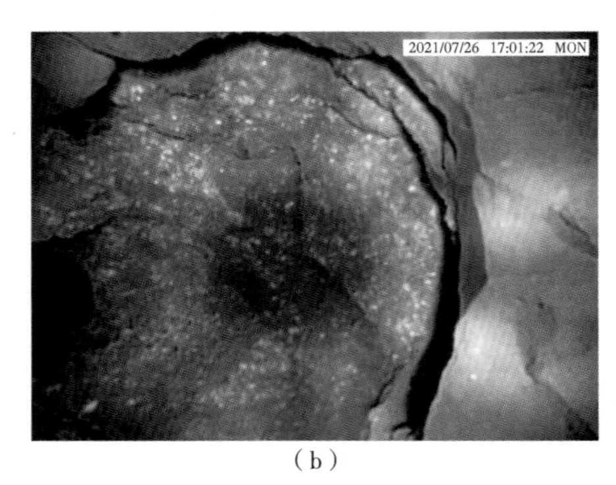

（b）

图 5-16　暗通道去雾效果图

（a）原图；（b）去雾效果图

第三节　图像锐化

图像锐化是数字图像处理的最基本的方法之一，它是为了突出图像总的细节或者增强被模糊的细节，这种模糊不是由于错误操作，就是特殊获取方法的固有影响。图像锐化处理的方法多种多样，其也包括多种应用领域，从电子影像和医学成像到工业检测和军事系统的制导等。

图像锐化的主要目的有两个：（1）增强图像边缘，使模糊的图像变得更加清晰，颜色变得鲜明突出，图像的质量有所改善，产生更适合人眼观察和识别的图像；（2）希望经过锐化处理后，目标物体的边缘鲜明，以便于提取目标的边缘、对图像进行分割、目标区域识别、区域形状提取等，为进一步的图像理解与分析奠定基础。图像锐化主要用于增强图像的灰度跳变部分，这一点与图像平滑对灰度跳变的抑制正好相反，事实上从平滑与锐化的两种运算算子上也能说明这一点，线性平滑都是基于对图像邻域的加权求和或积分运算，而锐化则通过其逆运算导数（梯度）或有限差分来实现。

锐化滤波能减弱或消除图像中的低频率分量，但不影响高频率分量。因为低频分量对应图像中灰度值缓慢变化的区域，因而与图像的整体特性，如整体对比度和平均灰度值等有关。锐化滤波将这些分量滤去可使图像反差增加，边缘明显。在实际应用中，锐化滤波可用于增强被模糊的细节或者低对比度图像的目标边缘。它可实现改善人的视觉效果或便于人或机器对图像的分析理解，根据图像的特点或存在的问题，以及应用目的所采取的不同算子改善图像质量或增强图像的某些特征的措施。

图像锐化的方法分为线性锐化滤波的高通滤波法和非线性锐化滤波的空域微分法。高通滤波法是根据图像的边缘或线条的细节部分与图像频谱的高频分量相对应的原理，采用高通滤波让高频分量顺利通过，并适当抑制中低频分量，使图像的细节变得清楚，实现图像的锐化。空域微分法从数学角度看，是运用积分的反运算。在多数情况下，图像模糊相当于图像被平均或者积分，为实现图像的锐化，需要运用它的反运算即微分，加强高频分量实现轮廓清晰。

一、高通滤波法

图像的细节、边缘主要位于高频部分，图像模糊的原因是高频成分较弱产生的。图像的边缘与频域中的高频分量相对应，高通滤波器可以抑制低频分量，从而达到图像锐化的目的。

常见的高通滤波器包括理想高通滤波器、Butterworth 高通滤波器、指数高通滤波器等。

1. 理想高通滤波器

理想高通滤波器的传递函数 $H(u, v)$ 满足下式：

$$H(u,v)=\begin{cases}1, & D(u,v)\geqslant D_0\\ 0, & D(u,v)\leqslant D_0\end{cases} \tag{5-23}$$

理想高通滤波器只是一种理想状态下的滤波器，不能用实际的电子器件实现。

2. Butterworth 高通滤波器

Butterworth 高通滤波器的传递函数 $H(u,v)$ 如下：

$$H(u,v)=\frac{1}{1+[D_0D(u,v)]^{2n}} \tag{5-24}$$

式中，n 为阶数，D_0 为截止频率。

Butterworth 高通滤波器在高低频率间的过渡比较平滑，所以由其得到的输出图像的振铃现象不明显。

3. 指数高通滤波器

指数高通滤波器的传递函数 $H(u,v)$ 如下：

$$H(u,v)=\exp\left\{-\left[\frac{D_0}{D(u,v)}\right]^n\right\} \tag{5-25}$$

式中，变量 n 控制从原点算起的传递函数 $H(u,v)$ 的增长率。

指数高通滤波指数高通滤波器的另一种常用的传递函数如下式所示：

$$H(u,v)=\exp\left\{[\ln(\frac{1}{\sqrt{2}})][\frac{D_0}{D(u,v)}]^n\right\} \tag{5-26}$$

二、微分算子法

针对由于平均或积分运算而引起的图像模糊，可用微分运算来实现图像的锐化。微分运算是求信号的变化率，有加强高频分量的作用，从而使图像轮廓清晰。

常见的边缘检测算子包括 Roberts 算子、Sobel 算子、Laplacian 算子、Canny 算子等。各种算子的存在就是对这种导数分割原理进行的实例化计算，是为了在计算过程中被直接使用的一种计算单位。实际使用时，通常用各种算子对应的模板对原图进行卷积运算，从而提取出图像的边缘信息。各算子之间对比关系如表 5-6 所示。

表 5-6　算子介绍及比较

算子	介绍及优缺点比较
Roberts	一种最简单的算子，采用对角线方向相邻两像素之差近似梯度幅值检测边缘。检测垂直边缘的效果好于斜向边缘，定位精度高，但是对噪声敏感，对具有陡峭边缘且含噪声少的图像效果较好
Sobel	根据像素点上下左右四邻域灰度加权差检测边缘，类似局部平均运算，因此对噪声具有平滑作用，对灰度渐变和噪声较多的图像处理效果比较好，对边缘定位比较准确
Laplacian	属于二阶微分算子，在只考虑边缘点的位置而不考虑周围的灰度差时适合用该算子进行检测。对噪声非常敏感，只适用于无噪声图像。存在噪声的情况下，使用该算子检测边缘之前需要先进行低通滤波，因此通常把 Laplacian 算子和平滑算子结合起来生成一个新的模板
Prewitt	Prewitt 算子是一种图像边缘检测的微分算子，其原理是利用特定区域内像素灰度值产生的差分实现边缘检测。由于 Prewitt 算子采用 3×3 模板对区域内的像素值进行计算，而 Robert 算子的模板为 2×2，故 Prewitt 算子的边缘检测结果在水平方向和垂直方向均比 Robert 算子更加明显
Canny	该算子功能比前面几种都要好，不容易受噪声的干扰，能够检测到真正的弱边缘，但是实现起来较为麻烦，是一个具有滤波、增强、检测的多阶段的优化算子。在进行处理前，Canny 算子先利用高斯平滑滤波器来平滑图像以除去噪声。Canny 分割算法采用一阶偏导的有限差分来计算梯度幅值和方向，在处理过程中，该算子还将经过一个非极大值抑制的过程，最后采用两个阈值来连接边缘

1. Roberts 算子

Roberts 算子又称为交叉微分算法，它是基于交叉差分的梯度算法，通过局部差分计算检测边缘线条。常用来处理具有陡峭的低噪声图像，当图像边缘接近于 45°或-45°时，该算法处理效果更理想。其缺点是对边缘的定位不太准确，提取的边缘线条较粗。

Roberts 算子的模板分为水平方向和垂直方向，如下式所示，从其模板可以看出，Roberts 算子能较好地增强±45°的图像边缘。

$$d_x = \begin{bmatrix} -1 & 1 \\ 0 & 1 \end{bmatrix} \quad d_y = \begin{bmatrix} 0 & -1 \\ 1 & 0 \end{bmatrix} \tag{5-27}$$

Roberts 梯度定义如下：

$$\Delta xf = f(x,y) - f(x+1,y) \tag{5-28}$$

梯度模的表达式如下：

$$|\nabla f| = |\nabla xf| + |\nabla yf| \tag{5-29}$$

Roberts 计算公式如下：

$$g(i,j) = |f(i+1,j+1) - f(i,j)| + |f(i+1,j) - f(i,j+1)| \tag{5-30}$$

2. Sobel 锐化算子

Sobel 边缘算子的卷积和如图 5-17 所示，图像中的每个像素都用这两个核做卷积。Sobel 算子认为邻域的像素对当前像素产生的影响不是等价的，所以距离不同的像素具有不同的权值，对算子结果产生的影响也不同。一般来说，距离越大，产生的影响越小。这两个核分别对垂直边缘和水平边缘响应最大，两个卷积的最大值作为该点的输出位。运算结果是一幅边缘幅度图像。

$$g(i, g) = \{d_x^2(i, j) + d_y^2(i, j)\}^{\frac{1}{2}} \tag{5-31}$$

$$d_x\begin{bmatrix} -1 & 0 & 1 \\ -2 & 0 & 2 \\ -1 & 0 & 1 \end{bmatrix} d_y = \begin{bmatrix} -1 & -2 & -1 \\ 0 & 0 & 0 \\ 1 & 2 & 1 \end{bmatrix} \tag{5-32}$$

特点：锐化的边缘信息较强

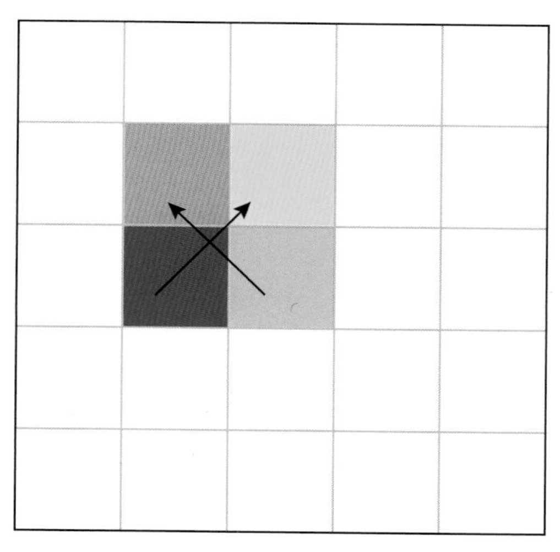

图 5-17　Lena 图的 Sobel 结果

3. Laplacian 算子

Laplacian 算法是线性二阶微分算子，与梯度算子一样具有旋转不变性，从而满足了不同方向的图像边缘锐化要求，其获得的边界比较细，包括较多的细节信息，但边界不清晰。Laplacian 算法属于二阶微分算子较一阶微分有以下特点。

（1）对应突变形的细节，通过一阶微分的极值点，二阶微分的过 0 点均可以检测处理。

（2）对应细线行的细节，通过一阶微分的过 0 点，二阶微分的极小值点均可以检测处理。

（3）对应渐变的细节，一般情况很难检测，但二阶微分的信息比一阶微分的信息略多。

Laplacian 运算也是各向同性的线性运算。

Laplacian 算子为：

$$\nabla^2 f = \frac{\partial^2 f}{\partial x^2} + \frac{\partial^2 f}{\partial y^2} \tag{5-33}$$

锐化之后的图像：

$$g = f - k\nabla^2 f \tag{5-34}$$

式中 k 为离散系数。

则有：

$$\begin{aligned}\frac{\partial^2(x,y)}{\partial x^2}&=\nabla_x f(i+1,\ j)-\nabla_x f(i,\ j)\\&=[f(i+1,\ j)-f(i,\ j)]-[f(i,\ j)-f(i-1,\ j)]\\&=f(i+1,\ j)+f(i-1,\ j)-2f(i,\ j)\end{aligned}\tag{5-35}$$

$$\frac{\partial^2(x,y)}{\partial y^2}=f(i,\ j-1)+f(i,\ j+1)-2f(i,\ j)\tag{5-36}$$

代入式（5-33）则有：

$$\begin{aligned}\nabla^2 f&=\frac{\partial(x,y)}{\partial x^2}+\frac{\partial^2(x,y)}{\partial y^2}\\&=-5\left\{f(i,\ j)-\frac{1}{5}[(f(i+1,\ j)+f(i-1,\ j)+f(i+1,\ j+1)+f(i,\ j)]\right\}\end{aligned}\tag{5-37}$$

由此式可知，数字图像在$(i,\ j)$点的拉普拉斯算子，可以由该点的灰度值减去该点及其邻域四个点的平均灰度值求得。

常用的几种拉普拉斯模块图可表示为：

$$H=\begin{bmatrix}0&-1&0\\-1&4&-1\\0&-1&0\end{bmatrix}H=\begin{bmatrix}-1&-1&-1\\-1&8&-1\\-1&-1&-1\end{bmatrix}H=\begin{bmatrix}1&-2&1\\-2&5&-2\\1&-2&1\end{bmatrix}\tag{5-38}$$

在图像处理中，为了改善锐化的效果，也可以脱离微分计算原理，在原有算子的基础之上对模板系数进行改变，得到 Laplacian 变形算子。

4. Prewitt 算子

Prewitt 算子是一种一阶微分算子的边缘检测，利用像素点上下、左右相邻点的灰度差，在边缘处达到极值检测边缘，去掉部分伪边缘，对噪声具有平滑作用。其原理是在图像空间利用两个方向模板与图像进行邻域卷积来完成的，这两个方向模板一个检测水平边缘，一个检测垂直边缘。

对比其他边缘检测算子，Prewitt 算子对边缘的定位精度不如 Roberts 算子，实现方法与 Sobel 算子类似，但是实现的功能差距很大，Sobel 算子对边缘检测的准确性更优于 Prewitt 算子。

对于图像$f(x,y)$，Prewitt 边缘检测输出图像 G，图像的 Prewitt 边缘检测算子可由下式确定：

$$\begin{aligned}G_x&=|f(i-1,\ j-1)+f(i-1,\ j)+f(i-1,\ j+1)\\&\quad-f(i+1,\ j-1)-f(i+1,\ j)-f(i+1,\ j+1)|\\G_y&=|f(i-1,\ j+1)+f(i,\ j+1)+f(i+1,\ j+1)\\&\quad-f(i-1,\ j-1)-f(i,\ j-1)-f(i+1,\ j-1)|\end{aligned}\tag{5-39}$$

对于输出的最后图像 G，可以根据 $G=\max(G_x,G_y)$或者 $G=(G_x,G_y)$得到，凡是灰度新值大于或等于阈值的像素点就认为是边缘点。根据上面的公式可得到 Prewitt 算子的模板如下：

$$G_x=\begin{bmatrix}1&1&1\\0&0&0\\-1&-1&-1\end{bmatrix}\quad G_y=\begin{bmatrix}-1&0&1\\-1&0&1\\-1&0&1\end{bmatrix}$$
$$G_1=\begin{bmatrix}0&1&0\\-1&0&1\\-1&-1&0\end{bmatrix}\quad G_2=\begin{bmatrix}-1&-1&0\\-1&0&1\\0&1&1\end{bmatrix} \tag{5-40}$$

Prewitt 算子的特点是，有一定的抗干扰性，图像效果比较干净。

5. Canny 算子

Canny 边缘检测是从不同视觉对象中提取有用的结构信息并大大减少要处理的数据量的一种技术，目前已广泛应用于各种计算机视觉系统。Canny 发现，在不同视觉系统上对边缘检测的要求较为类似，因此，可以实现一种具有广泛应用意义的边缘检测技术。边缘检测的基本原理包括：

（1）图像边缘检测必须满足能有效地抑制噪声并且尽量精确确定边缘的位置的条件。

（2）通过对信噪比与定位乘积进行测度，得到最优化逼近算子。

（3）类似与 log 边缘检测方法，也属于先平滑后再求导数的方法。

Canny 边缘检测算法可以分为以下四个步骤：

（1）对灰度图进行高斯滤波。

（2）求出梯度的幅值图像和角度图像。

（3）对梯度幅值图形进行非最大值抑制，并进行双阈值处理。

（4）连接分析来检测并连接边缘。

1）高斯滤波

类似于 log 算子（Laplacian of Gaussian）作高斯模糊一样，主要作用就是去除噪声。因为噪声也集中于高频信号，很容易被识别为伪边缘。应用高斯模糊去除噪声，降低伪边缘的识别。但是由于图像边缘信息也是高频信号，高斯模糊的半径选择很重要，过大的半径很容易让一些弱边缘检测不到。

2）计算梯度幅值和方向

图像的边缘可以指向不同方向，因此经典 Canny 算法用了四个梯度算子来分别计算水平。计算梯度模和方向公式如下：

$$\begin{aligned}G&=\sqrt{G_x^2+G_y^2}\\ \theta&=a\ \tan2(G_y,G_x)\end{aligned} \tag{5-41}$$

梯度角度 θ 范围从弧度$-\pi$ 到 π，然后近似到四个方向，分别代表水平，垂直和两个对角线方向（0°，45°，90°，135°）。在进行梯度和方向运算时，一般选择计算梯度。相较于其他算子，Sobel 算子计算所得到的边缘更为清晰、明亮。Sobel 算子实现算法如下式：

$$G_x=\begin{bmatrix}-1&0&+1\\-2&0&+2\\-1&0&+1\end{bmatrix}A\quad G_x=\begin{bmatrix}+1&+2&+1\\0&0&0\\-1&-2&-1\end{bmatrix}A \tag{5-42}$$

通过前两步骤对图像进行处理效果如图 5-18 所示：

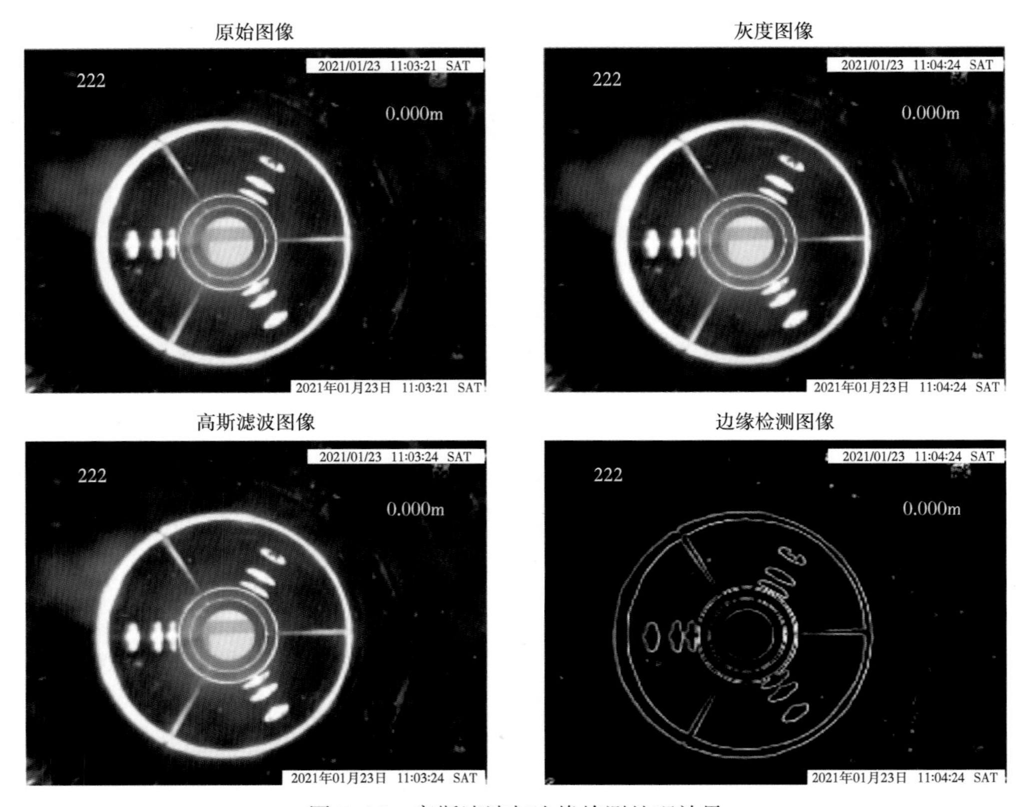

图 5-18 高斯滤波与边缘检测处理效果

3）非最大值抑制

非最大值抑制是一种边缘细化方法。通常得出来的梯度边缘不止一个像素宽，而是多个像素宽。就像我们所说 Sobel 算子得出来的边缘粗大而明亮，从上面 Lena 图的 Sobel 结果可以看得出来。因此这样的梯度图还是很“模糊”。而准则要求，边缘只有一个精确的点宽度。非最大值抑制能帮助保留局部最大梯度而抑制所有其他梯度值，处理效果如图 5-19 所示。这意味着只保留了梯度变化中最锐利的位置。算法如下：

（1）比较当前点的梯度强度和正负梯度方向点的梯度强度。

（2）如果当前点的梯度强度和同方向的其他点的梯度强度相比较最大，保留其值，否则抑制，设为 0。

4）用双阈值算法检测和连接边缘

Canny 算法中减少假边缘数量的方法是采用双阈值法。选择两个阈值，根据高阈值得到一个边缘图像，这样一个图像含有很少的假边缘，但是由于阈值较高，产生的图像边缘可能不闭合，为解决这样一个问题采用了另外一个低阈值。

在高阈值图像中把边缘链接成轮廓，当到达轮廓的端点时，该算法会在断点的八邻域点中寻找满足低阈值的点，再根据此点收集新的边缘，直到整个图像边缘闭合。双阈值算法检测处理后的结果如图 5-20 所示。

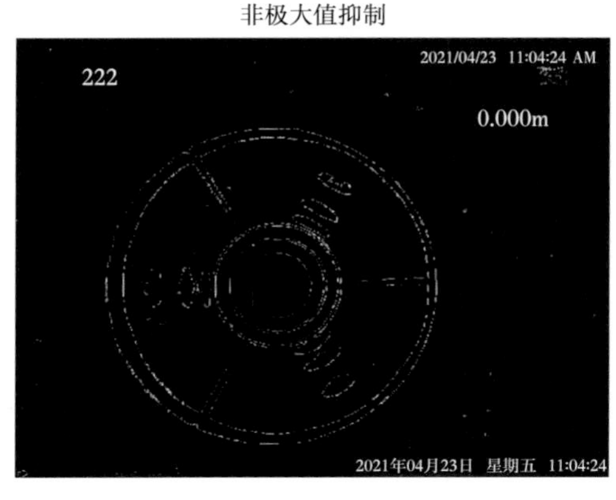

图 5-19　非极大值抑制

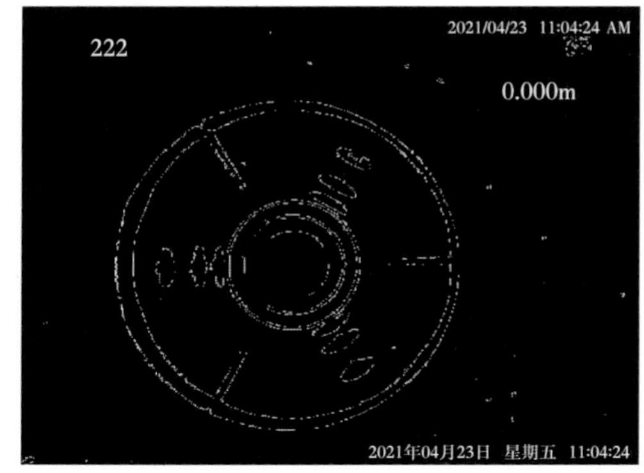

图 5-20　双阈值处理结果

第四节　图像去噪

视频图像是人们获取信息的重要载体，它包含了物体的大量信息，并以直观的方式呈现在我们的眼前。然而图像在获取、传输和存储过程中，经常会受到各种各样的噪声干扰，质量严重降低。而图像预处理算法的好坏直接关系到后续图像处理的效果，比如图像分割、目标识别、边缘检测等。因此实现图像去噪就显得格外重要。

一、图像去噪理论基础

1. 图像去噪概念

噪声可以理解为在原始图像的采集或者是传输过程中，图片的原始像素值发生不同程度的偏离，从而导致图片质量下降的现象，也可以理解为干扰或者妨碍人们对原始图像特征接收的因素。噪声在理论上可以被定义为一种不可预测，只能用概率统计的方法进行认识的随机误差。

图像去噪是指减少数字图像中噪声的过程。获取的图像存在噪声是很难避免的，电子设备和系统本身的不完善会导致噪声产生，在弱光环境下进行的图像采集也会产生噪声，在图像压缩和传输过程中也会受到噪声的影响，给后续的图像分割、目标识别、特征提取等处理造成干扰。因此在图像处理中，图像去噪是一项非常必要也是非常值得研究的内容。它往往在更高级图像处理之前，是图像处理的预操作，也是图像处理的基础。

2. 常见的噪声分类

根据噪声和信号之间的关系，图像噪声可分为加性噪声和乘性噪声。$f(x,y)$表示实际图像信号，$g(x,y)$表示理想无噪声图像信号，$n(x,y)$表示噪声。

加性噪声满足式（5-43）。这类实际图像$f(x,y)$可看作是理想无噪声图像$g(x,y)$与噪声$n(x,y)$之和。信道噪声及光导摄像管的摄像机扫描图像时产生的噪声就属这类噪声。乘性噪声满足式（5-44）。飞点扫描器扫描图像的噪声，电视图像中的相关噪声，胶片中的颗粒噪声就属于此类噪声。

$$f(x,y)=g(x,y)+n(x,y) \tag{5-43}$$

$$f(x,y)=g(x,y)+n(x,y)g(x,y) \tag{5-44}$$

3. 图像噪声模型

图像中的噪声根据其概率分布的情况可以分为高斯噪声（Gaussian Noise）、瑞利噪声（Rayleigh Noise）、伽马噪声（Gamma Noise）、指数噪声（Exponential Noise）和均匀噪声（Uniform Noise）、噪声（Impulsive Noise）等各种形式。

1）高斯噪声

高斯噪声是所有噪声中使用最为广泛的，传感器在低照明度或者高温的条件下产生的噪声就属于高斯噪声，电子电路中产生的噪声也属于高斯噪声，还有很多噪声都可以根据高斯分布（正态分布）的形式进行描述。高斯噪声的概率密度函数可以表示为：

$$p(z)=\frac{1}{\sqrt{2\pi}\sigma}\exp[-(z-\mu)^2/2\sigma^2] \tag{5-45}$$

式中 z 表示灰度值，μ 表示 z 的平均值或期望值，σ 表示 z 的标准差。标准差的平方 σ^2 称为 z 的方差。

2）瑞利噪声

瑞利噪声的概率密度函数由下式给出：

$$p(z)=\begin{cases}\frac{2}{b}(z-a)\exp[-(z-a)^2/b] & z\geqslant a\\ 0 & z<a\end{cases} \tag{5-46}$$

概率密度的均值(μ)和方差(σ^2)由下式给出：

$$\begin{cases}\mu=a+\sqrt{\pi b/4}\\ \sigma^2=b(4-\pi)/4\end{cases} \tag{5-47}$$

3）伽马（爱尔兰）噪声

伽马噪声的概率密度函数由下式给出：

$$p(z)=\begin{cases}\frac{a^b z^{b-1}}{(b-1)!}e^{-ax} & z\geqslant 0\\ 0 & z<0\end{cases} \tag{5-48}$$

式中，$a>0$，b 为正整数；“!”表示阶乘。

其密度的均值和方差由下式给出：

$$\begin{cases}\mu=\frac{b}{a}\\ \sigma^2=\frac{b}{a^2}\end{cases} \tag{5-49}$$

尽管经常被用来表示伽马密度，严格地说，只有当分母为伽马函数 $\Gamma(b)$ 时才是正确的。当分母如表达式所示时，该密度近似称为爱尔兰密度。

4）指数噪声

指数噪声的概率密度函数可由下式给出：

$$p(z)=\begin{cases}az^{-az} & z \geqslant 0 \\ 0 & z < 0\end{cases} \tag{5-50}$$

式中 $a>0$。

概率密度函数的期望值和方差是：

$$\begin{cases}\mu=\dfrac{1}{a} \\ \sigma^2=\dfrac{1}{a^2}\end{cases} \tag{5-51}$$

注意，这个概率密度函数是当 $b=1$ 时爱尔兰概率密度函数的特殊情况。

5）均匀噪声

均匀噪声的概率密度，由下式给出：

$$p(z)=\begin{cases}\dfrac{1}{b-a} & a \leqslant z \leqslant b \\ 0 & \text{其他}\end{cases} \tag{5-52}$$

概率密度函数的期望值和方差可由下式给出：

$$\begin{cases}\mu=\dfrac{a+b}{2} \\ \sigma^2=\dfrac{(b-a)^2}{12}\end{cases} \tag{5-53}$$

6）脉冲噪声

脉冲噪声（又称椒盐噪声）的概率密度函数可由下式给出：

$$p(z)=\begin{cases}P_a & z=a \\ P_b & z=b \\ 1-P_a-P_b & \text{其他}\end{cases} \tag{5-54}$$

如果 $b>a$，灰度值 b 在图像中将显示为一个亮点，相反，a 的值将显示为一个暗点。若 P_a 或 P_b 为零，则脉冲噪声称为单极脉冲。如果 P_a 和 P_b 均不可能为零，尤其是它们近似相等时，脉冲（椒盐）噪声值将类似于随机分布在图像上的胡椒和盐粉微粒，因此而得名。噪声脉冲可以是正的，也可以是负的。负脉冲以一个黑点（胡椒点）出现在图像中。而正脉冲则以白点（盐点）出现在图像中。

二、几种图像去噪方法介绍

图像去噪的方法有很多种，其中均值滤波、高斯滤波、中值滤波等比较基础且成熟，有着快速、稳定等特性，在项目中非常受欢迎，在很多成熟的软件或者工具包中也集成了这些算法，下面分别进行介绍。

1. 均值滤波

均值滤波是典型的线性平滑滤波算法，主要使用的方法是邻域平均法，其思想可以概括为用一片图像区域的各个像素点的平均值来替代原始图像中的各个像素值。在处理时首先在目标像素点周围假设一个 3×3（一般为奇数）的模板窗口（目标像素点即为模板窗口的中心），则该模板包括了目标像素点及其周围的八个像素点，求出模板中所有像素点的平均值，再将求出的平均值赋予目标像素，最终作为处理后图像在该点的灰度值。其计算过程如式（5-55）所示：

$$g(x,y)=\frac{\sum f(x,y)}{m} \tag{5-55}$$

式（5-55）中，$g(x, y)$是经过滤波后该目标像素点的灰度值，m 是当前模板（包括目标像素）的像素点总个数。均值滤波的主要过程如图 5-21 所示：

1	2	1	4	3
1	2	2	3	4
5	7	6	8	9
5	7	6	8	8
5	6	7	8	9

（a）

1	2	1	4	3
1	3	4	4	4
5	4	5	6	9
5	6	7	8	8
5	6	7	8	9

（b）

图 5-21　均值滤波过程

（a）滤波前；（b）滤波后

从图 5-21 中可以看出，对目标像素值 6 周围的模板求平均值，最终用平均值 5 替代了原像素值。均值滤波算法简单，运算速度快，但它本身存在很大的缺陷：它会在去噪的时候破坏图像的细节部分，从而导致图像模糊，因此并不能完全去除噪声点。

针对均值滤波的平滑处理效果做了一个简单的实验，其测试结果如图 5-22 所示。

通过图 5-22 可以看出，均值滤波处理后的图片变得更加平滑，但是图片的轮廓反而变得模糊，导致图片的清晰度下降。

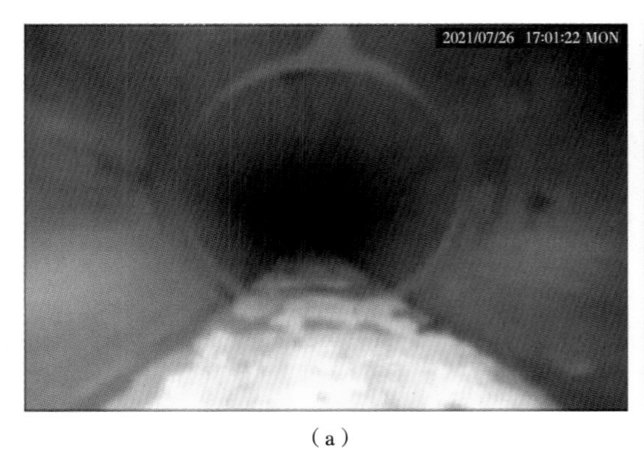

（a）

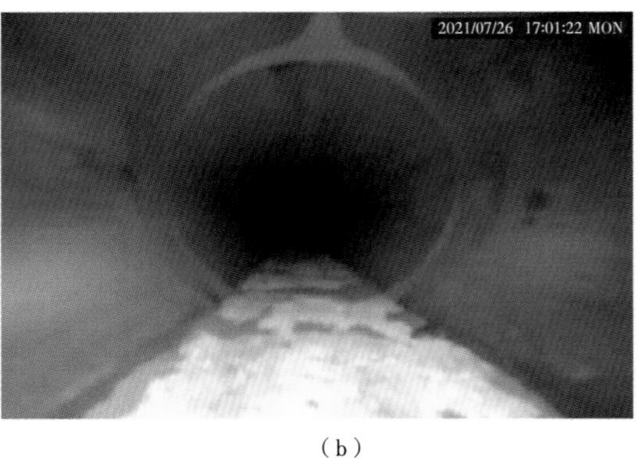

（b）

图 5-22　均值滤波效果

（a）原图；（b）均值滤波处理效果图

第六节　特定目标识别

在可视化测井中，油气井深度对于判断油管缺陷位置至关重要，而现有的测深系统具有一定的深度误差。实际工程中，可通过识别目标油管节箍再参照油管数据表来准确标定仪器的深度。本章节内容基于运动视频图像处理，提出了一种油管节箍自动识别方法，针对测井视频中经常出现的套管节箍，实现了节箍的自动识别和统计。利用 VideoLog 可视化测井系统采集井下油管视频图像，通过对视频图像进行形态学处理、特征参数提取、节箍判决等过程来准确识别节箍。

油管节箍的准确判定，可有效地对测量的深度信息进行校正。实验结果表明，同一个节箍在视频中会多次出现，也会被多次识别，同一节箍平均识别率为 86.9%，节箍计数的正确率为 100%。方法已成功用于可视化测井视频解释处理中，取得了较好的工程应用效果。尤其是对其他异常目标的自动识别提供了借鉴思路。特定目标识别模块的流程如图 5-29 所示。

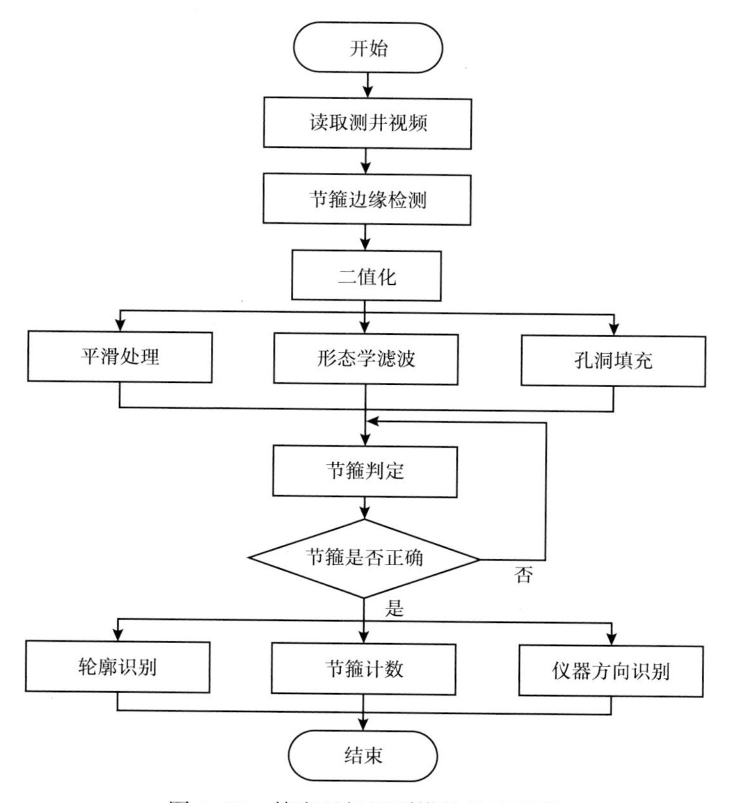

图 5-29　特定目标识别模块的流程图

由图 5-29 可以看出，目标识别的方法是，首先读取测井视频，随后采取帧间差分法，借助边缘检测功能识别视频中出现的运动物体轮廓。此时识别的轮廓很复杂，不仅有节箍的轮廓，还有很多井壁上凹凸处的干扰，因此要将视频转换成二值化图像。随后为了减少干扰，下一步需要对图像进行处理，经过图像平滑处理（中值滤波）、图像形态学滤波（膨胀、腐蚀和开闭运算）和图像孔洞填充功能的处理之后，即可对节箍进行判定，通过计算圆度、面积和圆心位置判断识别的轮廓是否为节箍，最后成功绘制节箍轮廓、统计节箍个数、识别仪器下放方向。

一、节箍校深

确定油气井测井段准确深度是生产测井的重要环节。在测井过程中，深度系统的准确性和可靠性对于取得高质量的测井资料是至关重要的。事实上，无论测井装备如何先进，如何复杂，组合的项目如何完善，其采集的数据流只有两类：一类是测井信息；另一类就是深度信息，二者缺一不可。

在可视化测井中，深度对判断油管缺陷位置同样重要，油管节箍的准确判定，可有效对测量的深度信息进行校正。VideoLog 在油气井应用中，为降低作业成本，通常采用钢丝作业，井下实时视频被自动存储，而地面仪将同步记录钢丝深度，测井结束后，通过后续处理将深度信息合成到视频中以便于解释。实际工程中，该深度标定具有以下缺点：

（1）钢丝的自重会有一定的伸长量，长度越大，伸长量越长，深度误差越大。

（2）钢丝的伸长量会因下井仪重量不同而伸长不同的长度，造成深度误差。

（3）需要根据标记短套管深度数据或者套管节箍数据校正深度。

（4）井下视频录制和地面仪钢丝深度记录依靠时间同步记录，时间同步误差会造成深度误差。

为解决上述问题，本章提出采用帧间差值的节箍校深研究方法，为后续仪器深度准确标定做好前期研究工作。

1. 相机实际深度的测量计算

油气井中的节箍形状为圆形，当测井设备照明系统发射光线照射到井壁和节箍上时会反射光，井壁反射的光弱，节箍反射的光强。从获取的井下视频图像中可以看到节箍有一个清晰明亮的轮廓，而周围管壁相对较暗，根据节箍的这个特点，结合数字图像处理、节箍判别将节箍识别出来，从而较为准确地得到节箍的数量及参数说明。

通过视频图像处理节箍的参数变为已知，相机所对应的实际深度值可以轻易计算得出。对于具体深度的获取需要进行每个节箍间的深度差值，计算出每一帧图像上的深度值，把这个深度值叠加到视频上就得到相对应的深度值。其详细原理为下述内容。

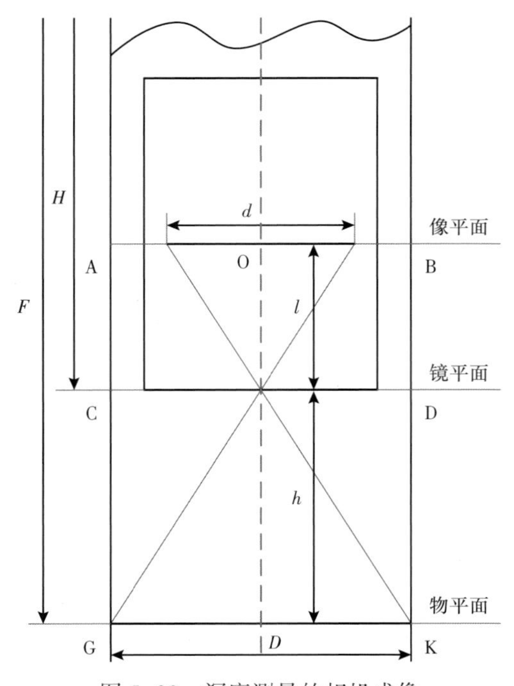

图 5-30 深度测量的相机成像

如图 5-30 所示，F 为节箍的实际深度，H 为相机镜平片的实际深度，l 为像平面与镜平面之间的距离，h 为镜平面与物平面之间的距离，GK 表示为节箍所在的位置，O 点为节箍所成像的圆心，d 为节箍所成像的直径。

根据相机成像原理得：

$$h = \frac{l}{d}D \tag{5-60}$$

因此相机实际深度为：

$$H = F - h = F - \frac{i}{d}D \tag{5-61}$$

根据计算机图像处理，可以得到具体参数，节箍的圆心坐标 $O(x, y)$，节箍的半径 r。根据现场工作人员提供的管道情况可以得到节箍实际深度表以及半径表（表 5-7），从而得到节箍处所对应的实际深度 H，以及深度直径 D。因此根据上述公式就能准确地计算此时相机的实际深度。

式（5-61）计算结果可以得出在某些能识别到节箍的帧上相机所对应的实际深度，但当视频中没有节箍时，无法通过此计算得到实际深度，因此需要使用帧间差值的方法来得到这些帧的深度值。

表 5-7　某油气井部分油管数据表

序号	测井深度/m	长度/m	井斜/(°)	方位/(°)	狗腿度/(°)/m	套管长度
281	3119.75	11	78.663	344.927	10.314	11.219
291	3223.063	11.188	87.775	344.44	4.917	11.281
297	3289.8	11.269	89	345.657	31.233	11.263
319	3534.031	11.875	87.27	345.506	1.913	10.25

2. 帧间深度差值的计算方法

帧间差值的应用需要较为清晰的节箍作为参考。在整个测井视频读取之后，采用图像之间求差的方法将节箍凸显出来，也就是井下电视视频处理软件需要的不断变化的节箍边缘轨迹。采用数学形态学中的灰值化和二值化对图像检测出的节箍边缘轮廓进行图像形态学滤波处理，从而获得更精准的轮廓信息，此举得到的二值化图像即为识别的运动轨迹。处理后的目标区域可能存在孔洞，目标区域外部可能会存在噪声，进行了孔洞填充和清除边界处理对于节箍识别度的增加具有良好的效果。

假设已经知道第 a 帧的相机实际深度 H_1，第 b 帧的相机实际深度 H_2。a 帧与 b 帧大致相差一节管道也就是这两帧之间需要进行帧间深度差值。以较为简单的平均差值为例。

设 n_i 为 a 到 b 之间的帧数，H_{ni} 为 n_i 帧所对应的相机实际深度，那么计算公式为：

$$H_{ni} = H_i + (n_i - a) \times \frac{H_2 - H_1}{b - a} \tag{5-62}$$

这种差值计算简单，计算量小，不需要井上仪测量的深度就可以进行深度的差值矫正；但是其缺点也较为明显，在实际工作中，井下摄像机在向下移动时是靠人为手动来下放一起，他不能保证下放的速度保持不变，甚至出现停止下放的情况即图像静止不动，深度应该不变，导致在两个节箍中间的深度有较大的误差，所以要在这个方法上加以修正方可减小误差。

综合实例分析，由 VideoLog 油气井可视化测井系统在西南某页岩气井采集油管节箍识别的视频图像如图 5-31a。此次采集的井段为 0～4000m，采集的分辨率为 640×480，帧率为 30Frame/s。测井仪器以 500 m/h 的速度匀速倒角油管下入。分析结果表明显示检测到某一节箍如图 5-31b 时，叠加的具体深度为 3522m。

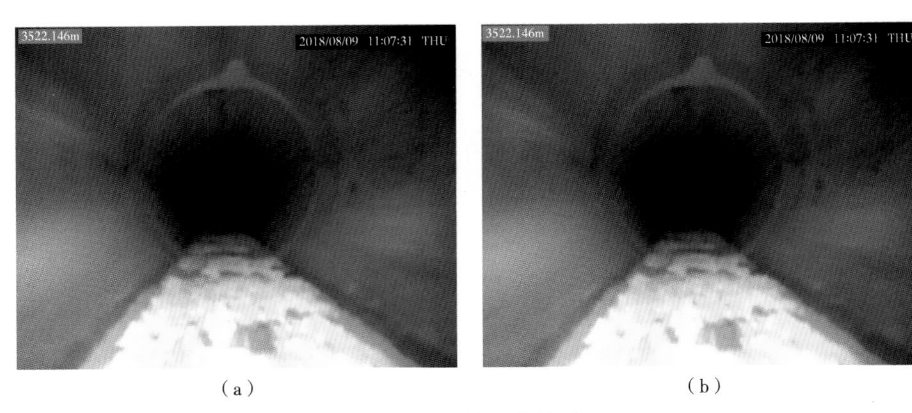

（a）　　（b）

图 5-31　某一节箍处

（a）原始图像；（b）深度叠加后图像

二、自动识别节箍

为了减少人工识别节箍的工作量，缩短可视化测井的工作周期，提高视频处理服务软件的智能化水平，我们希望能对套管中的节箍目标进行自动识别。为此，我们利用图像处理等相关知识对软件功能进行了拓展和优化，具体工作流程如下。

首先读取测井视频，随后采取帧间差分法，借助边缘检测功能识别视频中出现的运动物体轮廓。此时识别的轮廓很复杂，不仅有节箍的轮廓，还有很多井壁上凹凸处的干扰，因此要对视频图像进行二值化操作。二值化后的图像经过形态学滤波（膨胀、腐蚀和开闭运算）和图像孔洞填充处理之后，就可以对节箍轮廓和特征进行提取，计算目标区域边界的周长、面积和圆心位置，从而计算出圆度，对目标进行判定，判断识别的轮廓是否为节箍，最后统计节箍个数、识别仪器下放方向。

1. 节箍边缘检测

对节箍进行边缘检测，其原理是基于运动目标检测，利用帧间差分法将视频图像中变化的区域从背景图像中提取出来。通过相邻帧数两幅图像，进行差分运算求出结果后对其图像进行二值化操作，最后得到的二值化图像（图 5-32、图 5-33）即为识别的运动轨迹，也就是井下电视目标识别所需要的不断变化的节箍边缘轨迹。

2. 图像处理

在目标识别过程中需要对图像进行处理，主要是对检测出的节箍边缘轮廓进行图像形态学滤波、孔洞填充和平滑处理，从而获得更精准的轮廓信息。图像处理功能主要由以下三部分构成：

（1）图像形态学处理由图 5-34 的边缘检测效果图，可以看出节箍轮廓右上角存在一些细小裂缝、断层，这是由于帧间差分法的算法局限性导致的，难免出现这种“空洞”的

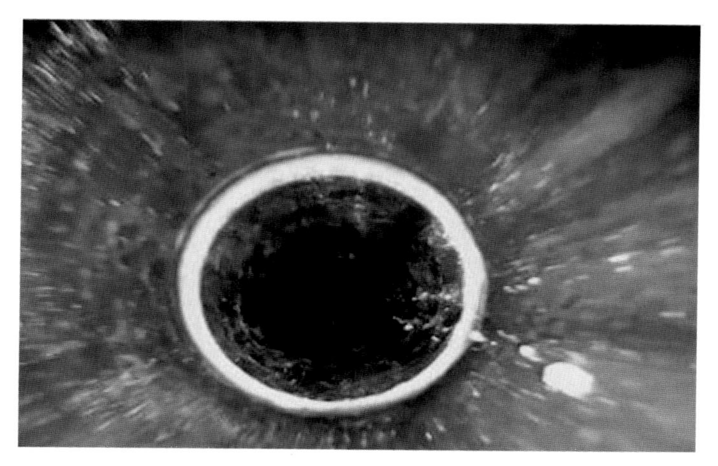

图 5-32　测井视频截图

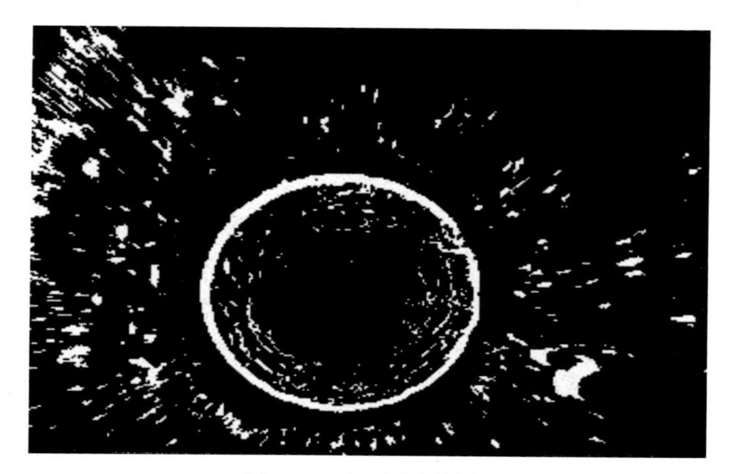

图 5-33　边缘检测效果

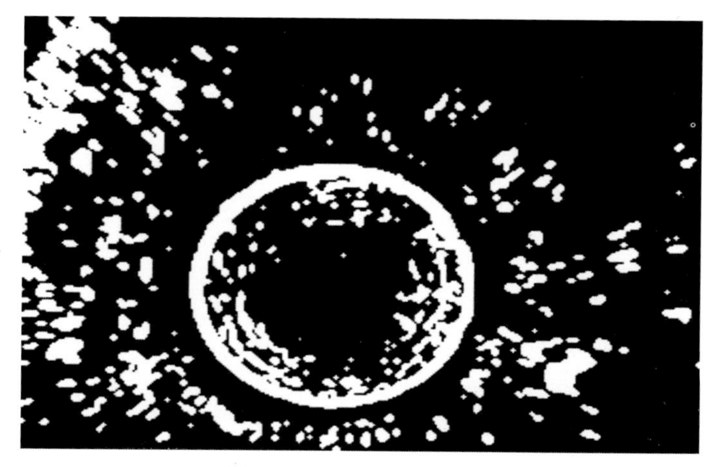

图 5-34　形态学处理效果

现象，为了消除这种裂缝现象，先对二值化图像进行膨胀处理，填平小孔、弥合小裂缝，让边缘轮廓更加饱满。然后对其进行图像形态学处理，消除细的突出物、平滑物体轮廓。经过这些操作，节箍轮廓将更加鲜明，更易识别。形态学处理效果图如图 5-35 所示。

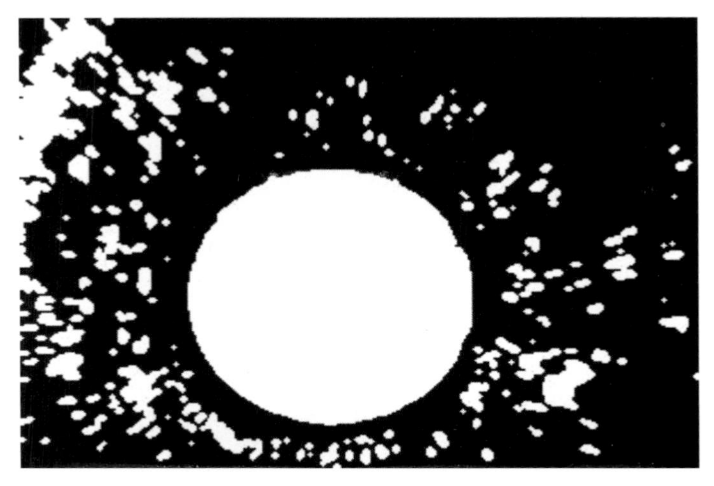

图 5-35　孔洞填充图

（2）孔洞填充。

经过以上处理之后，节箍轮廓右上角存在的细小裂缝、断层被成功填充，下一步需要对节箍中间的黑色孔洞进行填充，这一步操作将会方便后续对节箍轮廓的判定。填充完毕后节箍从圆环变成了圆面，如图 5-35。

（3）图像平滑处理。

经过孔洞填充之后，图像中还有许多微小噪点存在，为了防止其对图像的干扰，保证轮廓的完整性，再利用形态学开运算的方法去除孔洞周围微小的噪点，平滑边缘（图 5-36）。最后对图片四周边界附近的噪点进行剔除，如图 5-37 所示。

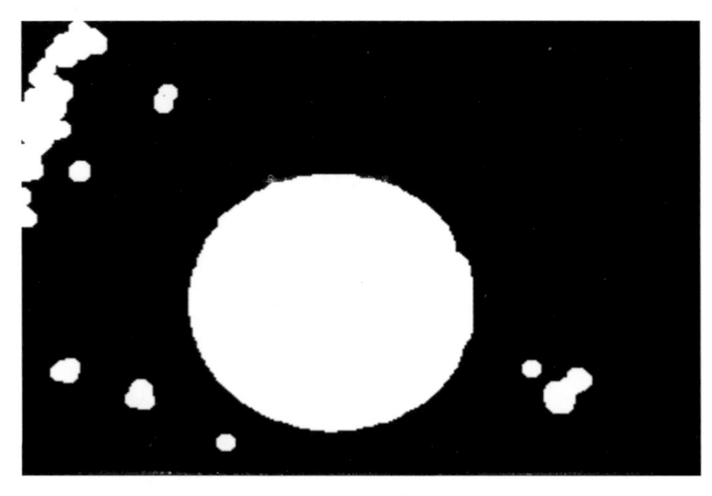

图 5-36　开运算效果

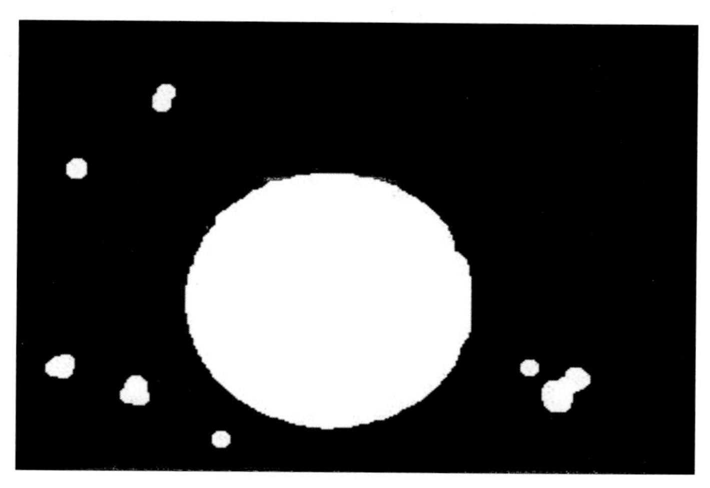

图 5-37　剔除边界效果

3. 轮廓提取

在剔除边界后，采用边缘跟踪算法提取二值图像的轮廓，边缘跟踪算法主要包括扫描和跟踪两个过程，算法不同，扫描和跟踪的过程不同。本文采用基于八邻域链码的方法进行轮廓跟踪。

八邻域链码轮廓跟踪是按从左到右，从上到下的顺序扫描图像，将扫描的第一个边缘点作为链码的起点，然后按逆时针方向搜索该点八邻域内边缘点。为避免重复跟踪，依次找出物体边界上的其余像素点，如此反复迭代形成边缘链码，直到又回到起始点为止。

4. 特征提取

（1）目标区域边界的周长 P。

采用了八邻域链码的方法计算连通区域边界的周长。使用八邻域链码跟踪目标区域的轮廓并记录链码值，设边界线上链码值为偶数的像素个数为 N_e，为奇数的像素个数为 N_0，则边界的周长计算公式为：

$$P=N_e+\sqrt{2}N_0 \tag{5-63}$$

（2）目标区域边界的面积 S。

数字图像中目标区域面积 S 的计算方法有很多种，我们采用基于链码的面积计算方法，即目标轮廓链码代表包围区域的面积。沿着八邻域链码轮廓对 x 轴积分，就可以得到区域面积。基于八邻域链码的区域面积计算公式如下：

$$S=\sum_{i=1}^{n}\left[y_{i-1}+\frac{1}{2}\mathrm{d}y(c_i)\right]\mathrm{d}x(c_i) \tag{5-64}$$

$$y_i=y_{i-1}+\mathrm{d}y(c_i),i=1,2,3,\cdots,n \tag{5-65}$$

式中，y_0 为初始点的纵坐标，n 为链码值的个数，$\mathrm{d}x(c_i)$ 和 $\mathrm{d}y(c_i)$ 分别是横坐标和纵坐标的偏移量。

（3）目标区域边界的质心（$\bar{x}$，$\bar{y}$）。

质心是连通区域的几何中心，质心的计算公式定义如下：

$$\bar{x}=\frac{\sum_{j=1}^{n}\sum_{i=1}^{m}g(i,\ j)i}{\sum_{j=1}^{n}\sum_{i=1}^{m}g(i,\ j)}$$
$$\bar{y}=\frac{\sum_{j=1}^{n}\sum_{i=1}^{m}g(i,\ j)j}{\sum_{j=1}^{n}\sum_{i=1}^{m}g(i,\ j)} \tag{5-66}$$

式中，i，j 为图像的两个方向；m，n 分别为 i，j 方向像素的数量；$g(i,\ j)$ 为像素点 $(i,\ j)$ 处的灰度值；$(\bar{x},\ \bar{y})$ 为质心点的坐标。

(4) 目标区域边界的圆度 D。

圆度是一个对象的轮廓接近圆形程度的描述，其数学定义为：

$$D=\frac{4\pi S}{P^2} \tag{5-67}$$

式中，S 表示检测对象的边缘所围成的面积；P 表示检测对象边缘的周长；D 的大小越接近 1，检测对象越接近圆形，当 $D=1$ 时，说明检测对象是圆形，当检测对象为其他任何形状的时候，D 都小于 1。

5. 节箍判别

在剔除边界后，图片中仍然存在一些残留的噪点。这是由于井下环境非常复杂，目标背景中除了油管内壁可能附着水珠外，还有一些由井下作业导致的井壁刮痕等都会造成较强的光线反射，对图像处理造成干扰。为了将节箍更加准确地识别出来，节箍判定必须满足以下三个条件：

(1) 设置一个圆度的阈值 threshold，各个连通区域的圆度 D 必须大于 threshold。

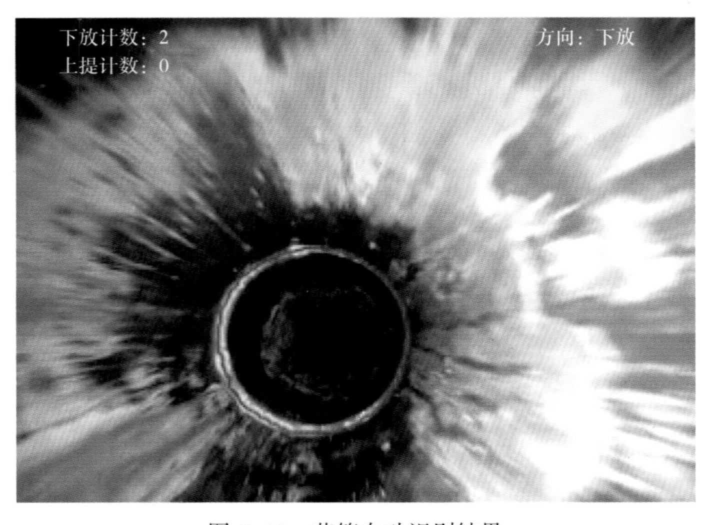

图 5-38 节箍自动识别结果

（2）设置一个面积的阈值 K，各个连通区域的面积 S 必须大于 K。

（3）设置一个圆形范围 U，质心（$\bar{x}$，$\bar{y}$）必须在这个范围 U 内。

只要符合上述三个条件，就能正确识别出节箍了。

第七节　定量分析

可视化检测技术利用井下摄像机获取井眼视频图像，让油气井工程技术人员以“最直观”的方式掌握井下“最真实”的状况。早期的研究重点在于井下工具的研制以及作业工艺的配套，以获取高质量的井下视频图像。随着井下工具和配套工艺的成熟，可视化检测在油气井管柱腐蚀、穿孔、变形、错断、检测、鱼顶检测、套损出水等领域都得到了很好的应用。目前，VideoLog 可视化测井服务在国内取得了较好的工程应用效果。在应用过程中，新的需求不断被提出，主要集中在组合测井资料的综合解释和可视化检测的定量评价。

但受摄像机的固有特性及成像原理所限，可视化检测获取到的井筒图像是变形失真的。对于图像失真校正的问题，现存有多种解决方案。比如 Lucchese 等提出了校正径向畸变和倾斜变形的方法，利用该方法得到的校正图像在视觉上有所改善，但其方法复杂不利于非专业人员使用；另外黄斌等提出通过建立中心偏移摄像机成像数学模型，能较好地实现了管道柱面图像展开，但中心偏移量在 80% 以上时，偏移后的误差相对较大。

基于消除失真获得的偏心校正图像，本章节提出不同于以往常规研究机理的定量分析方法。通过井筒三维建模和井筒成像仿真，剖析井筒图像的失真机理，阐述了一种基于井筒截面轮廓检测和不动点定位的井筒可视化检测图像失真校正方法。通过推导不动点坐标计算公式，对目标图像重采样和映射变换，得到井筒偏心校正图像和展开变换图像。

此方法工程实践效果表明，对实际测井资料处理后，可消除图像的变形失真，得到井筒管壁的 360°全景平面展开图像。对测井视频进行图像的展开和拼接，将测井仪器采集的第一人称视角俯视图转换为第三人称视角井筒侧壁全景展开图。此时展开效果图可以提供不一样的观测视角，更能对套损点进行定量测量。将展开后的图形进一步合成，转换为井筒表面的三维立体图像，为井筒可视化检测的主观评价提供全新的视角，为定量分析奠定了基础。此方法的应用为测井人员分析井况、制定修井方案提供更多的帮助。文章通过实际应用案例的解释成果图，展示该方法的应用效果，以期对实现井筒可视化检测目标的定量分析提供依据。

一、井筒三维建模

由于摄像机的固有特性，可视化测井系统获取的全帧率视频图像是变形失真的。因此，在分析研究视频图像前需要对井筒原始图像进行三维建模。三维模型通常要根据场景对象的空间几何拓扑结构及不同特征的对象采用不同的构建方法。对于规则形体对象，采用点、线、面等基本图元进行建模；对于规则曲面形体对象，采用球体、圆柱体等三次曲面进行建模；对于非规则的曲面，采用切片、角点网格等更灵活方法进行建模。理论上，井筒井径是均匀的，但实际情况下，由于井内各种复杂的环境，井径会产生变化。从宏观上只考虑井筒的整体走势，不考虑井径的变化，井筒是一个规则的曲面形体对象。因此，采用圆柱体拼接进行建模，三维管柱建模如图 5-39 所示，模型参数半径 $r_0=50$，高度 $h=100$，中轴线 $x_0=0$，$y_0=0$，底平面 $z=0$。

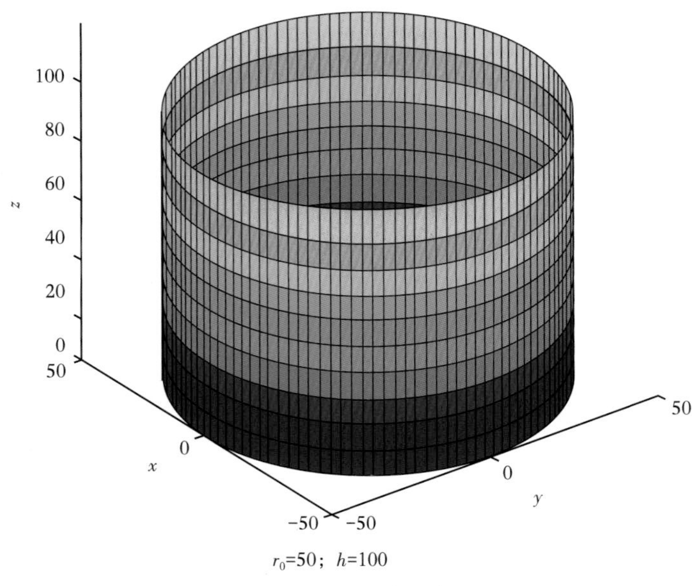

图 5-39　三维管柱建模

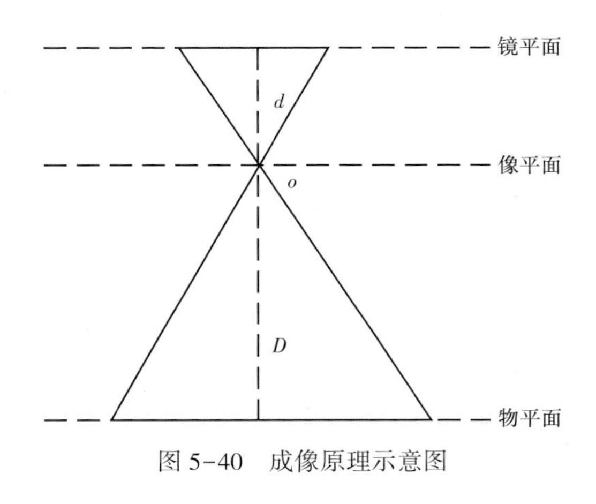

图 5-40　成像原理示意图

1. 管柱表面视觉建模

1）成像原理

成像原理如图 5-40 所示，其中：s 为物体的像的大小，像素；S 为物体的尺寸，mm；D 为物体所在平面与镜头所在平面的距离，mm；d 为物体的像所在平面与镜头所在平面的距离，mm。假设摄像机的像元为正方形，边长为 p（单位为 mm／像素），根据成像原理，可得到关系式：

$$\frac{ps}{S}=\frac{d}{D}，即\ s=\frac{d}{pD}S=\frac{a}{D}S \quad (5-68)$$

其中，$\alpha=\frac{d}{p}$，为相机常数。由于 o 的位置未知，d 很难直接测量，p 通常也很难确定。因此，α 与镜头结构及成像元件的分辨率有关，可通过相机标定来确定，仿真中选取 $\alpha=1$。上式中物体的像的大小 s 与物体的尺寸 S 成正比，与物体所在平面与镜头所在平面的距离 D 成反比。

2）不动点原理

摄像机中轴线上的所有点与图像中的像点全部重合，与该点距摄像头的位置远近无关，该像点称为不动点。求解不动点坐标，目的是为了计算偏心圆环上的圆心坐标和半径，通过坐标平移，将偏心圆环上所有的圆心平移，使其与管柱中心重合，可得到偏心校正的图像。

（1）中心不动点坐标概念解释。

不动点坐标也可以叫作初始圆心坐标，由于管道偏心，当相机位置水平方向固定不动时，相机识别出的管道圆形区域是随着相机向下行进过程中圆心位置离初始圆心越来越远，因为这个初始圆心不易识别，所以可以这样理解和定义：对于一个偏心的管道图像，它的不动点坐标就是当管道所围成的圆离摄像机越远圆形直径越小，当管道无限长时圆形近似成为一个点，这个点就是它的不动点。由此可以看出，圆心不动点就在图像的正中心。图 5-41 所示，对于偏心图像模拟的中心不动点坐标。

图 5-41　模拟中心不动点坐标

（2）中心不动点坐标的计算。

如图 5-42 所示，根据图像处理得到的两个圆。圆 C_1 为离摄像机较劲的管柱，圆心为 $O_1(ox_1, oy_1)$，半径为 r_1；圆 C_2 为里摄影机较劲的管柱圆，圆心为 $O_2(ox_2, oy_2)$，半径为 r_2；过 $O_1(ox_1、oy_1)$、$O_2(ox_2, oy_2)$ 画一条直线。交于圆 C_1 与 $A(x_{11}, y_{11})$、$C(x_{12}, y_{12})$ 两点；交于圆 C_2 与 $B(x_{21}, y_{21})$、$D(x_{22}, y_{22})$ 两点。设 $O(oox, ooy)$ 为中心不动点。

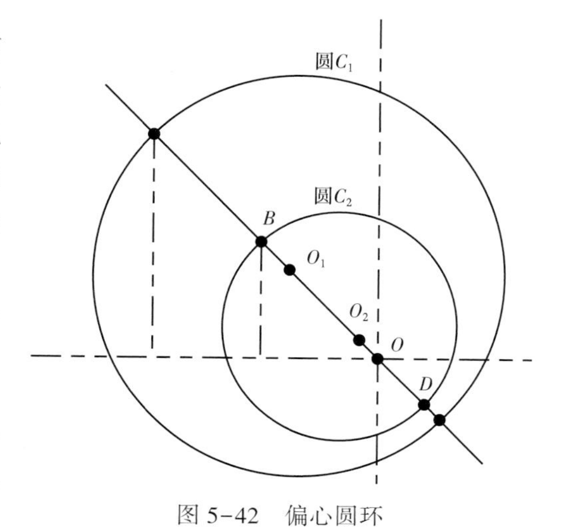

图 5-42　偏心圆环

由图像处理可得，$O_1(ox_1, oy_2)$、$O_2(ox_2, oy_2)$ 的坐标值和 r_1、r_2 的值，由此可以求得 $A(x_{11}, y_{11})$、$C(x_{12}, y_{12})$、$C(x_{12}, y_{12})$、$D(x_{22}, y_{22})$ 点的坐标值：

$$\begin{cases} x_{11} = ox_1 - \dfrac{r_1 \times |ox_1 - ox_2|}{d} \\ y_{11} = oy_1 - \dfrac{r_1 \times |oy_1 - oy_2|}{d} \\ x_{12} = ox_1 + \dfrac{r_1 \times |ox_1 - ox_2|}{d} \\ y_{12} = oy_1 + \dfrac{r_1 \times |oy_1 - oy_2|}{d} \\ x_{21} = ox_2 - \dfrac{r_2 \times |ox_1 - ox_2|}{d} \\ y_{21} = oy_2 - \dfrac{r_2 \times |oy_1 - oy_2|}{d} \\ y_{22} = ox_2 + \dfrac{r_2 \times |ox_1 - ox_2|}{d} \\ y_{22} = oy_2 - \dfrac{r_2 \times |oy_1 - oy_2|}{d} \end{cases} \tag{5-69}$$

式中，d 为两个圆心之间的距离：

$$d = \sqrt{(ox_1 - ox_2)^2 + (oy_1 - oy_2)^2} \tag{5-70}$$

根据相机成像原理以及三角形相似原理得：

$$\frac{OA}{OB}=\frac{OC}{OD} \tag{5-71}$$

根据式（5-69）可得：

$$\begin{cases} \dfrac{x_{11} - oox}{x_{21} - oox} = \dfrac{x_{12} - oox}{x_{22} - oox} \\ \dfrac{y_{11} - oox}{y_{21} - oox} = \dfrac{y_{12} - oox}{y_{22} - oox} \end{cases} \tag{5-72}$$

根据上式（5-69）可得：

$$\begin{cases} oox = \dfrac{x_{11} \cdot x_{12} - x_{12} \cdot x_{21}}{(x_{11} + x_{22}) - (x_{12} + x_{21})} \\ ooy = \dfrac{y_{11} \cdot y_{12} - y_{12} \cdot y_{21}}{(y_{11} + y_{22}) - (y_{12} + y_{21})} \end{cases} \tag{5-73}$$

2. 视觉建模

1）摄像机在管柱中居中

摄像机在管柱中居中的几何模型如图 5-43 所示，摄像机在管柱中居中时（摄像机中

建立映射函数把映射 (x, y) 到 (x', y') 完成偏心矫正。

$$\begin{cases} x' = oox + r_1\cos\left(\dfrac{i}{2\pi r_1}\right) \\ y' = ooy + r_1\sin\left(\dfrac{i}{2\pi r_1}\right) \end{cases} \tag{5-75}$$

2. 圆环内其他圆心坐标求解

根据小节偏心矫正原理中的内容，对于已知所有偏心圆的圆心坐标和半径就可以解决所有的偏心圆矫正问题。根据下述两种不同的方法来求解所有偏心圆的圆心坐标和半径。

1）求解偏心圆圆心坐标方法一

如图 5-50，管柱截面 1 的像为 AC，以 AC 为直径构成的圆的圆心为 $O_1=(ox_1, oy_1)$，半径为 r_1；管柱 2 的像为 BD，以 BD 为直径构成的圆的圆心为 $O_2=(ox_2, oy_2)$，半径为 r_2；管柱截面 3 的像为 EF，以 EF 为直径构成的圆心为 $O_3=(ox_3, oy_3)$，半径为 $r_3(r_1<r_3<r_2)$；管柱的直径为 $2R$；$O(oox, ooy)$ 为不动点坐标；相机中轴线与关闭最近距离为 L；管柱截面 1 和管柱截面 2 之间的距离为 h；管柱截面 1 和管柱截面 3 之间的距离为 y。

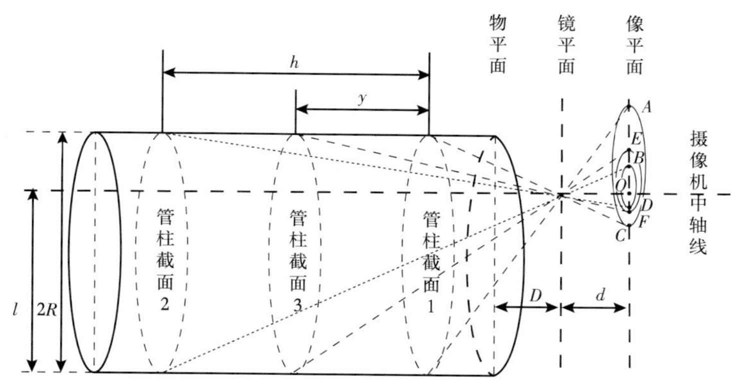

图 5-50　管壁圆与相机的投影关系

根据相机成像原理及三角形相似得：

$$\begin{cases} \dfrac{2r_1}{2R} = \dfrac{d}{D} \\ \dfrac{2r_2}{2R} = \dfrac{d}{D+h} \\ \dfrac{2r_3}{2R} = \dfrac{d}{D+y} \end{cases} \tag{5-76}$$

$$\begin{cases} \dfrac{OO_1}{l} = \dfrac{d}{D} \\ \dfrac{OO_2}{l} = \dfrac{d}{D+h} \\ \dfrac{OO_3}{l} = \dfrac{d}{D+y} \end{cases} \tag{5-77}$$

由上式可得半径 r_3 和圆心 O_3（ox_3，oy_3）：

$$r_3=\frac{r_1r_2}{r_2h+(r_1-r_2)y} \tag{5-78}$$

$$\begin{cases} ox_3=\dfrac{h\cdot(ox_1-oox)\cdot(ox_2-oox)}{h\cdot(ox_2-oox)-(ox_2-ox_1)\cdot y}+oox \\ oy_3=\dfrac{h\cdot(oy_1-ooy)\cdot(oy_2-ooy)}{h\cdot(oy_2-ooy)-(oy_2-oy_1)\cdot y}+ooy \end{cases} \tag{5-79}$$

根据中心不动点坐标的计算以及图像处理的数据可知：$O_1=(ox_1, oy_2)$、$O_2=(ox_2, oy_2)$的坐标值和 r_1、r_2 的值以及中心不定点 $O(oox, ooy)$的坐标值都已知。

又根据上述公式，只需要知道 h 和 y 的值，所圆心坐标和半径就可得到。h 由深度矫正所述内容很容易就能得到；y 值可以取为迭代映射时的迭代步长，其计算方法如下。

取初始值为，

$$y\,[1]=\frac{1}{h} \tag{5-80}$$

则

$$y[i]=y[i-1]+\frac{1}{h} \tag{5-81}$$

式中，$0<i<h$。

因此最后可以求得所有的偏心圆的坐标 $O_3=$（ox_3，oy_3）以及 r_3 的值。

2）求解偏心圆圆心坐标方法二

如图 5-7-13，圆 C_1 是离摄像机较近的圆柱圆，圆心为 $O_1=(ox_1, oy_1)$，半径为 r_1；圆 C_2 是离摄像机较远的管柱圆，圆心为 $O_2=(ox_2, oy_2)$，半径为 r_2；圆 C_3 是任意位置的管柱圆，圆心为 $O_3=(ox_3, oy_3)$，半径为 $r_3(r_1<r_3<r_2)$；过 $O_1=(ox_1, oy_1)$、$O_2=(ox_2, oy_2)$ 画一条直线。交于圆 C_1 与 $A(x_{11}, y_{11})$、$C(x_{12}, y_{12})$ 两点；交于圆 C_2 与 $B(x_{21}, y_{21})$、$D(x_{22}, y_{22})$ 两点；交于圆 C_3 与 $E(x_{31}, y_{31})$、$F(x_{32}, y_{32})$ 两点；$O=(oox, ooy)$ 为不动点坐标。

同理，根据相机成像原理

$$\frac{OB}{OE}=\frac{OD}{OF}=\frac{OO_2}{OO_3} \tag{5-82}$$

由上式 5-80 得：

$$\begin{cases} \dfrac{x_{21}-oox}{x_{31}-oox}=\dfrac{x_{22}-oox}{x_{32}-oox}=\dfrac{ox_2-oox}{ox_3-oox} \\ \dfrac{y_{21}-ooy}{y_{31}-ooy}=\dfrac{y_{22}-ooy}{y_{32}-ooy}=\dfrac{oy_2-ooy}{oy_3-ooy} \end{cases} \tag{5-83}$$

由上式 5-81 得：

$$\begin{cases} ox_3=\dfrac{(ox_2-oox)\cdot(x_{31}-oox)}{(x_{21}-oox)}+oox \\ oy_3=\dfrac{(oy_2-ooy)\cdot(y_{31}-ooy)}{(y_{21}-ooy)}+ooy \end{cases} \tag{5-84}$$

$$\begin{cases} x_{32}=\dfrac{(ox_3-oox)\cdot(x_{22}-oox)}{(ox_2-oox)}+oox \\ y_{32}=\dfrac{(oy_3-ooy)\cdot(y_{22}-ooy)}{(oy_2-ooy)}+ooy \end{cases} \tag{5-85}$$

由式 5-82 可得：

$$r_3=\sqrt{(ox_3-x_{31})^2+(oy-y_{31})^2} \tag{5-86}$$

根据不动点坐标的计算以及图像处理数据可知：$O_1=(ox_1,\ oy_1)$、$O_2=(ox_2,\ oy_2)$ 的坐标值和 r_1、r_2 的值，$A(x_{11},\ y_{11})$、$C(x_{12},\ y_{12})$、$B(x_{21},\ y_{21})$、$D(x_{22},\ y_{22})$ 点的坐标值以及中心不动点 $O=(oox,\ ooy)$ 的坐标值都已知。

又根据上述公式，只需要知道 x_{31} 和 y_{31} 的值，圆心坐标和半径就可得到。x_{31} 和 y_{31} 值可以取为迭代映射时的迭代步长，其计算方法如下。

取初始值为：

$$\begin{cases} x_{31}[1]=x_{21}-\dfrac{1}{|x_{11}-x_{21}|} \\ y_{31}[1]=y_{21}-\dfrac{1}{|y_{11}-x_{21}|} \end{cases} \tag{5-87}$$

则，

$$\begin{cases} x_{31}[i]=x_{31}[i-1]-\left(x_{21}-\dfrac{1}{|x_{11}-x_{21}|}\right) \\ y_{31}[i]=y_{31}[i-1]-\left(y_{21}-\dfrac{1}{|y_{11}-y_{21}|}\right) \end{cases} \tag{5-88}$$

其中 $0<i<(x_{11}-x_{21})$

因此最后可以求得所有的偏心圆的坐标 $O_3=(ox_3,\ oy_3)$ 以及 r_3 的值。

方法一和方法二在求取圆心坐标的计算量上区别不大，都是根据迭代思想来确定初始圆，然后根据相应的方程求解其所需参数。在实用性上方法二更加方便，因为不需要外部参数。但是在精度方面因为两个方法的迭代步长不一样，迭代的范围也不一样，无法准确地判断出哪个精度较高，因此无法最终确定哪个方法更优。

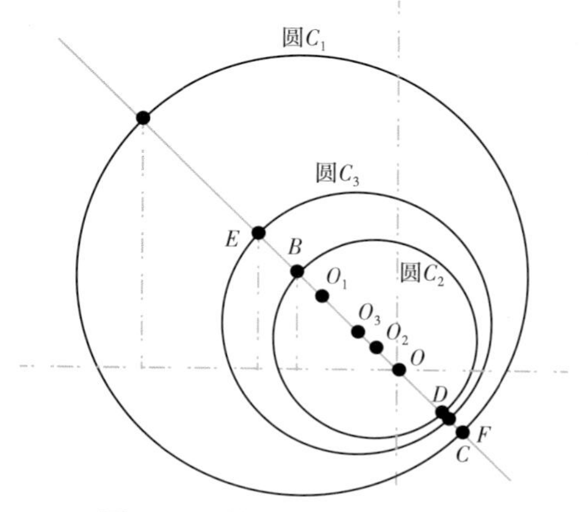

图 5-51　管壁圆在相机上的像

3. 管壁展开

对偏心校正后的图像进行展开变换，其本质就是通过极坐标变换，将圆环区域展开成矩形区域，对原来的“圆图”中的每个点求出展开后的“方图”上每个像素点的像素值，因此展开变换的关键就是求出“圆图”中的像素与“方图”中对应像素的映射关系。通过三维重构和投影变换，将管壁俯视的圆周图像展开成侧视平面图像，如图 5-52 所示。展开后的图像消除了非线性失真，易于刻度和测量。最后拼接成完整的管柱表面展开图，和其他测井曲线和成果对比。

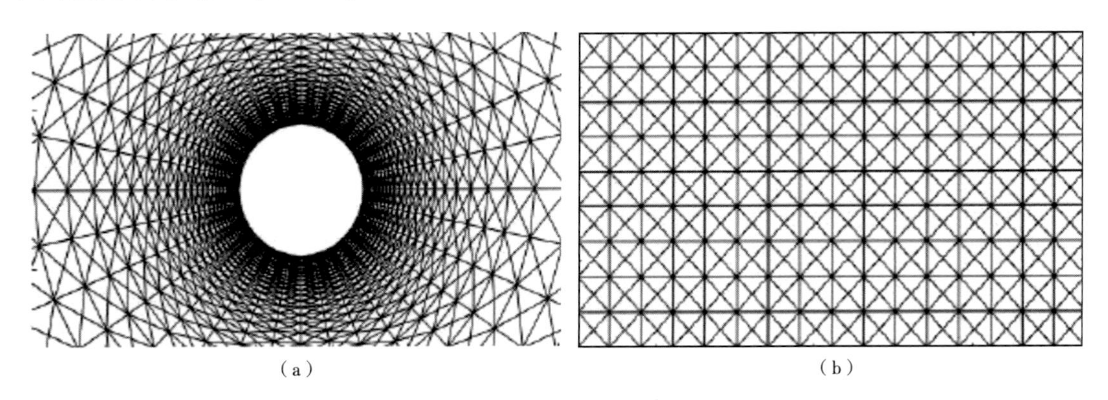

（a）　　　　　　　　　　（b）

图 5-52　不同情况下的图像模拟图

（a）相机在管道内的成像；（b）管壁展开时的成像

1）管壁展开的流程图

摄像机为全景图像，如果要把全景图像进行展开变换，展开前的图像要以元为单位进行展开，所以首先要处理的是把长方形图像截取成圆形或者正方形（截取为正方形时只需要以正方形的边长作为圆形的直径即可），然后把其中圆形像素点进行逐一的展开变换成线条映射到矩形图像内。

因为图像分为偏心图像与同心图像，所以在展开变换时也分为偏心图像的展开和同心图像的展开。因为同心图像需要从偏心图像进行校正处理，并且偏心图像在映射变换时比同心图像复杂，计算量更大，所以首选以同心图像作为展开变换的原始图像。

根据所提需求进行分析提出了如图 5-53 的流程。

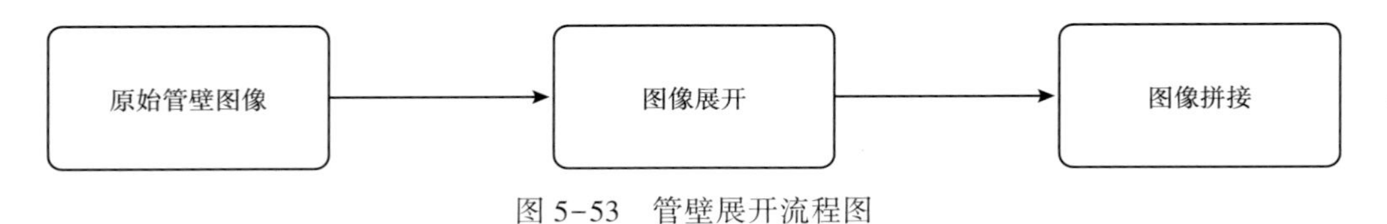

图 5-53　管壁展开流程图

先提取视频中的固定的每帧图像进行偏心矫正，得到修正后的同心图像后把此图像进行展开变换得到此图像的所拍摄的管壁的展开图，然后把每一个得到的展开图进行拼接得到拼接好的完整的管道展开图，最后把完整的展开图像再拼合成三维的圆柱状管道图。

2）同心圆环图像管壁展开原理

（1）单个圆的展开。

在图 5-54a 中，圆 C_1、C_2、C_3 为同心圆，半径分别为 r_1、r_2、r_3、O 是三个圆的圆心，D/D_1，B/B_1，A/A_1 为水平方向上的轴线与三个圆的交点。由计算机图像处理和偏心矫正可得，O（x_0，y_0）点坐标与 r_1、r_3 的大小，因此 D/D_1，B/B_1，A/A_1 的坐标也可以得到。

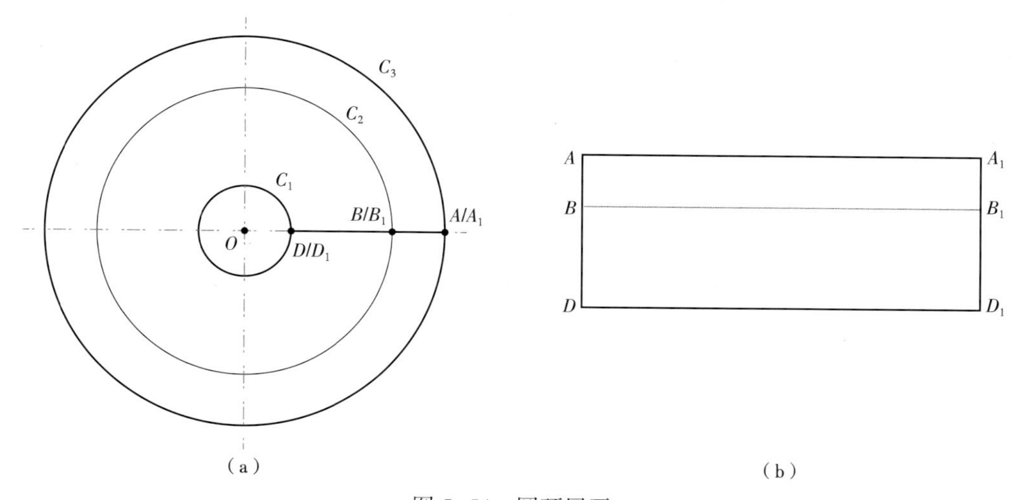

图 5-54　圆环展开

（a）展开前图像；（b）展开后图像

展开映射就是先以半径 r_1 为的圆 C_1 开始取图像的，以 D 为起点 D_1 为终点，映射到图 5-54b 中 D-D_1 的线上，然后半径依次增大逐个映射，直到半径为 r_3 的圆 C_3 完成映射。半径为 r_2 的圆 C_2 为圆 C_1 和圆 C_3 中的任意一个圆。因此单个圆展开的投影如下，求圆 C_2 任意一点（x，y）的坐标：

$$\begin{cases} x=x_0+r_2\cos\left(\dfrac{i}{2\pi r_2}\right) \\ y=y_0+r_2\cos\left(\dfrac{i}{2\pi r_2}\right) \end{cases} \tag{5-89}$$

求与之对应的展开线上任意一点(x'，y')坐标：

$$\begin{cases} x'=\dfrac{i}{L} \\ y'=2(r_3-r_2) \end{cases} \tag{5-90}$$

式中 L 为图 54b 中图像的长；$2(r_3-r_2)$为把 $2(r_3-r_1)$设为图像的宽时的 y'所对应的数据；$0<i<2\pi r_2$。

建立映射函数把映射（x，y）到(x'，y'）完成单个圆的展开变换。

（2）单个图像的展开。

根据上述可知，只要知道每一个圆的半径 r 就可完成整个图像的展开变换，r 值可以取为迭代映射时的迭代步长，其计算方法如下：

取初始值为，

$$r[1]=r_1 \tag{5-91}$$

则

$$r[i]=r_1+i \tag{5-92}$$

式中，$0<i<(r_3-r_1)$。

因此最后可以求得所有的圆的 r 值。

（3）展开图的拼接。

根据上述内容已经可以对单个图像即视频的某帧进行展开变换。对于单个图像而言越靠近底部即越靠近小圆图像可分辨能力越低，所以要完成某一节的管壁展开不能仅仅靠一副图像，而是连续的多张图片展开后进行拼接。设定好每张展开图的原始图像的间隔，即间隔帧，将这些图片帧逐一展开，然后在进行拼合得出最后的管壁展开图。

拼接方法一：以两张图像拼接为例。如图 5-55 所示，图 5-55a 设为第 10 帧的展开图像，图 5-55b 设为第 20 帧的展开图像。在第 10 帧中能看见 S_0、S_1 两块区域，随着相机的移动到第 20 帧时，S_0 区域已经消失，S_1 区域移动到新的位置，S_3 区域出现。

此时这第 10 帧的展开图像与第 20 帧的展开图像出现了重叠区域 S_1，根据图形的特征进行两幅图像的匹配，区域 S_1 将会匹配到一起，把 S_1 区域重合覆盖，把 S_2、S_3 区域保留，则会生成图 5-55c 所示的拼接图，实现了图像的拼接。

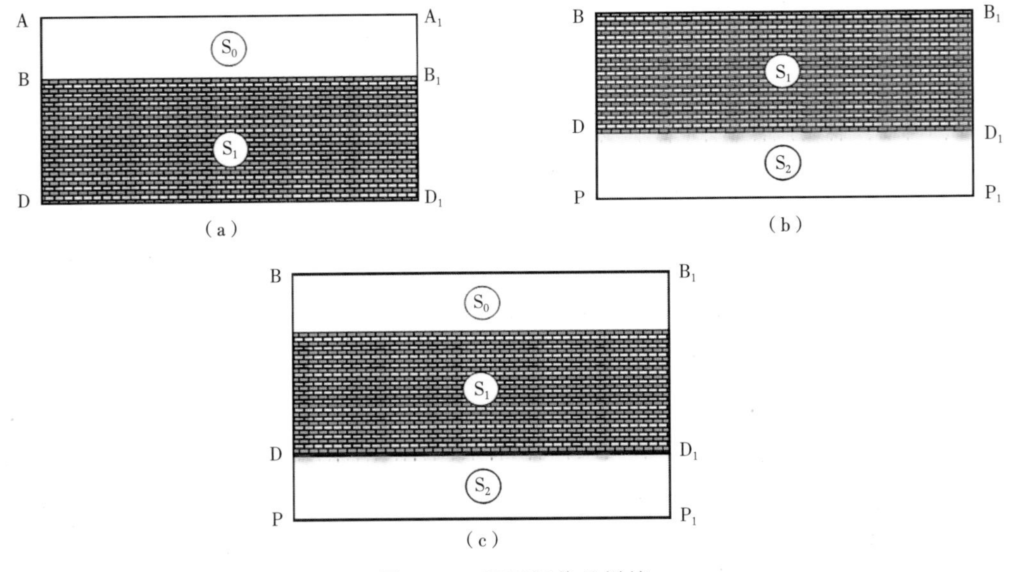

图 5-55 展开图像的拼接

（a）第 10 帧的展开图像；（b）第 20 帧的展开图像；（c）第 10 帧和第 20 帧展开图拼接后的图像

拼接方法二：根据单个图像展开原理，如果此时圆 C_2，C_3，相对距离取小，即 (r_3-r_1) 尽量取一个较小的固定值，并且根据 (r_3-r_1) 与图像的深度取适当的帧，则通过这两个圆展开的图像就会变窄并且没用重复区域出现，此时直接拼接两个图像。如图 5-56 所示，为多个窄区域的拼接图。

拼接方法二的优点在于，一是不用进行特征识别与匹配，减少了处理时间时间；二是避免了匹配不准确的问题；三是如果两个圆的位置取得合适，清晰度就变高，有助于还原内部的实际情况。缺点在于，一是如果不进行其他处理，由于存在摄像机非均匀下降的问题，这时图像可能拼接后出现重复区域，影响管壁轴向上的实际尺寸；二是如果根据深度矫正方法进行高度的差值拼接处理，此时在选取帧时需要特定的计算，加大了计算的复杂程度。

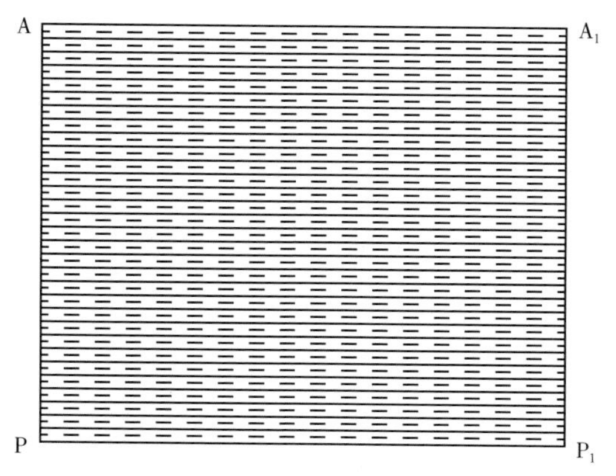

图 5-56　单个带状图拼合后的图像

拼接方法一主要是通过图像处理中的特征提取与匹配来进行拼接，而拼接方法二是根据高度的差值拼接计算处理来拼接的，这里着重讲解高度的差值拼接计算处理。

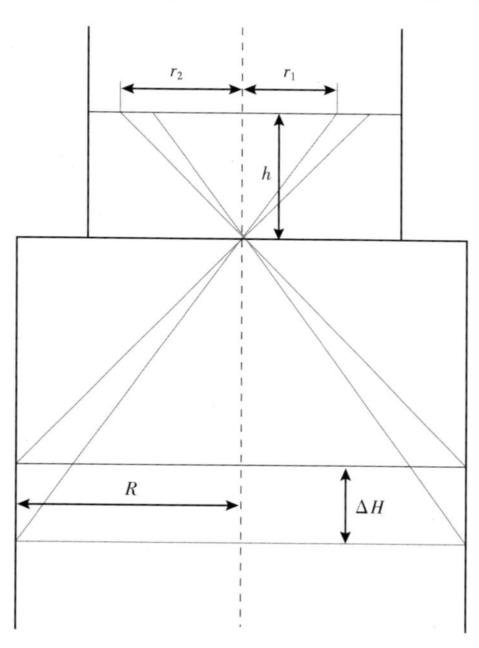

图 5-57　两个管壁圆的相机成像

如图 5-57 所示，两个圆半径分别为 r_1，r_2，$r_1<r_2$，ΔH，为两个圆所对应在管壁上的高度差，h 为相机镜平面与像平面的距离，R 为管壁的半径，选取合适的两个圆的位置并且使 (r_2-r_1) 较小。

根据计算机成像原理得：

$$\Delta H=\frac{R(r_2-r_1)}{h} \tag{5-93}$$

然后根据深度校准过的视频，每隔 ΔH 选取视频的所对应的帧作为需要进行展开的图像，然后把这些图像进行拼接，完成图像拼接。

大多情况用两种方法的综合，就是两个圆尽量靠近但保持一定的距离即使计算机能够准确地进行特征识别与匹配，又使清晰度提高，这两者的结合生成的图像还原度较高。

3）偏心圆环图像管壁展开原理

同心圆环展开与偏心圆环展开的不同之处如下。

（1）参数的提取。

同心圆环的参数提取是根据前面偏心校正的步骤执行完毕，用矫正后的图像提取相关参数；偏心圆环的参数提取不用进行偏心矫正只需要在计算中心不动点坐标完成后提取相关参数。

（2）展开映射。

同心圆环和偏心圆环的映射公式相同，只是在带入圆心坐标时，同心圆环的圆心坐标值不变；偏心圆环的圆心坐标是改变的，只需根据圆环内其他圆心坐标求解获得对应的圆心坐标。

综合（1）和（2）可以发现不管是同心圆展开还是偏心圆展开需要进行的计算基本是一致的，唯一的区别是偏心圆不用进行单个圆环的矫正，因此偏心圆环的图像展开就不重复的叙述。

三、三维重构

三维重构实际是在对视频图像连续处理，得到管壁的360°全景展开图像（图5-58），截图射孔图像并进行图像拼接。将拼接完成的图像进行反演，还原成井筒模型。

射孔分析只需找到射孔所在井筒位置，并非对整个井筒全段截取。在将360°全景展开带有射孔图像做三维重构处理，得到如图5-59所示的管柱的三维立体表面图像。三维重构对于解决射孔大小分析具有非凡的意义，为井筒可视化检测的主观评价提供了全新的视角，同时消除了非线性失真，易于评价和度量。

图5-58　局部展开图拼接图像

图5-59　三维立体表面图像

四、图像测量

获得井筒的侧壁展开图后，此时图像的水平宽度 W 代表井筒的横截面周长 C，图像的垂直高度 H 代表展开的井筒长度 L，而井筒的横截面周长和长度又可以通过测井资料查得。因此根据展开图中套损处的径向尺寸 d_r 和轴向尺寸 d_h 分别与展开图的宽度 W 和高度 H 的比值求出套损处的具体尺寸。其计算方法如式（5-94）所示：

$$D_r=\frac{d_r\times C}{W},\ D_h=\frac{d_h\times L}{H} \tag{5-94}$$

式中，D_r 和 D_h 分别是现实中破损处的径向尺寸和轴向尺寸。

实际工程中测得射孔大小如图5-60所示。

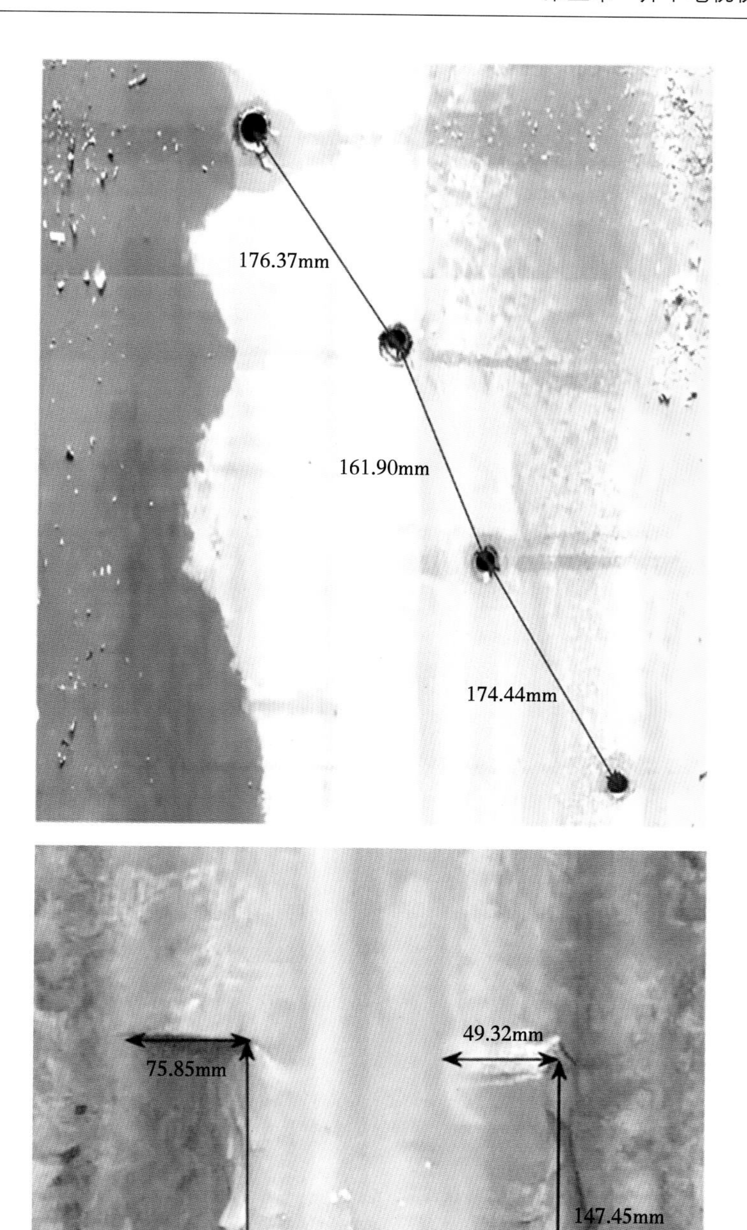

图 5-60　实际工程图像测量图

第六章 VideoLog 可视化测井系统在长庆油田的应用

VideoLog 可视化测井技术 2018 年开始在长庆油田应用，与长庆油田油气工艺研究院合作，完成了“EMVL 套损综合评价技术”“NGLVL 氮气气举可视化找漏技术”“CVL 爬行器水平井找水技术”等项目的研究与现场试验，并对项目取得的成功经验在长庆油田各采油厂进行推广应用，2010—2018 年累计完成油气井可视化检测超百口，许多工艺方法和应用成果属国内首创。

VideoLog 油气井可视化应用领域主要包括：套管完整性检测、落鱼检测、找水找漏、井下工具检测、射孔压裂评价、产液剖面可视化检测等。

第一节 VideoLog 套管完整性评价

套管是油气井最重要的基础设施，套管的完整性对油气井的安全生产非常重要。受固井质量、地层应力和井液的影响，套管会出现腐蚀、结垢、穿孔、变形，错断和缺失等状况，影响油气井的正常生产。传统的套损多采用多臂井径 MIT+电磁测厚 MTT 组合测井，解释成像。相较于传统方法，VideoLog 可视化检测结果直观、可靠、“眼见为实”“一目了然”，能够精确、完整地反映套管真实的状态，通过视频图像分析软件，也可以得到定量的分析结果。也可以与 2M 组合测井，综合解释，为套损产生的原因分析和治理方案的制定提供可靠的支持。

一、套破

1. 碰套事故

陕北吴起某丛式井平台 1 号井完井后 2 号井开钻，钻至 80m 左右与 1 号井发生井碰，泥浆从 1 号井口喷出。采用水泥封堵措施后，1 号井下入钻具钻水泥塞，钻至 260m 发现返出物含泥沙碎石。下入钻孔电视检测仪器落井，电缆断口整齐，判断被锐利物割断。后多次下入工具通井，有时在 80m 左右遇阻，有时在 90m 左右遇阻，有时在 200m 左右遇阻。

2018 年 6 月 3 日实施 VideoLog 可视化测井，检测套破情况。当仪器检测到第八根套管时，发现严重套破。

为了验证油管下入时是否能通过套破段，或者是从套破处穿出套管进入地层，进行了第二次可视化检测。先将油管下入到套破底端位置，VideoLog 从油管内下入，验证油管头是在套管内还是在套管外。检测结果如图 6-5 所示，图片显示油管仍留在套管内，没有穿出套管。

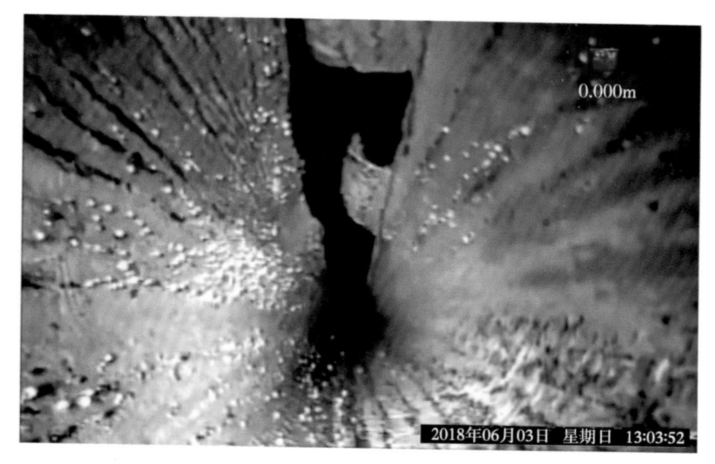

图 6-1　套破起始位置

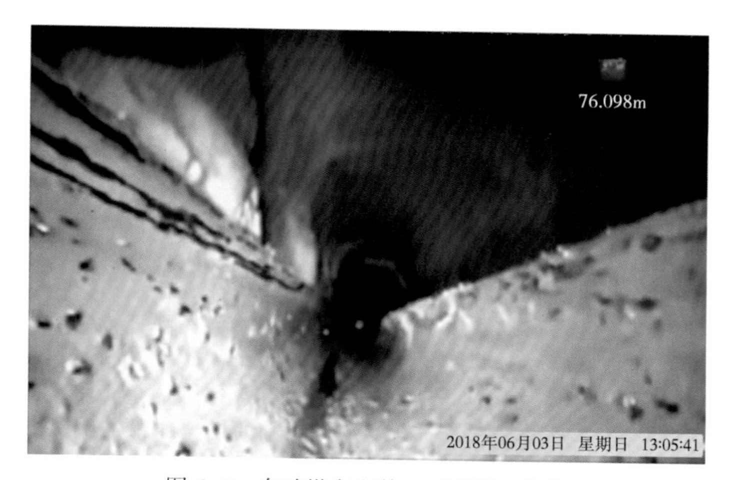

图 6-2　套破纵向延伸，可看到套管外

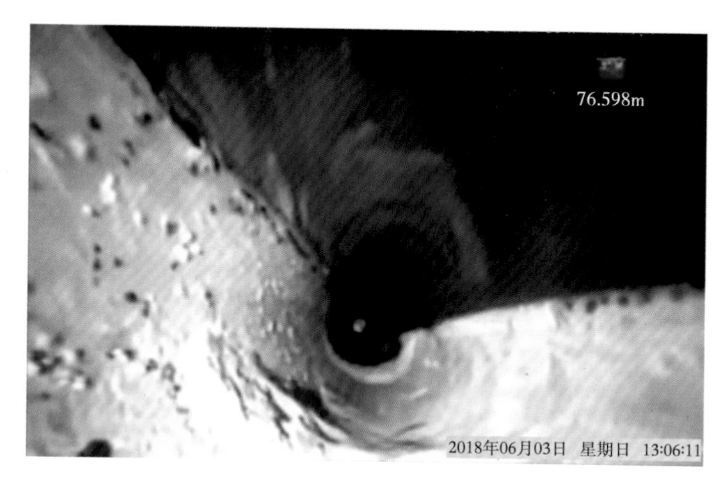

图 6-3　套破中段

图 6-4 套破底端

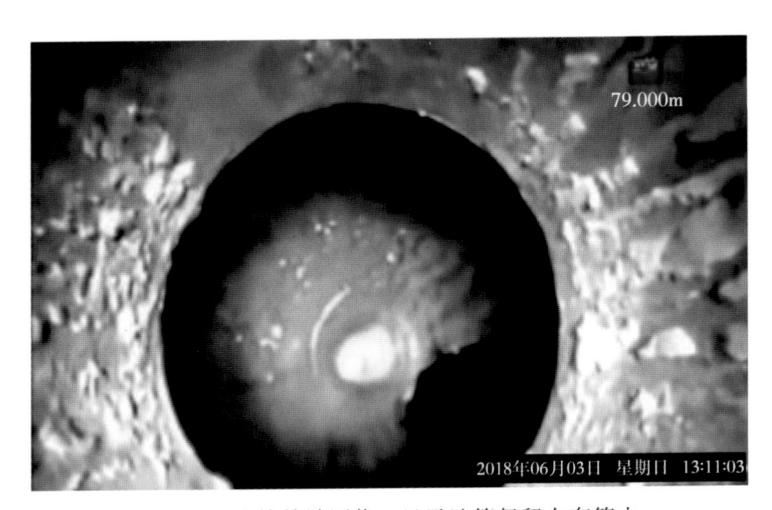

图 6-5 油管前端图像，显示油管仍留在套管内

依据 VideoLog 可视化检测结果，承钻方制定了取换套方案，成功更换受损套管，套破问题得到修复。

2. 钻磨修井造成严重的套破

陕北吴起某新井下套是套管落井，井下对扣完成下套、固井。后续作业中遇阻，下入修磨工具，磨铣至无进尺，更换工具仍无进尺，起出工具发现工具头磨损严重，怀疑套破。2018 年 6 月 27 日实施了 VideoLog 可视化测井。检测结果发现严重套破，如图 6-6、图 6-7、图 6-8 所示。1969m 处套管有磨损痕迹。

1970m 处发现严重套破。1972m 处套管缺损 1/2 以上。1974m 处套管几乎完全缺失。2004m 处井筒变形严重，仪器遇阻。

根据 VideoLog 可视化检测结果，甲方最终做出 1970m 以下做报废处理，侧钻新井的决定。

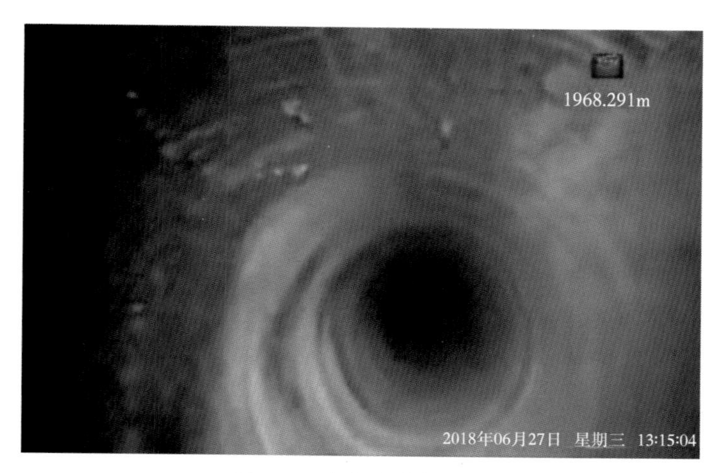

图 6-6 套管有磨损痕迹

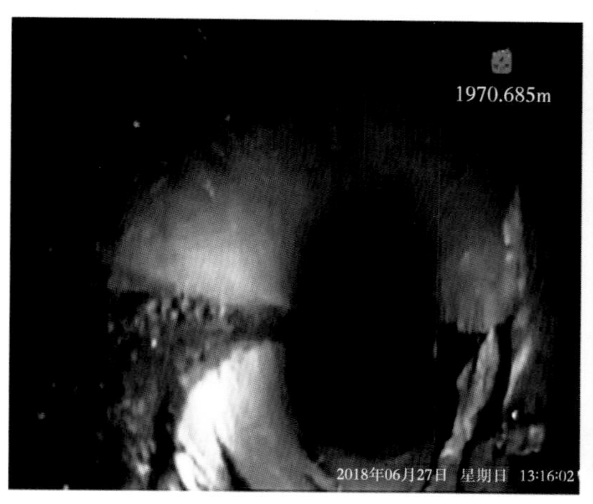

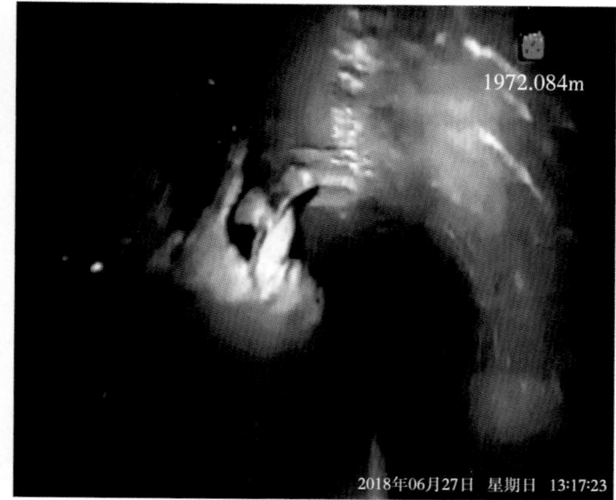

图 6-7 套破图像

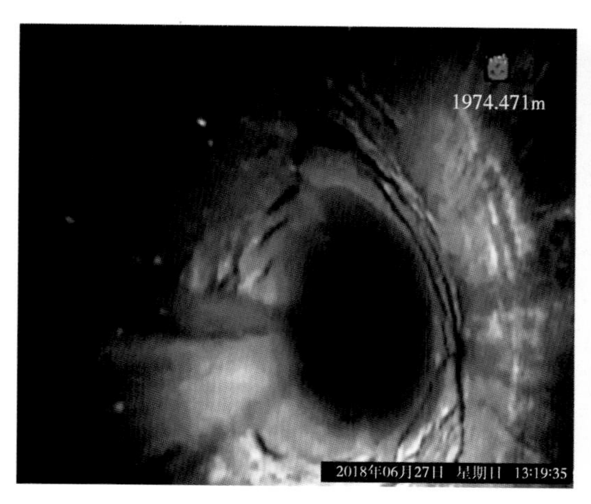

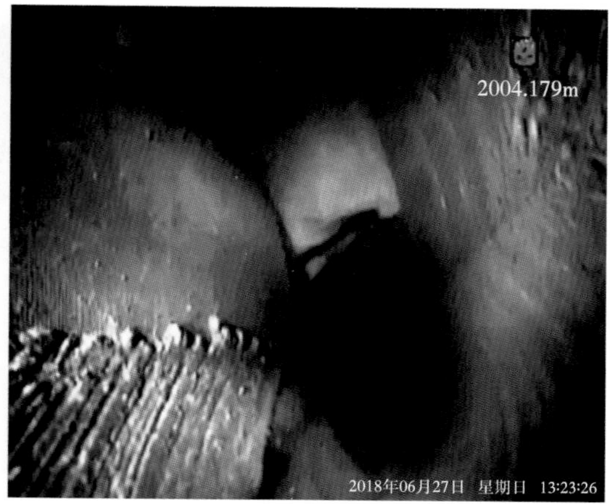

图 6-8 套管缺失图像

二、套管腐蚀渗漏

陕北靖边某生产油井拟进行套损治理，重建井筒，进行增产改造。2020 年 12 月 12 日进行了 VideoLog 可视化检测，评价套管腐蚀情况。

该井采用 VideoLog 90°旋转变焦仪器进行检测，仪器下井后发现井液较浑浊，利用旋转变焦功能，将摄像头转向井壁，调准焦距，拍摄井壁的彩色图像，进行套管的腐蚀评价。检测结果如图 6-9 至图 6-12 所示。

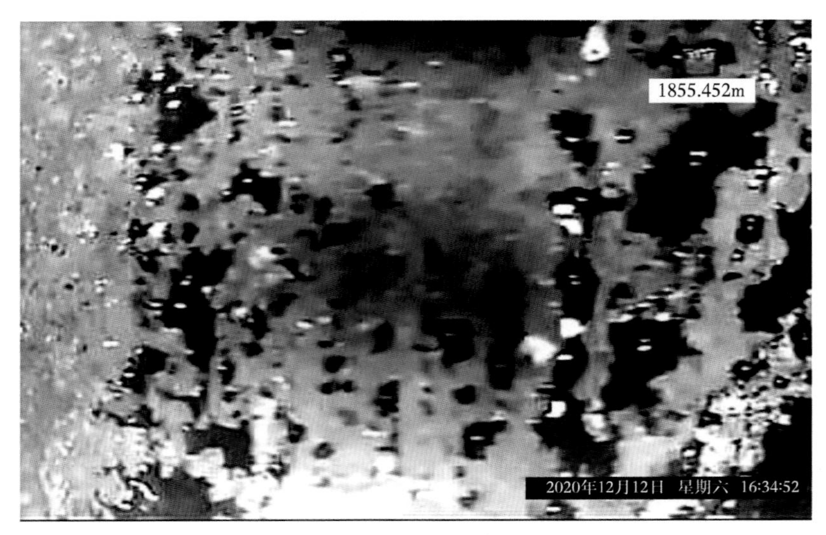

图 6-9 腐蚀造成的渗漏

图 6-10 腐蚀造成局部套管缺损

VideoLog 可视化可直观地观测套管腐蚀的各种形态及其造成的直接影响，可为腐蚀评估和井筒修复提供直观、可靠的依据。

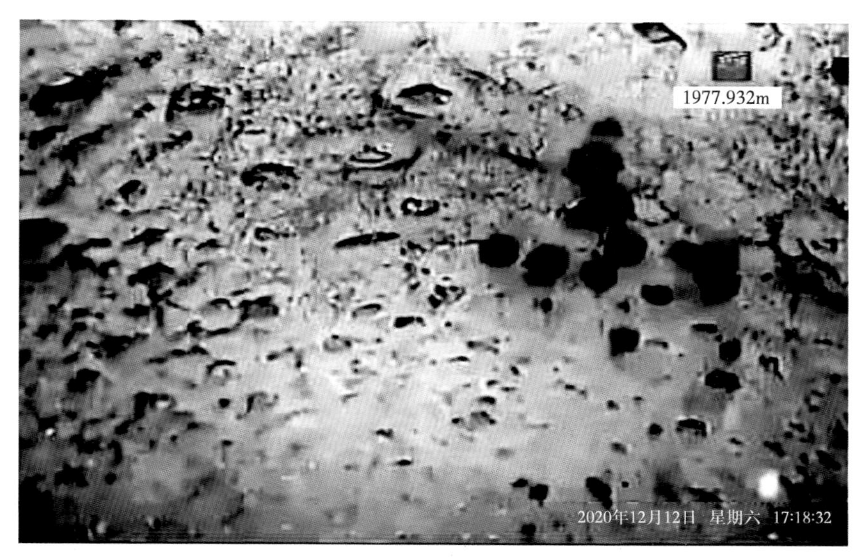

图 6-11　套管坑蚀，伴有油珠渗出

图 6-12　套管腐蚀剥落

三、结垢

长庆油田定边某井高含水，采油厂准备采用封隔器隔水采油，下入封隔器不能有效座封，多次更换座封位置依然不能有效座封，判断存在严重套管变形。放弃隔水采油方案，准备侧钻。2018 年 4 月 26 日实施了 VideoLog 可视化检测，验证套管变形情况。

检测检测发现该井 1532m 处开始有结垢，1535~1553m 结垢非常严重，并伴有垢下腐蚀（图 6-13）。1554m 以下结垢消失（图 6-14），1578. 4m 处发现一处套破（图 6-15）。

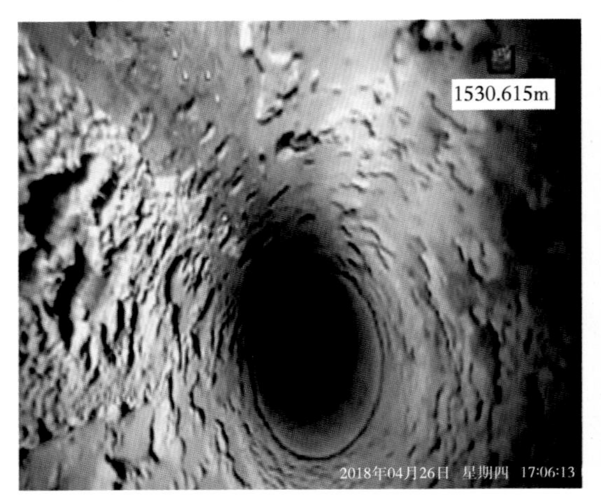

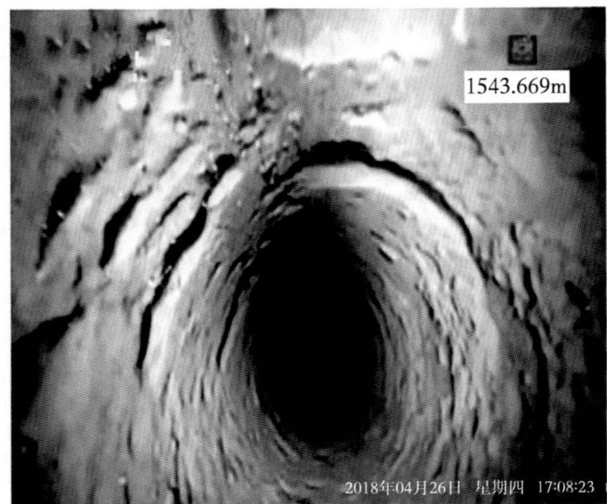

图 6-13 套管结垢图像

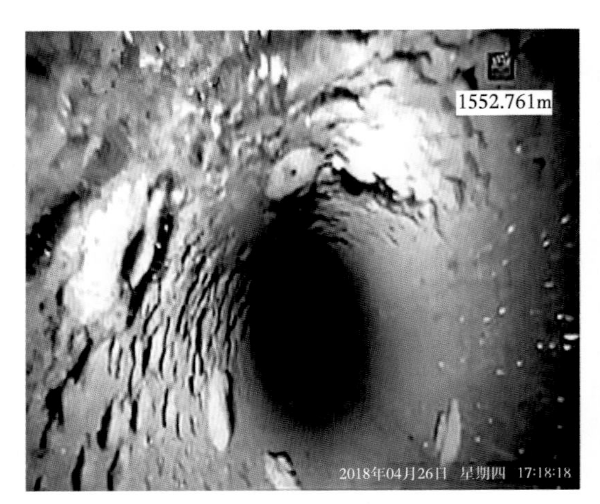

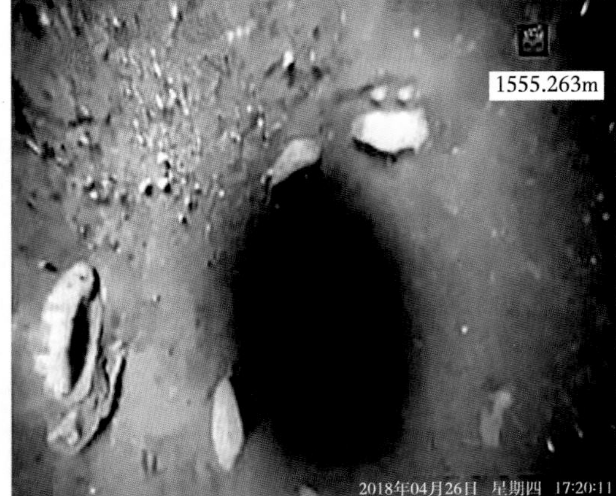

图 6-14 射孔图像

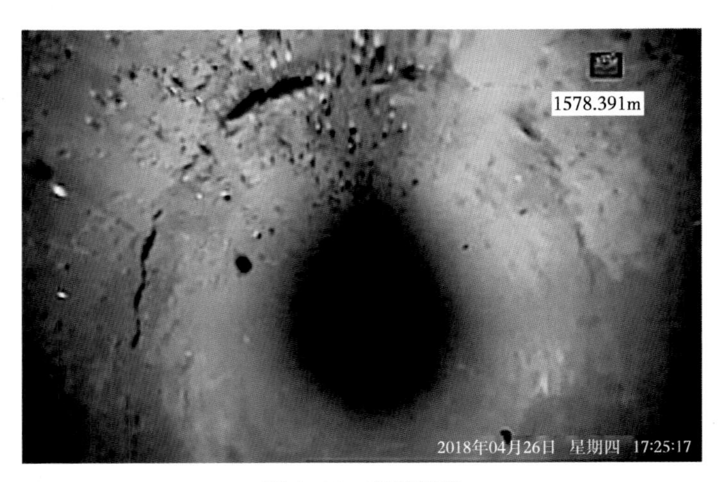

图 6-15 套破图像

四、套管错断

中油测井某刻度井通井遇阻，多臂井径测井结果显示套管在 186m 附近发生错断，多臂井径解释结果如图 6-16 所示。

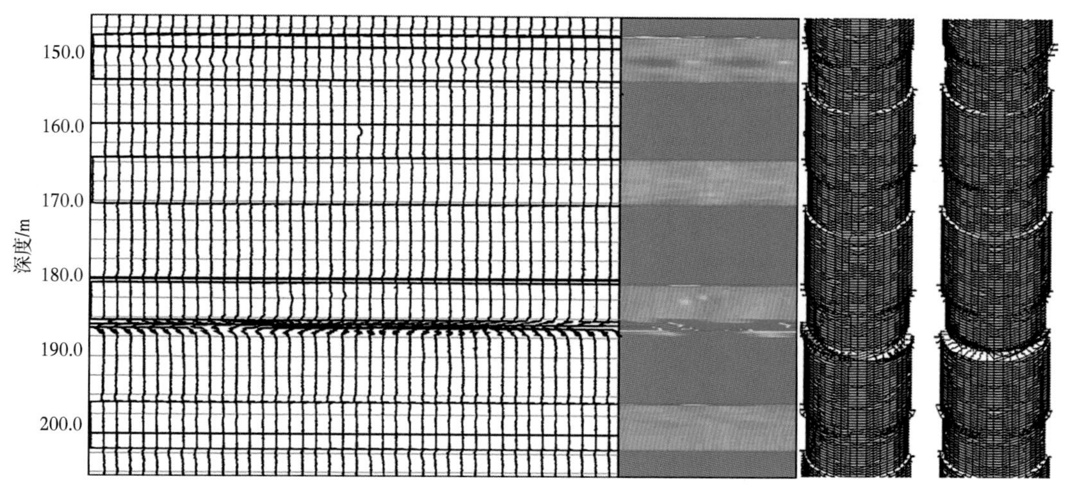

图 6-16　套管错断多臂井径测井成果图

2018 年 2 月 27 日实施了 VideoLog 可视化测井，测试用设备为 VideoLog 旋转变焦可视化测井仪 VLT-90，测试结果在 186m 处发现套管错断，错断处有螺纹，判断为套管节箍。资料显示，错短处上部为玻璃钢套管，下部为钢套管。

仪器通过错断处，在下方刻度套管处拍摄到玻璃钢套管上排布整齐的铁钉。

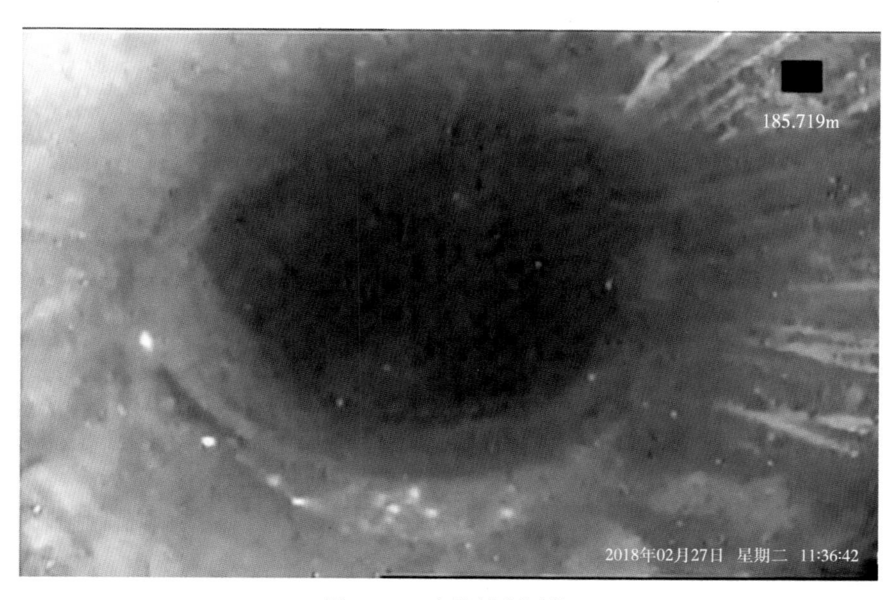

图 6-17　套管错断图像

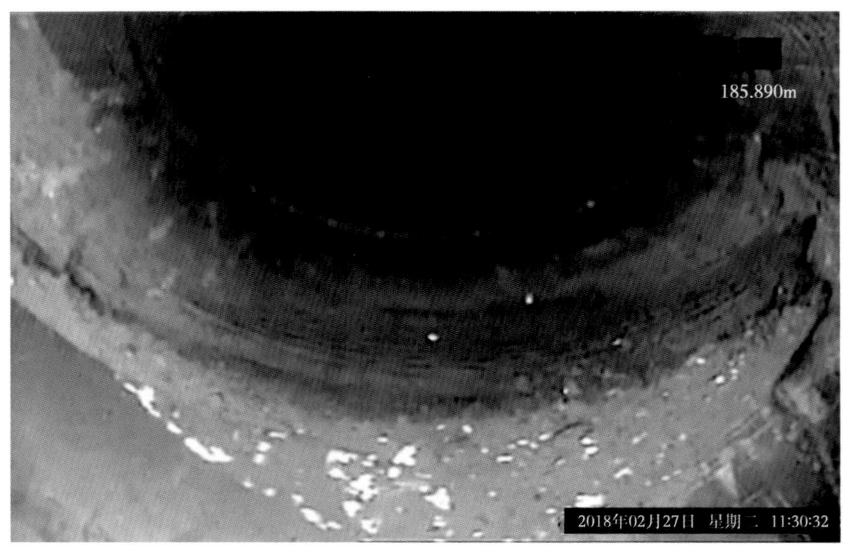

图 6-18　错断处有螺纹，判断为套管节箍

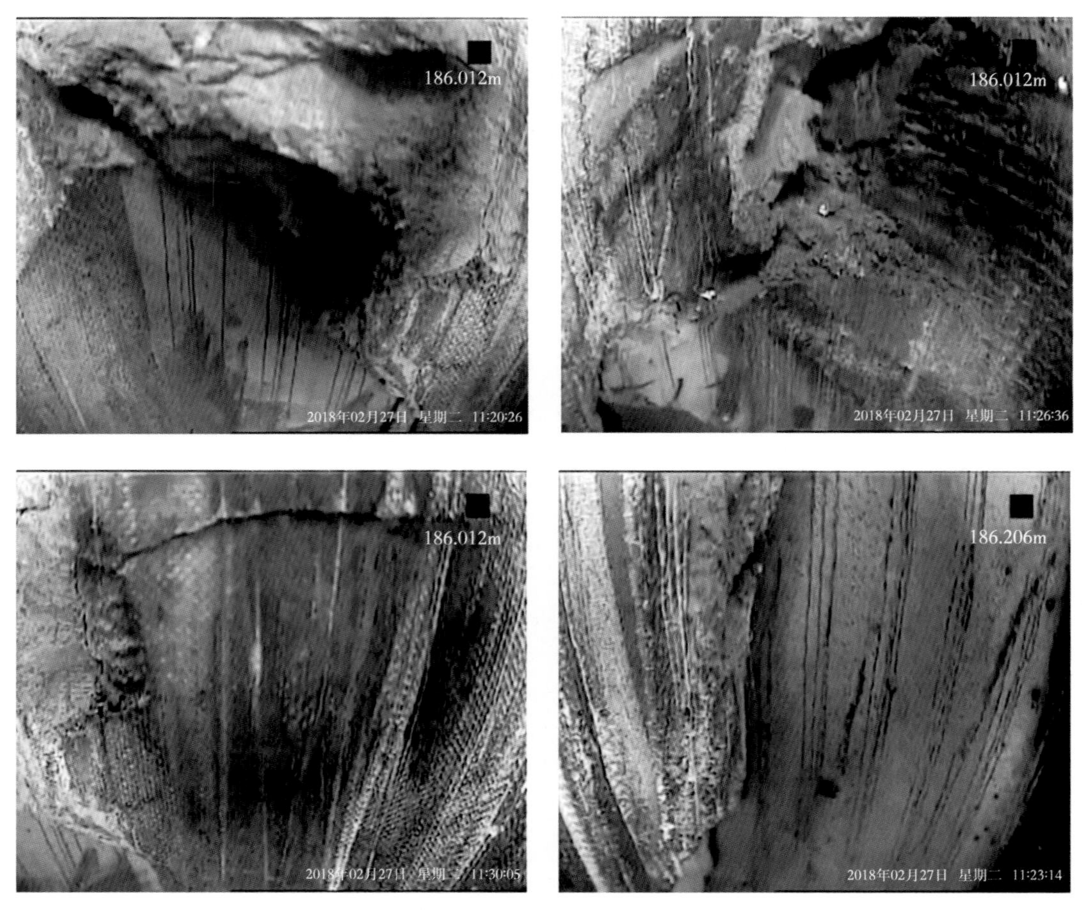

图 6-19　侧视摄像头拍摄到的错断处的细节

图 6-20　玻璃钢套管上整齐排列的铁钉

五、套管缺失

陕北地区苏里格某气井通井遇阻，疑套管错断，2021 年 7 月 26 日实施可视化测井，检查套管状况。作业采用 8mm 三芯电缆测井车带压作业，仪器一边下测一边向井筒内带压注入清水，改善井筒内可视条件。

检测结果如图 6-21 至图 6-23 所示，1081～1082m 套管缺失，1082m 井眼阻塞，仪器遇阻。

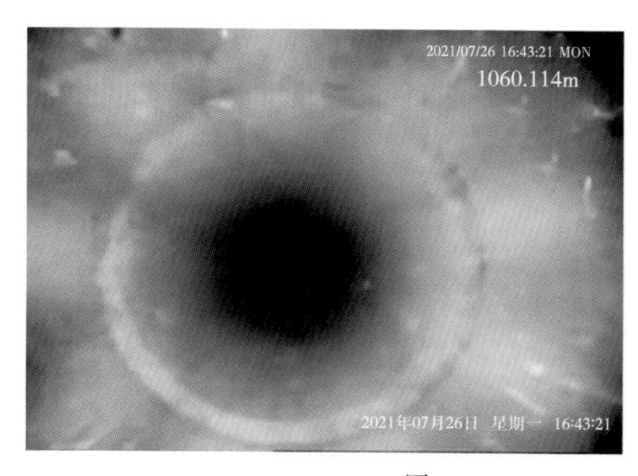

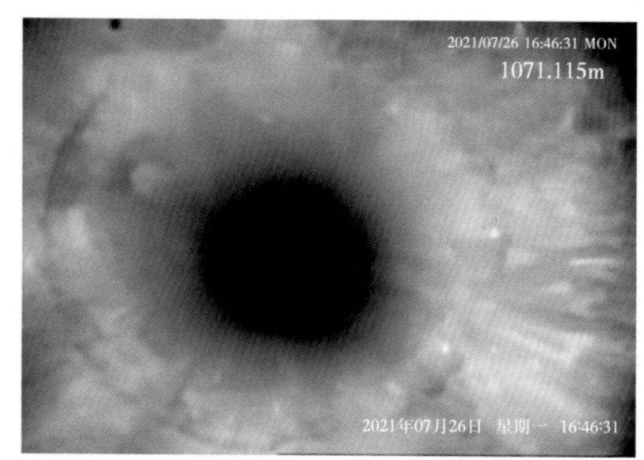

图 6-21　1060m、1071m 套管节箍完整

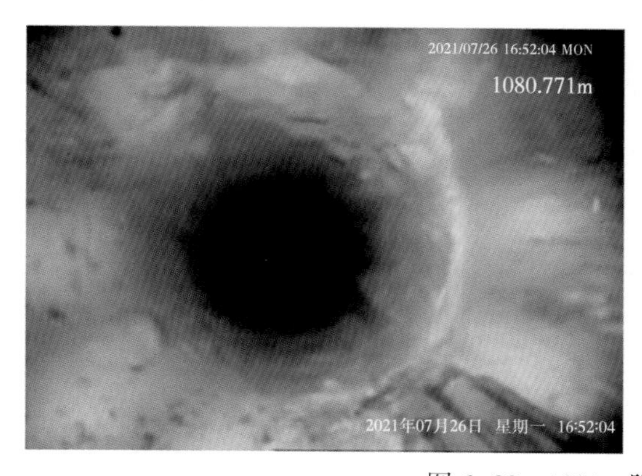

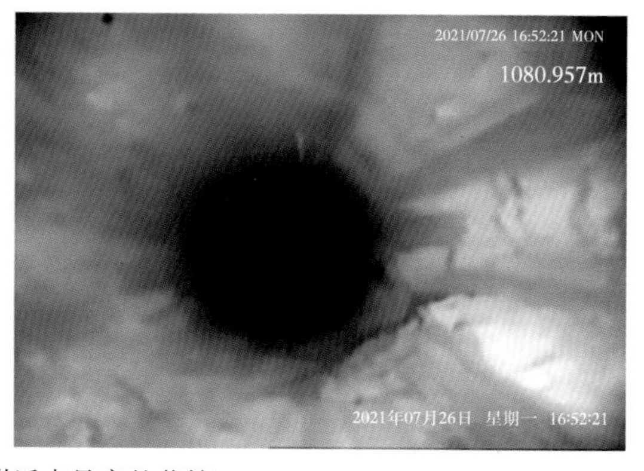

图 6-22　1081m 附近未见完整节箍

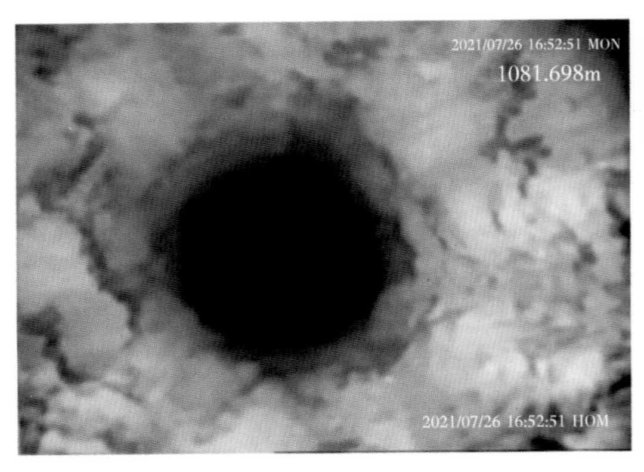

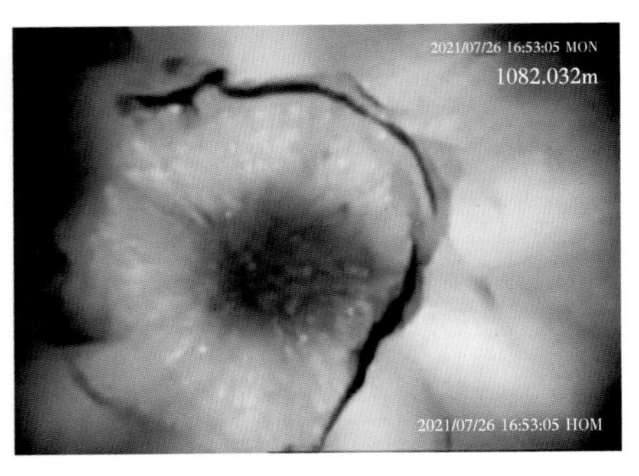

图 6-23　1081~1082m 套管缺失，1082m 井眼堵塞

第二节　VideoLog 落鱼检测

传统落鱼检测的方法是打铅印，根据铅印的印痕判断鱼头的形状，获取到的信息非常有限，主要靠技术人员的经验进行推测和判断。对于复杂的鱼顶往往很难准确判断，给打捞造成严重困难。VideoLog 可视化检测可定位鱼顶的位置和鱼顶的形状，彩色高清的图片能够完整地呈现鱼顶的全貌，以最直观的方式提供最丰富的信息，最大限度地消除了不确定性，为打捞方案的制定提供最可靠的依据（图 6-24）。

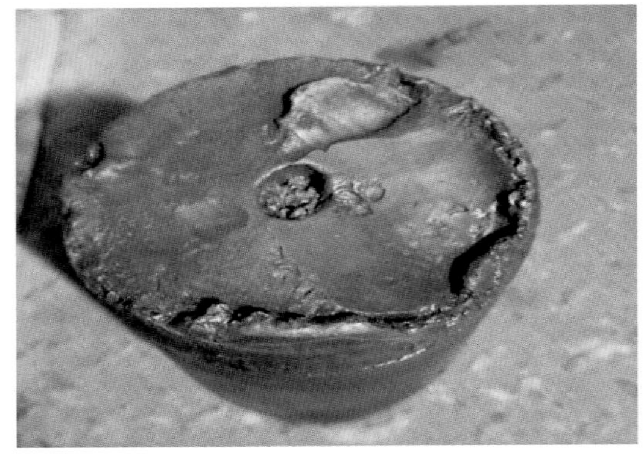

图 6-24　鱼顶打印照片

一、气井落鱼检测

1. 落鱼情况

2019 年 3 月 5 日，对某气井进行涡流卡定器投送施工。入井前工具串如图 6-25 所示。钢丝绳带投送工具串入井后，在 3015~3050m 之间上提下放钢丝绳 8 次座放卡定器，无卡定器座卡显示。现场考虑油管接箍间可能有杂物，不利于卡定器坐卡，随后将工具串继续下放至 3060m（此处井斜已经达到 60°），在 3015~3060m 井段上下提放 4 次，卡定器仍无座卡显示。初步判断卡定器底部坐卡接头部位损坏导致不能正常坐卡，起出工具串检查工具，投送工具只带出上半部分（ϕ41mm×130mm），如图 6-26 所示，井内落鱼如图 6-27 所示。

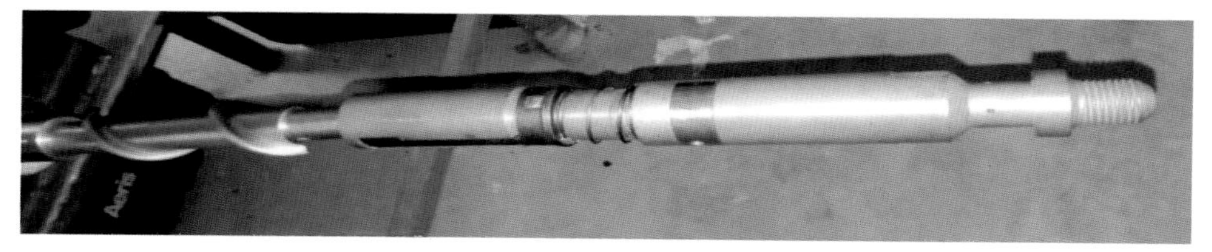

图 6-25　入井前投送工具及卡定器

图 6-26　起出工具串部分

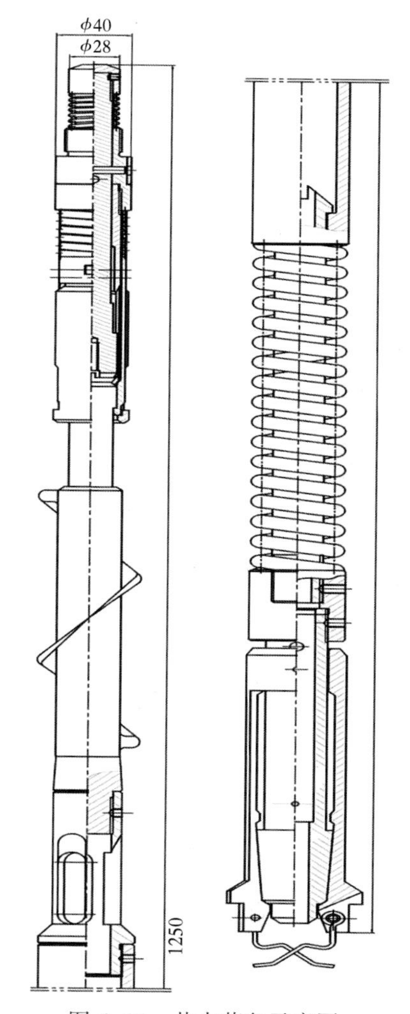

图 6-27　井内落鱼示意图

2. 钢丝作业可视化检测

采用 VLTM-40 存储式可视化测井仪利用钢丝作业进行检测。仪器在放喷管内下放到闸板附近，缓慢打开闸板，防止喷溅污染镜头。仪器通过闸板后在井口发现落井工具断成两节，卡在井口（图 6-28 至图 6-30）。

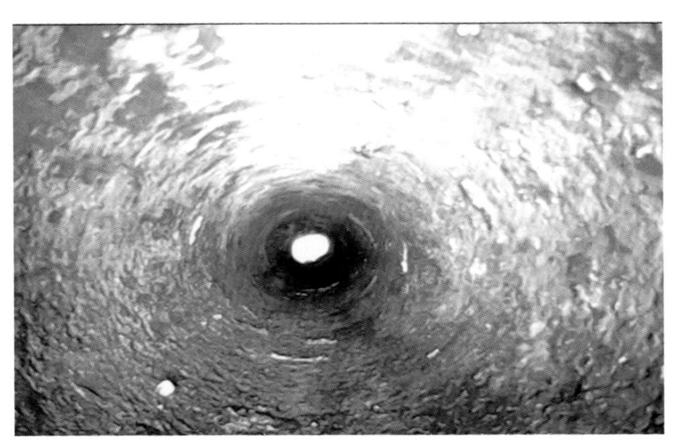

图 6-28 仪器位于防喷管内

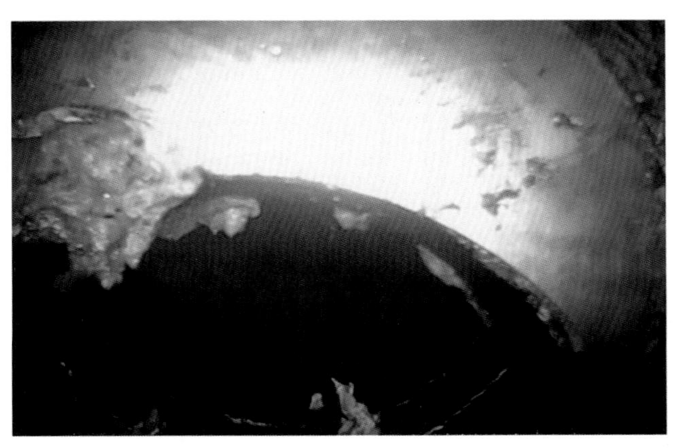

图 6-29 正在打开的闸板

图 6-30 卡在井口的落鱼，已断成两节

二、回接插头导向器落井

某新钻气井计划 2018 年 1 月 1 日投产，2017 年 11 月底模拟射孔时遇阻，模拟工具外径 155mm，遇阻位置 2300m，遇阻原因不明。由于工期紧张，责任重大，紧急调用 VideoLog 进行可视化检测，为下一步措施提供依据。

2017 年 12 月 1 日实施可视化检测（仪器外径 54mm），井口采用简易防喷装置，采用 7 芯铠装测井电缆（11.8mm），仪器从油管（内径 78mm）下至遇阻位置，上提 2m 后，清水循环洗井。井下仪出油管后，在遇阻位置附近套管进行视频检测，获取视频资料，为故障诊断和下一步施工方案提供依据。

检测结果如图 6-31 至图 6-33 所示。油管喇叭口在 2298.6m 处，2299m 附近为第一遇阻位置，井壁有明显刮铧痕迹，此位置可见清晰螺纹，下部套管扩径，对照井身结构和井下工具，判断此处为回接插头连接导向器部分，此处 155mm 通井规可通过，未见导向器残留，判断导向器已脱落。2300m 处 155mm 通井规无法通过，因此此处为最终遇阻位置。遇阻原因为脱落的回接插头导向器卡在回接筒中，造成套管阻塞。2300m 附近遇阻点下部可见回接筒下端工具——顶部封隔器上端面，可确认脱落的导向器位于回接筒内中部。

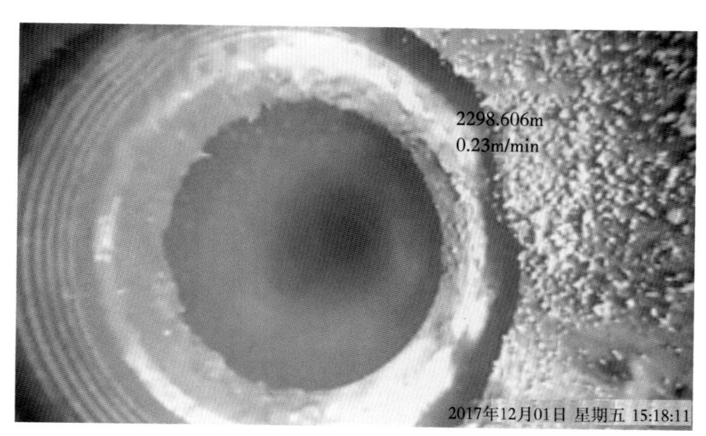

图 6-31　油管喇叭口

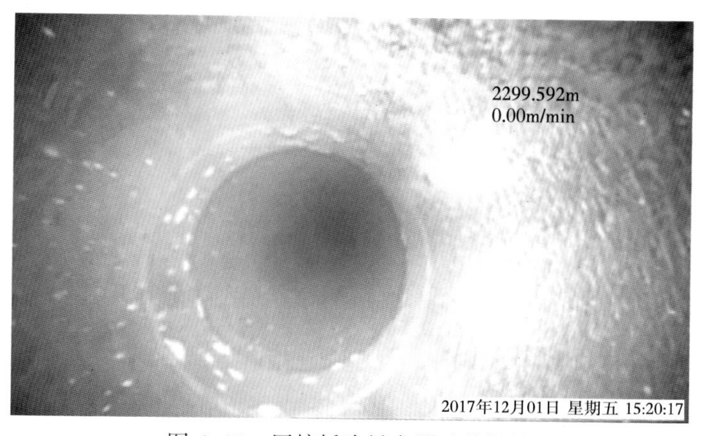

图 6-32　回接插头导向器连接螺纹

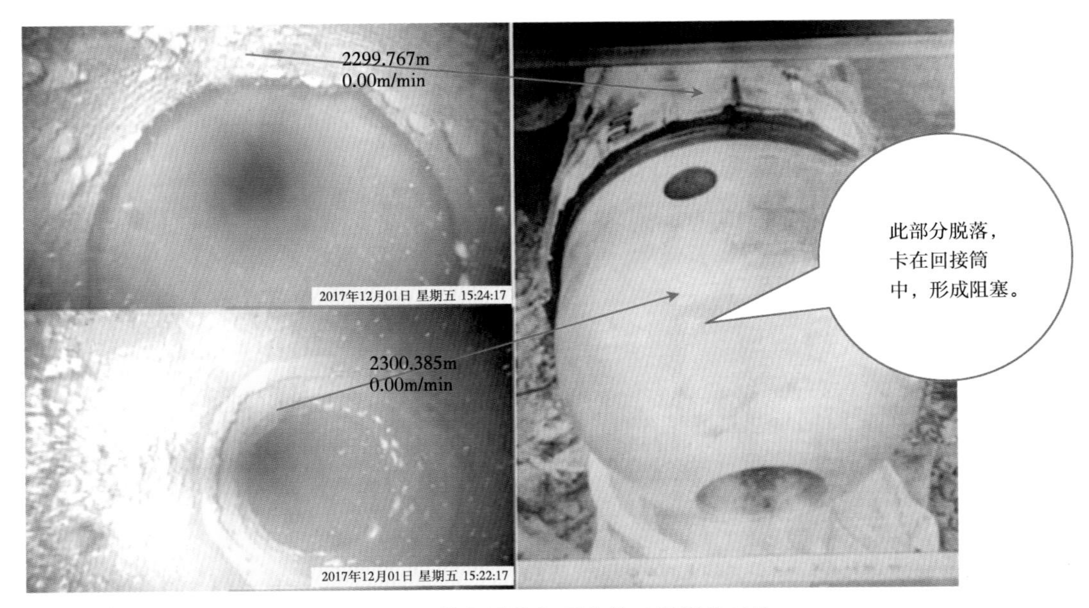

图 6-33　落鱼图像与下井前工具图片对比

三、油管落鱼、套管变形

该井起油管时部分油管落井，鱼顶为油管公扣，下探鱼顶位置在 2398m。多次外捞桶尝试打捞无获，2019 年 9 月 2 日实施 VideoLog 可视化检测。

内径 62mm 油管下端带喇叭口，下入到鱼顶附近，大排量循环洗井至进出口水样一致，洗井完成后静置 24h 后实施电缆带压可视化检测。仪器出油管后在 2398. 7m 观测到鱼顶。鱼顶为油管公扣，油管口撕裂，边缘内卷。鱼顶处套管破损变形，向内凸起，覆盖约 1/4 油管顶，造成外捞桶打捞时入鱼困难。

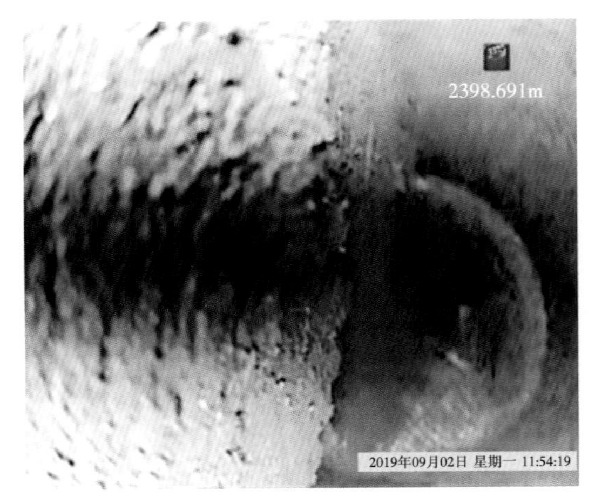

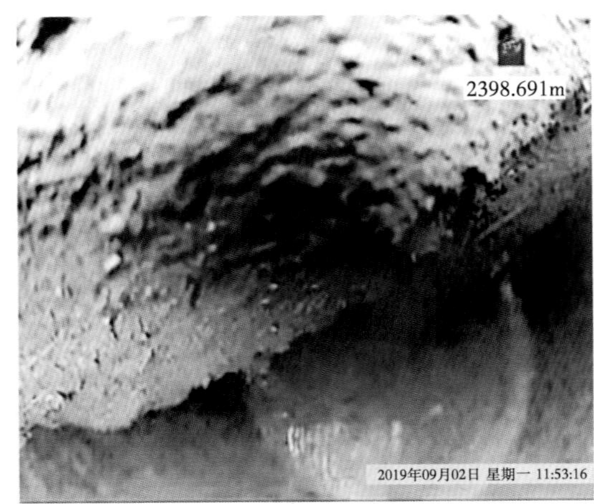

图 6-34　油管鱼顶位置图像（有套破变形）

第三节　井下工具可视化检测

VideoLog 可视化检测可用于检测安全阀、节流器、滑套、筛管等井下工具的工作状况，帮助作业人员采取适当措施以保证工具的正常工作，延长使用寿命，或者及时发现异常，及时更换，避免因工具失效带来维修成本的增加。

一、气举阀检测

某气井 1014.9m、1058.5m 有两处偏心工作筒，内装气举阀。2021 年 6 月实施 VideoLog 可视化检测，检查井内工具的状态。

检查发现 1014.9m 处 1 号偏心工作筒位于液面以上，偏心工作筒及筒内气举阀正常（图 6-35）。1058.5m 处 2 号偏心工作筒位于液面以下，2 号偏心工作筒及其筒内气举阀表面严重结垢，可能影响气举阀正常工作（图 6-36）。

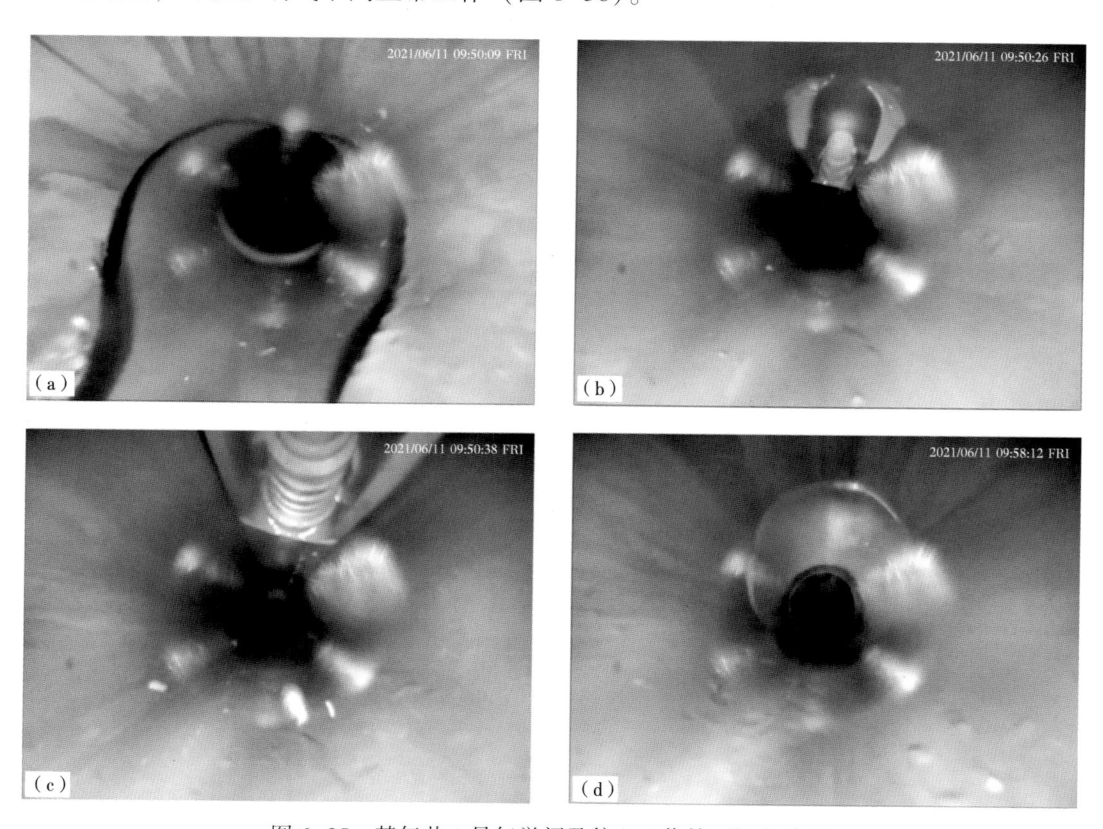

图 6-35　某气井 1 号气举阀及偏心工作筒可视化检测

（a）1 号偏心工作筒顶部；（b）1 号气举阀顶部；（c）1 号气举阀中部；（d）1 号偏心工作筒底部

二、滑套检测

某井要求可视化检测，验证滑套开关状态和封隔器座封情况。可视化检测录取到完整的井筒图像（图 6-37 至图 6-39）。

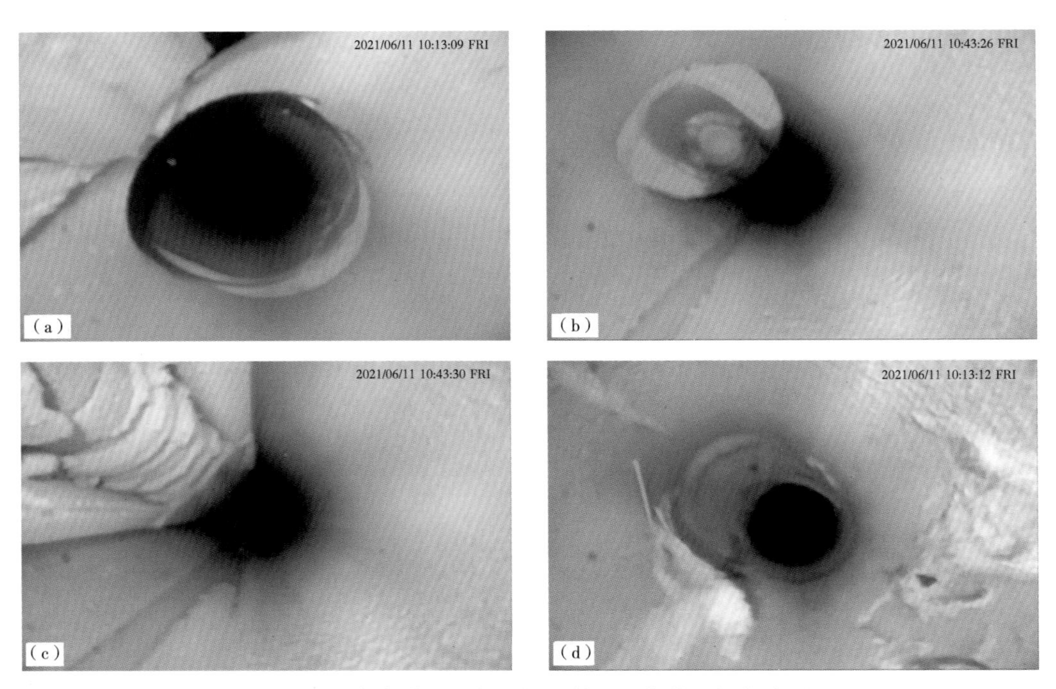

图 6-36　某气井 2 号气举阀及偏心工作筒可视化检测

（a）2 号偏心工作筒顶部；（b）2 号气举阀顶部；（c）2 号气举阀中部；（d）2 号偏心工作筒底部

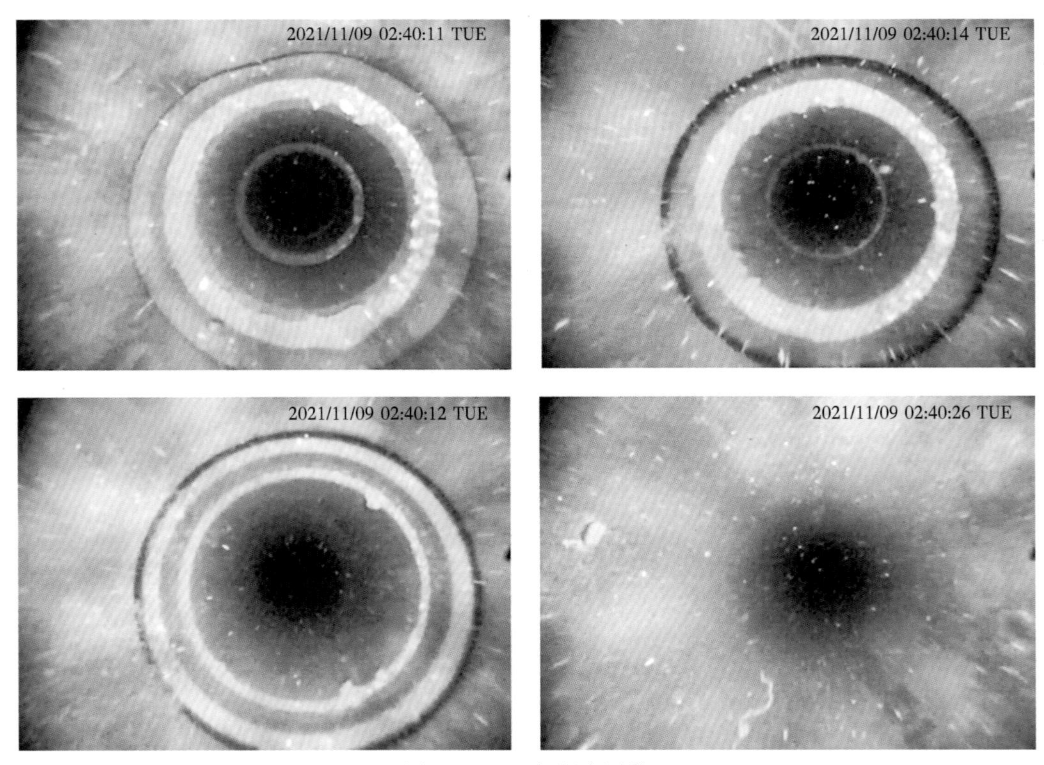

图 6-37　上部滑套图像

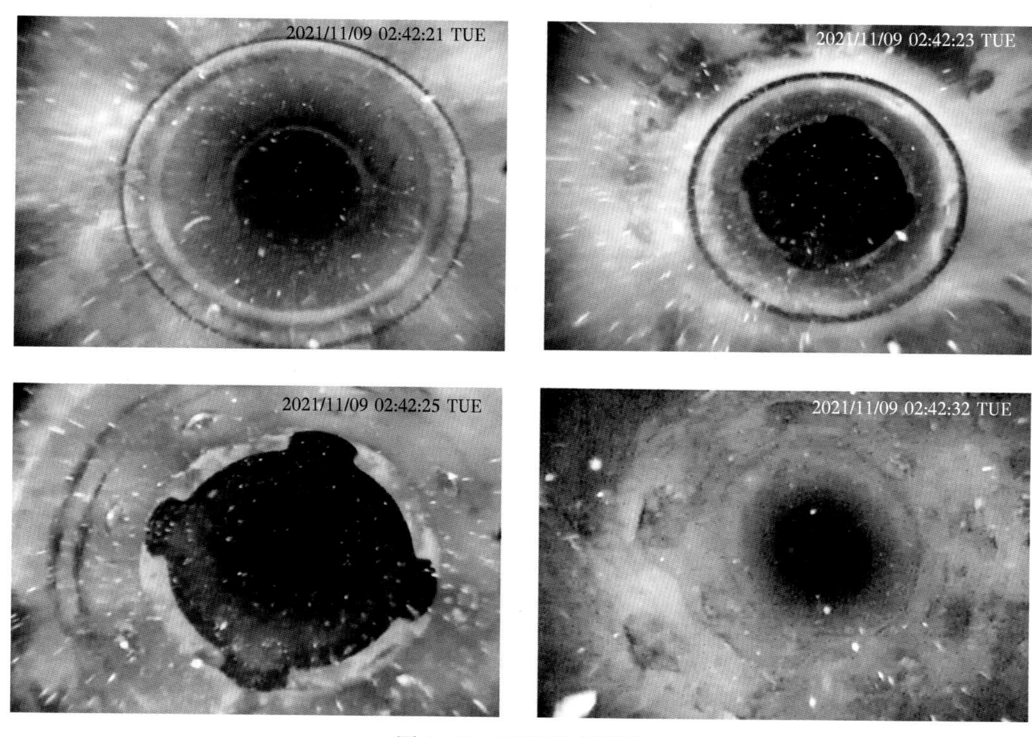

图 6-38　下部滑套图像

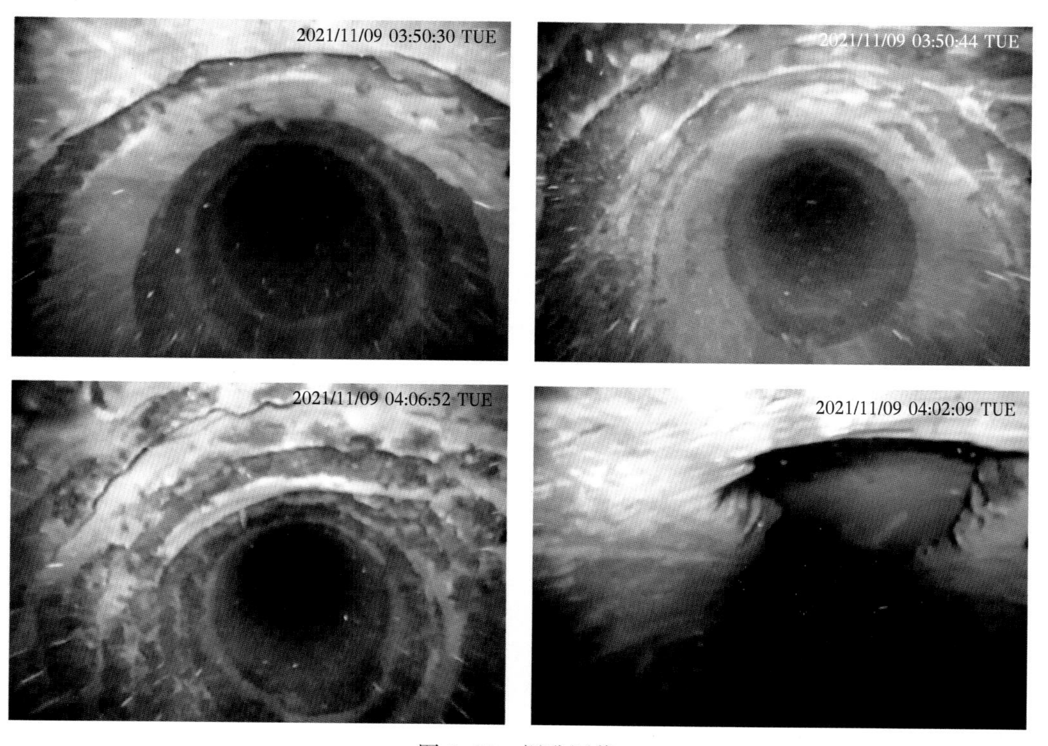

图 6-39　裸孔图像

第四节 VideoLog 可视化找水找漏

找水堵水是很多高含水井治理的关键技术难题，传统方法采用机械封隔器找漏，作业周期长，效率低，对井筒通过性，坐封性能要求较高，漏失点定位精度较差。可视化找漏通过气举、抽吸、打压泄压等措施破坏井筒内压力平衡，通过可视化测井仪观测井筒内流体的流向、流态以及井壁套管的破损情况综合判断定位漏失点。

一、氮气气举可视化找水

1. 工艺原理

使用桥塞封堵产层，打压验漏。井口连接管线至储液罐。把带喇叭口的气举管柱下入油井正常液面以下 100～200m，用电缆把可视化测井仪从气举管柱内下入直至出喇叭口，然后向油套环空注入高压氮气，举升气举管柱内井液并排出至储液罐，直至气举管柱内井液完全排空。这时停止氮气注入，井口泄压，井筒压力降低，在负压力作用下漏点出液，液面上升，在压力恢复过程中下放井下电视观测气举喇叭口至射孔段之间的套损点出液流动情况，确定井筒套破点。

2. 应用案例

1）基本情况

该井 2010 年 9 月投产，初期日产液 5.22m^3，日产油 3.75t，含水 14.6%，动液面 911m，含盐 82999mg/L；2019 年 8 月 2 日含水由 34.6%突升至 100%，含水突升前日产液量 3.91m^3，日产油量 2.15t，含水 34.6%，动液面 1150m，含盐 93520mg/L；突升后日产液 6.34m^3，含水 100%，含盐 6430mg/L，动液面 428m，分析认为该井套损。

2）施工步骤

（1）起原井管柱。

起出原井生产管柱，冲洗干净、用外径 58mm 的通井规检查每根油管，并更换不合格油管。

（2）通井。

用外径 118mm×2000mm 通井规通井至人工井底（2068m）。

（3）封堵产层。

在 1880m 处打桥塞封堵射孔段，验封。

（4）洗井。

下洗井管柱洗井，用活性水洗井液 15m^3，用活性水以排量 600L/min 洗井，返出井筒杂质，直到进出水质一致。

（5）气举找漏。

仪器从油管内下入，出喇叭口，气举排空后泄压，下放仪器，根据井液流动方向和流态查找漏点。压力恢复平衡后查看套管破损情况验证漏点。

3）测试情况

气举排液情况如图 6-40 所示，气举前后井液可视条件对比如图 6-41、图 6-42 所示，气举后井液能见度显著改善。

图 6-40　气举排液

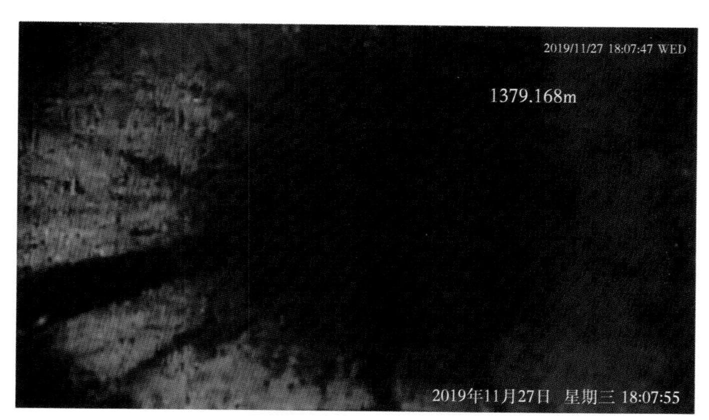

图 6-41　气举前井液（浑浊，能见度差）

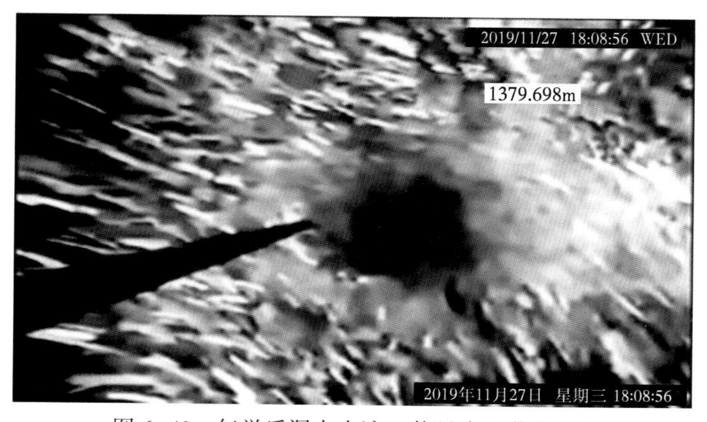

图 6-42　气举后漏点出液（能见度显著改善）

气举排空气举管柱内井液后，停止氮气注入，观测井筒内井液流向。发现漏点上方井液向上流动（图 6-43），漏点附近有湍急涡流（图 6-44），漏点下放井液浑浊，无流动性（图 6-45）。压力平衡后验证漏点附近套管破损情况，定位漏点（图 6-46）。

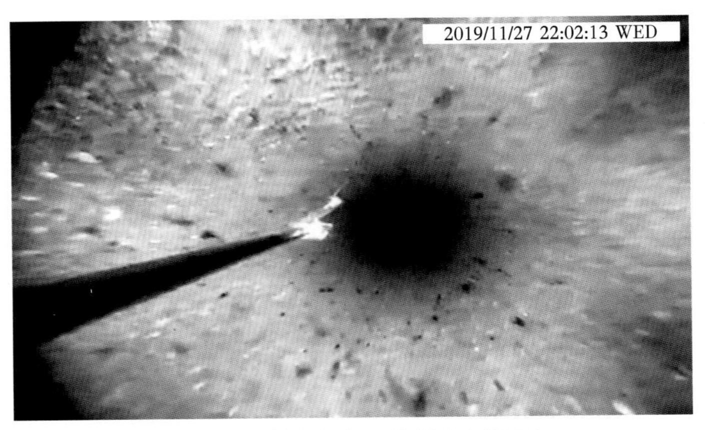

图 6-43　漏点上方（井液向上流动）

图 6-44　漏点附近（有湍急涡流）

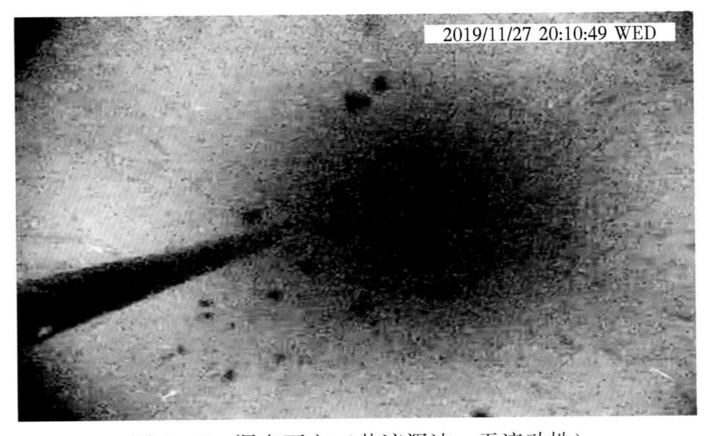

图 6-45　漏点下方（井液浑浊，无流动性）

图 6-46　压力平衡后验证套管破损

二、VideoLog+2M 找漏

陕北苏里格某气井发生套漏，要求实施 VideoLog+2M 测井，验证套管情况。可视化检测在 937.6m，1172～1176m、1292m、1392～1396m 发现四段套漏，漏点多达七处（图 6-47 至图 6-53）。

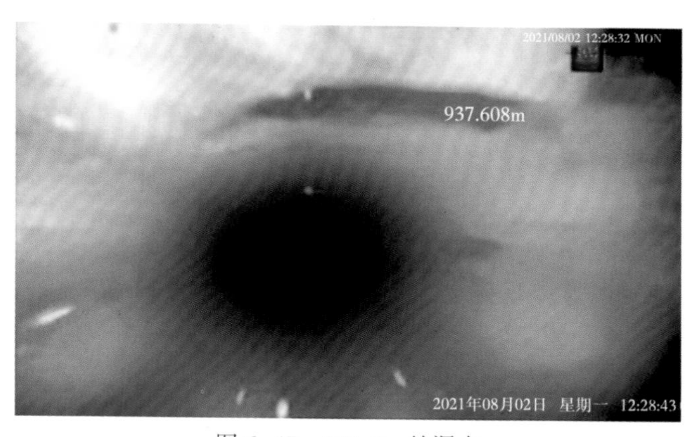

图 6-47　937.6m 处漏点

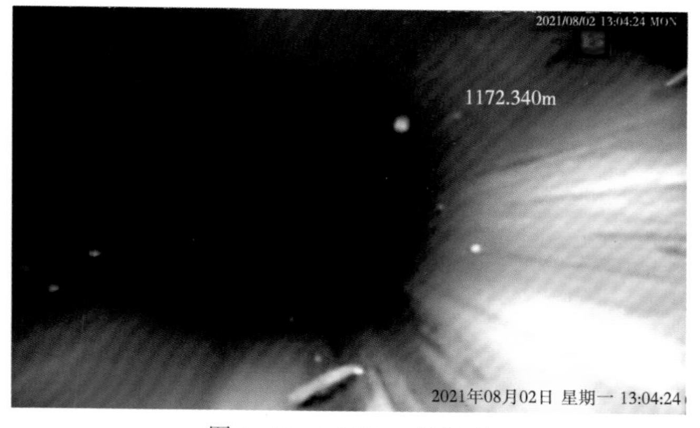

图 6-48　1172.3m 处漏点

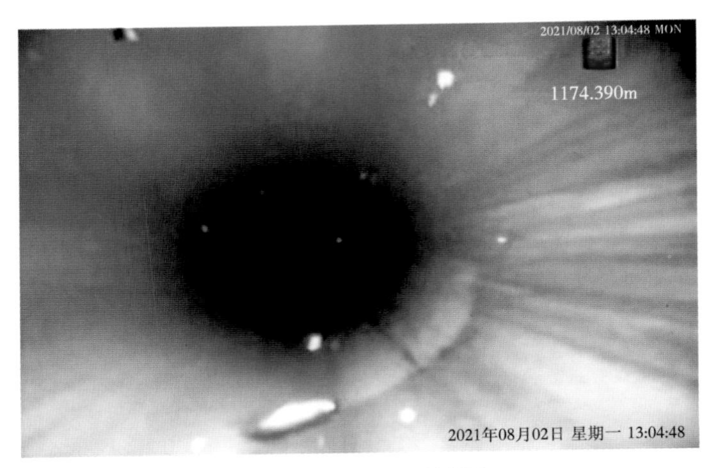

图 6-49　1174. 4m 处漏点

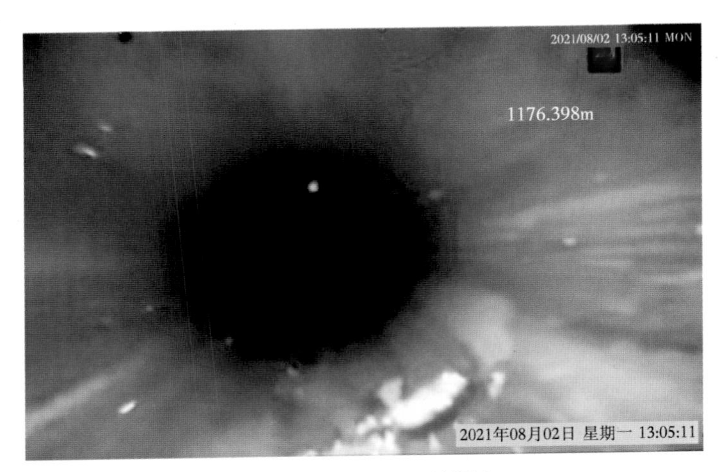

图 6-50　1176. 4m 处漏点

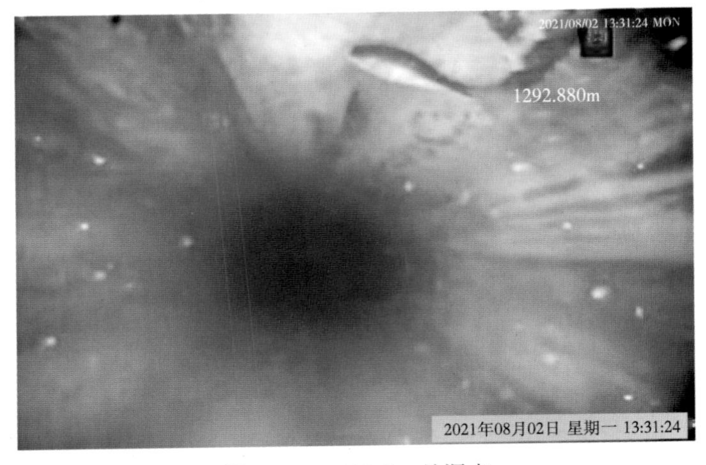

图 6-51　1292. 9m 处漏点

图 6-52　1392.2m 处漏点

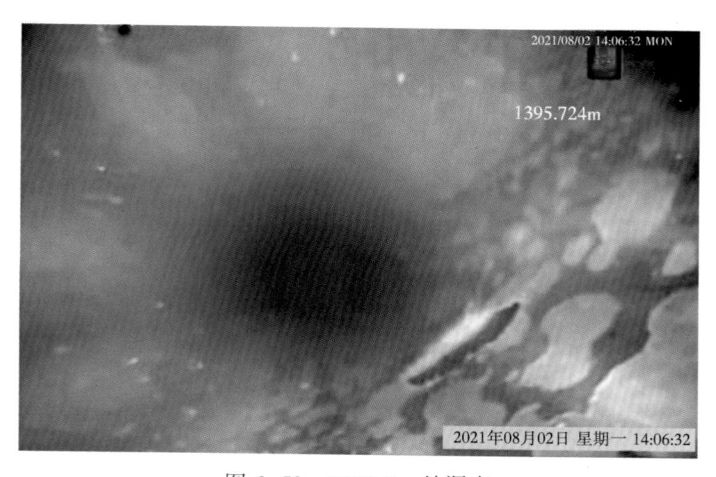

图 6-53　1395.7m 处漏点

2M 测井曲线如图 6-54 至图 6-57 所示，2M 测井曲线显示有四段有穿孔，穿孔多达八处。

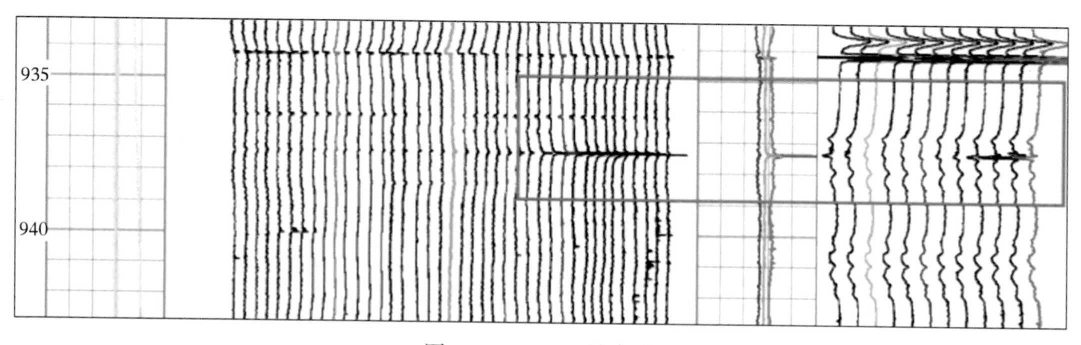

图 6-54　937m 处穿孔

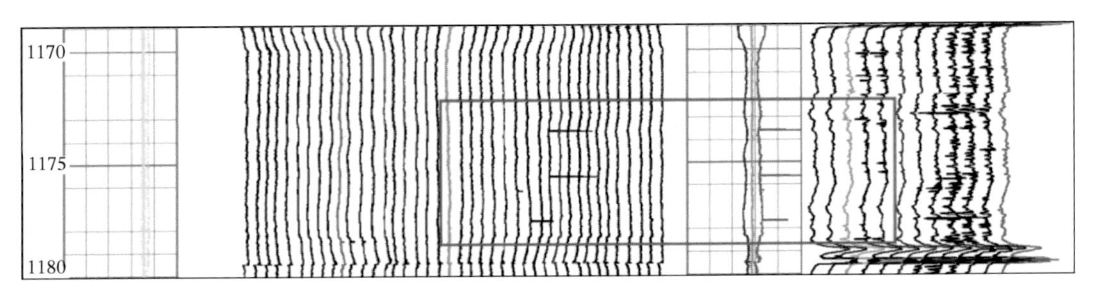

图 6-55　1174m 和 1176m 处穿孔

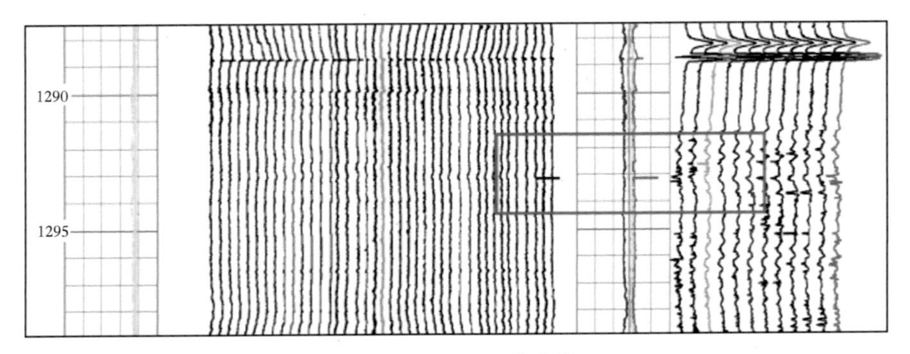

图 6-56　1293m 处穿孔

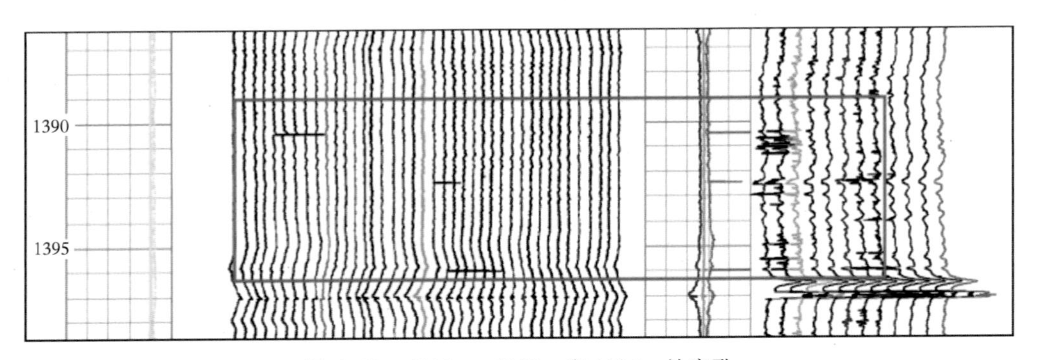

图 6-57　1391m、1393m 和 1396m 处穿孔

通过对比，可视化检测结果与 2M 检测结果前三段完全吻合，第四段 1390～1396m，2M 曲线显示有三处穿孔，可视化检测发现两处穿孔，未发现 1391m 处的穿孔。分析 40 井径曲线发现，1393m 处穿孔位于第 21 条曲线方位，1396m 处的孔位于第 22 条曲线所处方位，1391m 处穿孔位于第 5 条曲线方位，差不多刚好在对面井壁上。由于可视化测井仪没有带扶正器，仪器靠在一边井壁上，1391m 处的孔处于距离摄像头最远处的井壁上，由于可视距离不够没有发现。

可视化检测结果与 2M 对比可见，可视化结果更直观，提供的信息更丰富，但是受井液透光性影响较大，2M 检测结果虽然不如可视化结果直观和精确，但不受井液影响，VideoLog+2M 的组合有助于互相补充、相互印证、提高测井效率，提供更加丰富、更加精准的信息。

第五节 VideoLog+电缆爬行器水平井检测

近年来长庆水平井发展较快，由此带来水平井的检测这一新的技术难题。水平井中结垢分布不均匀，低边经常有沉积物与砂的存在，传统 2M 测井的解释结果往往并不理想，积砂的存在也使多臂井径测井仪受损的概率大大增加。水平井不能完全靠电缆下放完成测井，需要电缆爬行器或者连续油管输送才能完成水平段的测试。

VideoLog+电缆爬行器可视化检测工具串完美解决了水平井水平段井筒检测的难题，VideoLog 与爬行器的组合是“眼睛”与“手脚”的组合，爬行器“手脚并用”将 VideoLog 可视化测井仪输送到目的检测位置，VideoLog 这个井下的“眼睛”确保了爬行器行进过程中的安全性。VideoLog+电缆爬行器水平井可视化组合工具采用 7 芯电缆作业，可实时获取水平井水平段高质量彩色视频图像，可用于水平井水平段套损检测、积砂及分布形态检测、射孔与压裂评价、产出剖面及找水找漏等。

VideoLog 电缆爬行器水平可视化检测在长庆油田的应用属国内首创，在水力喷砂射孔评价、水平井找水等应用领域取得一系列重要应用成果，是工程应用领域的重大创新。

一、水平段套破及解释成果

该水平井压裂后通井遇阻，怀疑有套破套变，利用 VideoLog+电缆爬行器水平井可视化组合工具实施检测，发现水平段有严重套破。利用视频分析软件进行视频分析处理，可以得到受损位置的井壁 360°全景展开图像，对破损的尺寸进行测量，并可生成三维管柱图像，如图 6-58 所示。

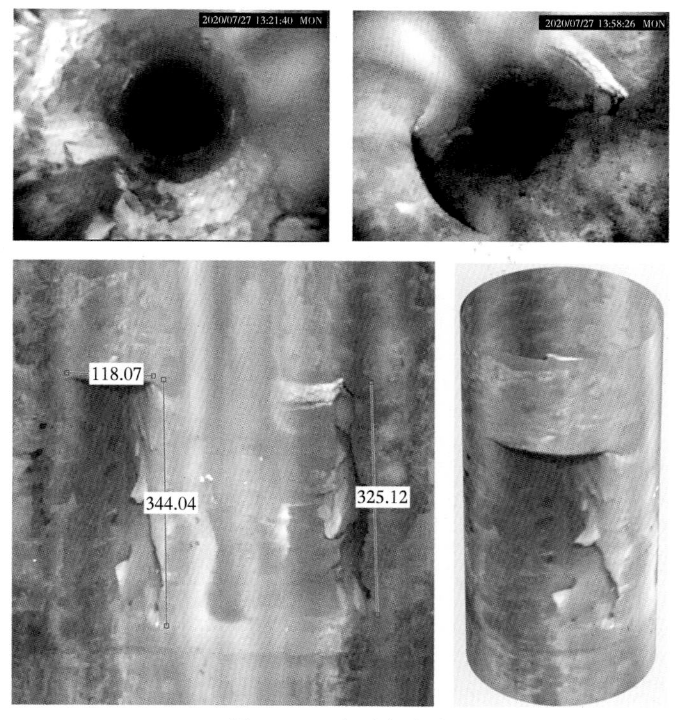

图 6-58 水平段套破

二、水平段积砂及分布形态

该井为水平页岩气井，压裂后进行水平段可视化检测，评价射孔、积砂和套损情况，第一次观测到压裂后水平井水平段积砂分布情况，如图 6-59 所示。

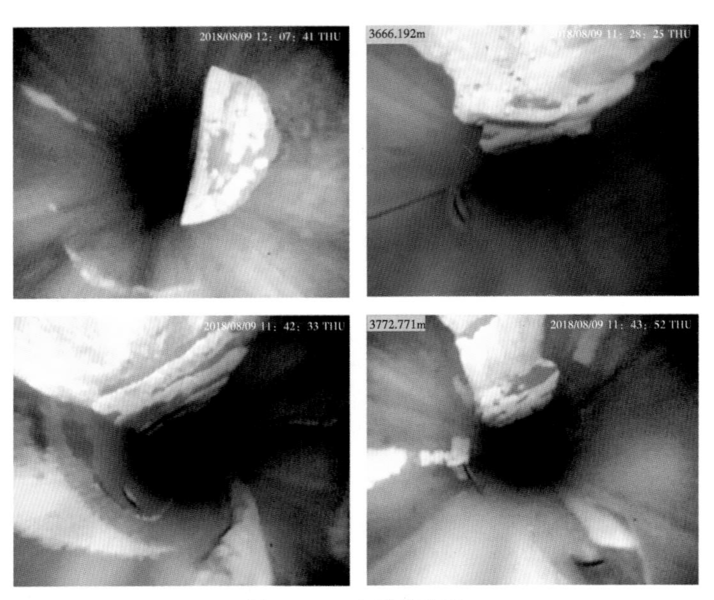

图 6-59　水平段积砂

三、水力喷砂射孔评价

该水平井采用水力喷砂射孔，VideoLog+电缆爬行器水平井可视化检测拍摄到水平井水力喷砂射孔的真实形态，如图 6-60 所示。

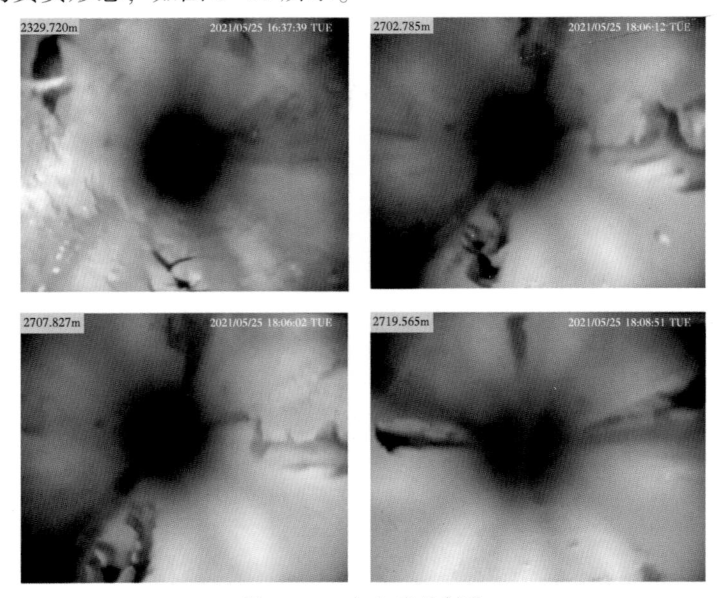

图 6-60　水力喷砂射孔

四、水平井找水找漏

VideoLog+电缆爬行器水平井可视化组合工具应用于水平井找水找漏，拍摄到水平井射孔产出情况，可以清晰的区分有产出的射孔和产出的类型，如图 6-61 所示。

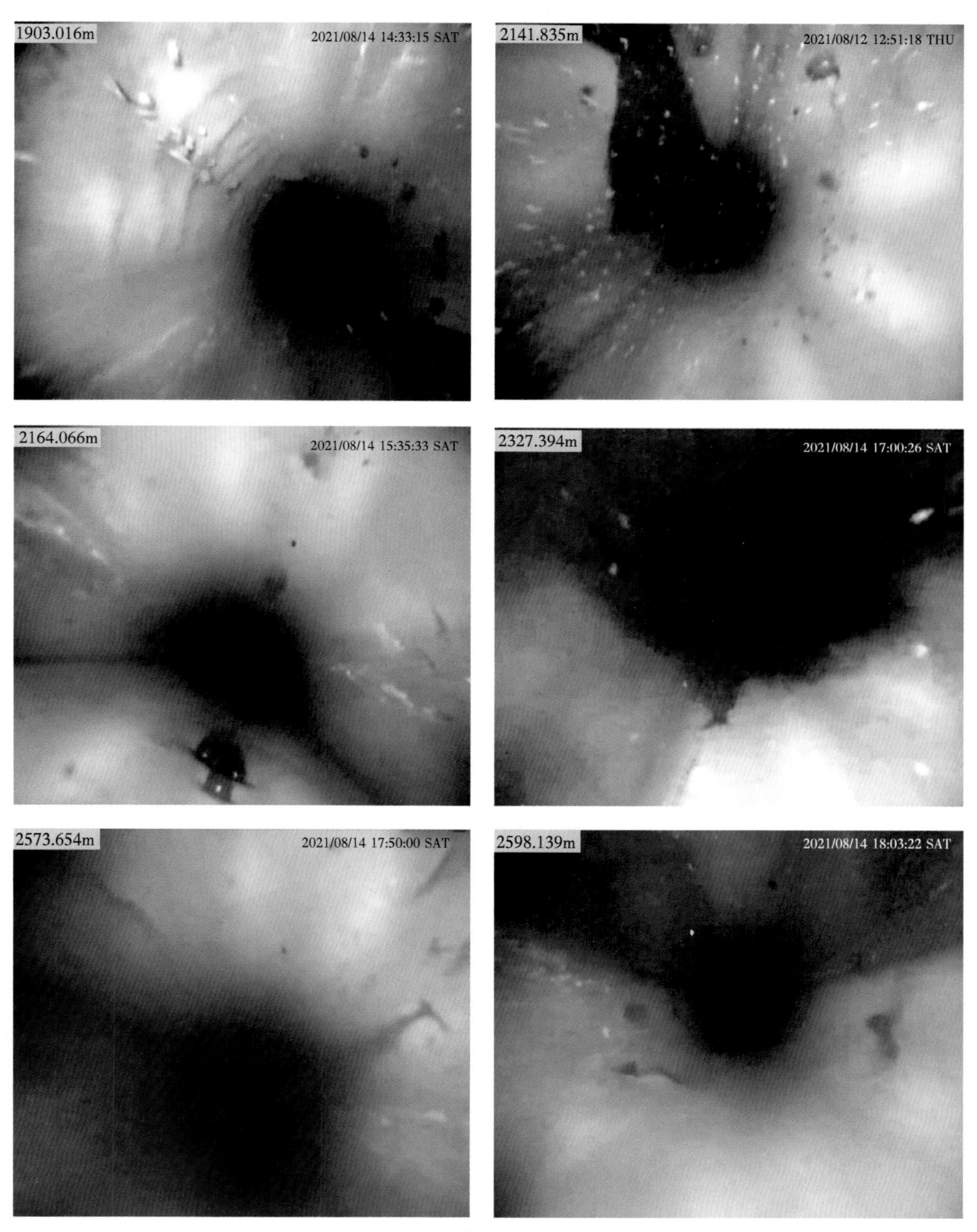

图 6-61 水平井找水找漏